中国轻工业"十四五"规划教材

高等学校生物工程专业教材

微藻培养技术

吕和鑫　主编

中国轻工业出版社

图书在版编目（CIP）数据

微藻培养技术 / 吕和鑫主编 . -- 北京：中国轻工业出版社，2025.8. -- ISBN 978-7-5184-5517-1

Ⅰ.Q949.2

中国国家版本馆CIP数据核字第20258UH608号

责任编辑：巩孟悦
策划编辑：马　妍　　　责任终审：白　洁　　　封面设计：锋尚设计
版式设计：砚祥志远　　责任校对：朱　慧　朱燕春　责任监印：张京华

出版发行：中国轻工业出版社（北京鲁谷东街5号，邮编：100040）

印　　刷：三河市万龙印装有限公司

经　　销：各地新华书店

版　　次：2025年8月第1版第1次印刷

开　　本：787×1092　1/16　印张：14.25

字　　数：375千字

书　　号：ISBN 978-7-5184-5517-1　定价：48.00元

邮购电话：010-85119873

发行电话：010-85119832　010-85119912

网　　址：http://www.chlip.com.cn

Email：club@chlip.com.cn

版权所有　侵权必究

如发现图书残缺请与我社邮购联系调换

221564J1X101ZBW

本书编写人员

主　编　吕和鑫　天津科技大学

参编人员（按编写章节排列）
　　　　赵　磊　中国科学院天津工业生物
　　　　　　　　技术研究所
　　　　陈　卓　山东师范大学
　　　　陈　高　山东省农业科学院
　　　　霍书豪　江苏大学
　　　　肖玉朋　福清市新大泽螺旋藻有限公司

序 Foreword

伴随着生命科学的新突破，现代生物技术已经广泛地应用于工业、农牧业、医药、材料、环保等众多领域，产生了巨大的经济效益和社会效益。微藻生物技术作为生物技术的重要分支，不仅在农业、能源、医药、饲料工业中具有重要的作用，而且在未来食品中，从氮、碳的转化率看，无论是获取蛋白质，还是获取碳水化合物，都具有不可替代的优势。

在微藻生物技术的形成过程中，基础研究不断取得突飞猛进的突破，相应的应用研究，特别是微藻培养的工业化运行，也不断取得新的进展。虽然微藻生产的规模不断扩大，但多是模拟了微生物发酵的方法，阐述这个工业过程的相关理论著作却寥寥无几，实为憾事。编者吕和鑫是我校青年教师，到我校工作以来，一直从事与微藻相关的教学、科研与成果转化工作，为我校的发酵工程国家重点学科建设，扩展了一个新的研究领域。他积极支持并参加研究室的发菜（学名发状念珠藻）研究工作，还曾与我共同出版过《发菜细胞培养》一书，因此，我与吕和鑫老师之间有深入的交流。

依据多年教学与科研工作的积累，以及与相关高校、科研单位与企业界人士通力合作，吕和鑫老师将他精心整理的讲稿出版，这是一件非常值得高兴的事情。本书的出版，使得生物工程相关专业学生及从事或有兴趣于微藻培养技术的人士，有了一本全面、系统的基础入门教材。

天津科技大学

贾士儒

2025 年 4 月

前言 | Preface

党的二十大报告中，生物技术被明确列为"新的增长引擎"之一。微藻是一类能将太阳能固定为化学能的光合微生物，具有不与人争粮、不与粮争地、固定二氧化碳、环境友好、代谢途径丰富等优势，是未来生物技术发展中很有前景的微生物资源。微藻在大食物观、碳中和、能源安全、水产养殖与农业肥料等领域将扮演更加重要的角色。

改革开放后，我国微藻产业发展迅速，一些微藻的产能已破万吨。近年来，一些高校为生物工程相关专业本科生与研究生开设了微藻培养方面的课程，使得学生对微藻工程技术知识以及微藻的应用领域有了认识，拓宽了学生的知识面，提高了学生的思维全面性与知识系统性，对提高学生培养质量起到了积极的作用。但国内鲜见微藻培养方面的专业教材，也缺乏适合微藻生产一线人员参考的工具书籍。鉴于此，我们编写了本书。

本书编写过程中既参考期刊文献，也吸收补充一线生产知识，力求保证内容兼具前沿性与实用性。全书共七章，涵盖微藻生物学基础、大规模培养技术、应用领域、分离纯化与分析技术、培养基质与藻种资源、遗传工程及规模化培养实例等内容。具体编写分工为：第一、二、六章以及第三章第五节由天津科技大学吕和鑫编写，第三章第一到第四节由中国科学院天津工业生物技术研究所赵磊编写，第四章第一节由山东师范大学陈卓编写，第四章第二节由山东省农业科学院陈高编写，第五章与附录部分由江苏大学霍书豪编写，第七章由福清市新大泽螺旋藻有限公司肖玉朋与吕和鑫共同编写，全书由吕和鑫进行统稿。

本书编写过程中得到了天津科技大学生物工程学院生化工程实验室贾士儒教授以及其他同事的支持，贾士儒教授在本书章节规划、出版经费等方面给予了极大支持；本书的顺利完成也离不开研究生张宝、陈晓铭、山晨辉、胡丽婷、韩柯欣、张嘉烨、曹雪、梁培霞等同学的协助；山东纳美达生物科技有限公司刘景君、东营大振生物工程有限公司董乃畅、内蒙古乌审召生态产业发展有限公司陈玉川、福清市新大泽螺旋藻有限公司郑行与卢香凝以及铭哲健康科技（天津）有限公司为本书内容的丰富提供了帮助，在此一并表示感谢。由于编者专业水平有限，书中错误疏漏之处在所难免，敬请读者批评指正。

编者

2025 年 3 月

目录 Contents

第一章　微藻生物学基础 ··· 1
　　第一节　微藻的结构及其分类 ··· 1
　　第二节　微藻的生态分布与生化组成的多样性 ··· 10
　　第三节　微藻的光合作用 ·· 14
　　第四节　微藻的生命活动所需的矿质元素 ··· 24
　　第五节　微藻的异养营养 ·· 31

第二章　微藻的大规模培养 ··· 40
　　第一节　微藻的开放式培养 ··· 40
　　第二节　微藻的半封闭式培养 ·· 47
　　第三节　微藻的异养培养 ·· 56
　　第四节　微藻的采收技术 ·· 80

第三章　微藻的应用 ·· 105
　　第一节　微藻在食品中的应用 ·· 105
　　第二节　微藻在水产养殖中的应用 ·· 117
　　第三节　微藻在碳中和绿色循环发展中的应用 ··· 120
　　第四节　微藻在生物能源中的应用 ·· 126
　　第五节　微藻在医疗领域的应用 ··· 133

第四章　微藻分离纯化与分析技术 ·· 140
　　第一节　微藻的分离纯化 ·· 140
　　第二节　微藻分析技术 ··· 144

第五章　微藻培养基质与藻种资源 ·· 158
　　第一节　微藻培养基 ·· 158
　　第二节　微藻种质资源库 ·· 162
　　第三节　微藻产品标准 ··· 164

第六章 微藻遗传工程 …… 172
第一节 微藻遗传学数据资源 …… 172
第二节 微藻的遗传改造 …… 176

第七章 微藻规模化培养实例 …… 186
第一节 螺旋藻的开放式培养 …… 186
第二节 小球藻的开放式培养 …… 194
第三节 盐藻的开放式培养与胡萝卜素生产 …… 197

附 录 常见微藻培养基 …… 203

参考文献 …… 213

第一章 微藻生物学基础

CHAPTER 1

[学习目标]

1. 了解微藻的分类、生态分布与多样性。
2. 了解微藻色素组成的多样性与光合作用机制。
3. 了解微藻生命活动所需的矿质元素与异养营养机制。

第一节 微藻的结构及其分类

微藻并不是生物分类学上的一个单列群体，而是一个非常多样的微生物群体，包含了真核光自养原生生物与原核蓝细菌（习惯上称为蓝藻）。任何含有叶绿素 a、单细胞或由细胞群形成的组织不能细化为根、茎、叶等器官的放氧光合生物均可称为藻类。如图 1-1 所示，单细胞藻类或细胞虽然形成群体，但组织比较松散，没有形成结合紧密的叶状体、假根等结构的藻类均可称为微藻。微藻的光合作用特性决定了其必然含有叶绿素 a，因为细胞中进行光合作用的蛋白质机器即光合系统由反应中心色素与周围负责光吸收或光保护的捕光色素组成，反应中心色素均为叶绿素 a，而捕光色素的种类则是不同的藻类使用不同的色素分子，比如蓝藻，使用藻蓝蛋白进行光能捕获，而绿藻则普遍使用与高等植物类似的叶绿素 b。

微藻广泛分布于自然界透光环境中，粗略估计贡献了地球上一半的光合作用活力，即地球一半的氧气与二氧化碳为微藻光合作用释放与固定。作为地球上食物链最底层的生产者，微藻为生态食物链贡献了约 70% 的生物质。

一、微藻的细胞结构

微藻包含多种多样的原核蓝藻与真核藻类。蓝藻又称蓝绿藻，是 2.5 亿年前地球上第一种放氧光合生物，对于地球氧气水平的升高具有重要作用，其革兰氏染色阴性、无鞭毛、含叶绿素 a，但不含叶绿体，能进行产氧光合作用。多数蓝藻的细胞壁外面有胶质衣，又称黏藻。没有细胞核，但细胞中央含有核物质，通常呈颗粒状或网状，染色质和色素均匀地分布在细胞质中。

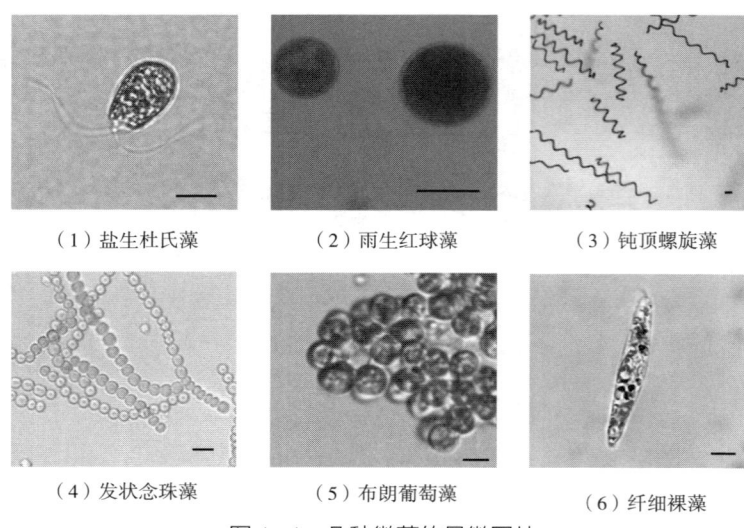

(1) 盐生杜氏藻　　(2) 雨生红球藻　　(3) 钝顶螺旋藻

(4) 发状念珠藻　　(5) 布朗葡萄藻　　(6) 纤细裸藻

图1-1　几种微藻的显微图片

注：标尺=10μm。

核物质没有核膜和核仁，但具有核的功能，故称为原核（或拟核）。在蓝藻中还有一种环状DNA——质粒，在基因工程中担当了运载体的作用。蓝藻不具备叶绿体、线粒体、高尔基体、中心体、内质网和液泡等细胞器，唯一的细胞器是核糖体（原核生物特性）。含叶绿素a，无叶绿素b，含数种叶黄素和胡萝卜素，还含有藻胆素（藻红素、藻蓝素和别藻蓝素的总称）。蓝藻细胞膜外有细胞壁和一层胶质的鞘。蓝藻的细胞壁和革兰氏阴性菌很相似，同样是肽聚糖层薄，外面包有外膜；不同的是蓝藻的细胞壁内层含有纤维素层，因此蓝藻的细胞壁由三层或多层组成。蓝藻的细胞质可分为外部色素区（周质）和内部无色中央区。蓝藻的细胞质部分有很多同心环样的膜片层结构，称为类囊体，光合色素和电子传递链都分布于类囊体上。类囊体膜上还有大量藻胆蛋白，负责将光能传递给叶绿素a。蓝藻细胞内的原生质体不分化成细胞质和细胞核，而分化成周质和中央质两部分。周质位于细胞壁的内面，中央质的四周，蓝藻的光合作用色素如叶绿素a、藻蓝素和藻红素等就存在于周质的光合片层中。中央质位于细胞的中央，不具核膜和核仁，但有染色质，故又称原核。在光学显微镜下，蓝藻细胞内某些区域相比周围的原生质更明亮，为遗传物质DNA所在的部位，相当于细菌的核区，称为中心质或中央体。中心质往往不位于中央，和周围的胞质无明显的界线；蓝藻的DNA也几乎呈裸露的状态，复制可以连续地进行。但是和细菌的核区不同的是，中心质DNA的拷贝数在不同种类和不同个体之间变动很大，有些种类含有多个DNA拷贝，DNA的平均含量比高等动物细胞还要多。蓝藻的光合色素主要是叶绿素a、β-胡萝卜素以及藻黄素与藻红素等，这些色素的不同含量使得藻体多呈蓝绿色，少数为红色、绿色、红褐色以及亮蓝色等。

蓝藻多为单细胞、丝状或群落。群落蓝藻呈板状、中空球状、立方体等各种形状，但多数为无定形的群落。群落蓝藻常具有一定形态与不同颜色的胶被。丝状蓝藻由相连的一列细胞构成藻丝，藻丝具有胶鞘或不具胶鞘，藻丝与胶鞘合称丝状体。丝状蓝藻有两种类型，宽球形蓝藻（厚球藻属）与段殖体蓝藻。宽球形蓝藻藻体由短的丝状体构成，但每一个细胞都具有厚的膜，并表现为独立的生理单位。段殖体蓝藻的丝状体分枝或不分枝，有鞘或无鞘，包含一条或多条藻丝。丝状蓝藻的分枝有两种，即真分枝与假分枝。真分枝是在藻丝的一个细胞与藻丝轴平行的面上分出的，这种分枝通常与母藻体垂直。假分枝是丝状体断开，由藻丝的一端或两端穿出胶鞘而产生新的丝体。

异形胞是一部分丝状蓝藻产生的功能特化细胞，与营养细胞有别，其细胞壁较厚，细胞质中的颗粒物质溶解呈均匀状态，没有光合色素，因此不进行光合作用，但仍为活细胞，其作用之一为将藻丝细胞分隔成藻殖段进行营养繁殖，作用之二为内含有固氮酶，可直接固定空气中的氮元素，对于某些生态环境的氮元素循环具有重要作用。蓝藻细胞内含有一个特殊细胞器，即伪空泡，其由中空圆柱状气囊组成，能够为细胞提供浮力，使藻体在水中垂直迁移，获得适宜的生长条件，如螺旋藻养殖中，便可发现夜晚螺旋藻细胞自发浮于水面以获取充足氧气进行呼吸作用。蓝藻细胞通过调整伪空泡的体积与质量以达到浮力与重力的平衡，调节其所处的位置。伪空泡气囊的组装与破裂受到精密的调控，与光合作用活力有关。在晴天的表面水体中，光合作用合成淀粉，质量增加使得藻体下沉，光强度减弱导致光合同化作用下降，呼吸作用增加，细胞质量减小。当浮力与重力平衡时蓝藻细胞处于悬浮状态。在夜晚，光合作用停止，具有伪空泡的蓝藻会迅速浮出水面。衰老死亡的细胞也会因内容物消耗而降低质量浮出水面形成水华。

图 1-2 为蓝藻细胞结构模式图。

真核微藻的细胞结构多样，除含有真核细胞共有的细胞核、膜隔离细胞器外，鞭毛、细胞壁等细胞结构存在于大多数微藻种类，少数微藻没有鞭毛与细胞壁等结构。微藻的细胞壁通常由多层结构的多糖组成，分布着许多孔道。细胞壁内部紧贴细胞膜，细胞膜的磷脂双分子层结构及其存在的孔道蛋白的种类决定了其对离子与化合物的通透选择性。丝状微藻细胞之间还存在着胞间连丝，作为细胞间连接通道。与高等植物类似，叶绿体是真核微藻光合作用发生的场所。真核微藻光合作用具有三个功能，一是吸收光能转化为化学能，化学能体现为横跨叶绿体类囊体膜的质子势能，类囊体膜上的质子泵就如水坝上的发电机组，将势能转化为腺苷三磷酸（ATP），即活跃的化学能。二是光能导致光反应中心色素发生电离，夺取水分子中的电子释放氧气，夺取的电子经电子传递链逐步储存到还原型辅酶Ⅱ（NADPH）中。三是通过卡尔文循环固定二氧化碳，利用 ATP 与 NADPH 还原固定二氧化碳，最终使光能转化为稳定的化学能（葡萄糖）。真核微藻光合作用产生的葡萄糖常以脂滴、多糖颗粒（如裸藻类积累的副淀粉粒）等方式进行储存。细胞核通常是真核微藻细胞内最大的细胞器，通常仅有一个，绿藻门微藻经常存在一体积较大的杯状叶绿体。真核微藻细胞内质网是一个复杂的内膜结构，类似一个未展开且皱褶的塑料袋，主要功能为合成与转运蛋白质以及油脂等其他细胞结构成分。核糖体附着于内质网表面，为蛋白质合成机器。高尔基体功能为对来自内质网的细胞结构成分进一步包装后运输到发挥功能的胞内区域。线粒体是细胞内的"发电站"，通过呼吸作用消耗氧气分解化合物生成 ATP。

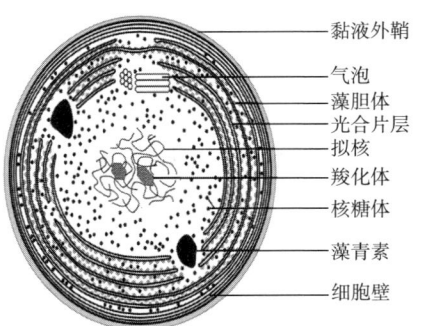

图 1-2 蓝藻细胞结构模式图

真核微藻细胞可含有 2000 多个线粒体。液泡是胞内的囊状结构，通常占据胞内大部分空间，液泡的功能主要为储存与处理细胞内废物，支撑细胞形状。因为微藻为单细胞或简单细胞群，没有类似于高等植物中负责营养运输的导管或筛管结构，也没有类似于高等植物的繁殖器官，微藻通常以有丝分裂的无性繁殖为主，但在环境条件恶劣，如盐度升高、营养匮乏等，部分微藻可转变为配子进行有性繁殖。

二、微藻的种类多样性

依据国际植物命名规范，微藻的分类主要依赖微藻的外部形态、细胞形态与亚细胞结构以及生理与代谢方面的特征。随着分子生物学与显微技术的发展，微藻分类主要基于核糖体 RNA 序列的相似度以及显微结构，如鞭毛形态、叶绿体与线粒体结构、有丝分裂结构等。原核微藻可主要分为蓝藻与原绿藻两类，原核微藻主要依据其形态与细胞分裂特征进行区别。有微生物学家建议将此两种原核微藻列入国际细菌命名规范之下。鉴于目前微藻分类的许多方面尚有争论以及一些微藻群体的分类依然没得到很好的解决，真核微藻的分类依然主要采用传统的色素组成、光合产物的贮存形式、类囊体结构、叶绿体的超微结构、细胞壁的结构与化学组成、鞭毛的组装方式与超微结构以及其他特有的表型，藻类分类学家 Van Den Hoek 将藻类分为 10 个门（Division），包括蓝藻门（Cyanophyta）、原绿藻门（Prochlophyta）、灰藻门（Glaucophyta）、红藻门（Rhodophyta）、隐藻门（Cryptophyta）、绿藻门（Chlorophyta）、裸藻门（Euglenophyta）、网绿藻门（Chlorarachniophytes）、甲藻门（Pyrrhophyta）、色鞭毛藻门（Chromophyta），这 10 个门中均有不同的微藻种类（表 1-1）。需要注意的是，因为有些真核藻类群体分类学实验数据存在不同的解释，藻类也被分为 7 个、8 个或更多的真核藻类门以及 1 个或更多的原核藻类门。多数研究者认为，分类数据比较充分的真核微藻代表了至少 4 或 5 个种类组合，包括绿色植物（绿藻门与陆生植物）、红藻、裸藻、色鞭毛藻（Chromophyte algae）以及鞭毛藻（Dinoflagellates），鞭毛藻可包括在色鞭毛藻里，也可被认为是单独的一个分类群体。图 1-3 为基于核糖体 RNA 序列构建的藻类物种进化树。化石数据表明，蓝藻出现于前寒武纪，红藻与绿藻出现于寒武纪中后期，棕藻最先发现于古生代，其他的藻类多数发现于中生代。

表 1-1　　　　　　　　藻类生物多样性、分布及种类数目

门（俗名）	特征	主要类群	分布				种数
			海洋	淡水	陆生	共生	
蓝藻门（蓝绿藻）	叶绿素 a，叶绿素 d；藻胆蛋白，β-胡萝卜素，玉米黄质，海胆酮，斑蝥黄质，蓝叶黄素，颤藻黄素，原核，革兰氏阴性细胞壁	色球藻目（Chroococcales，单细胞球状与杆状，二分裂与出芽生殖）	+	+	+	+	约 125 已鉴定
		宽球藻目（Pleurocapsales，单细胞，聚集成群，多分裂生殖）	+	+	−	−	约 35 已鉴定
		颤藻目（Oscillatoriales，丝状，二分裂，无特化细胞）	+	+	+	−	1000
		念珠藻目（Nostocales，丝状，二分裂，有特化细胞，异形胞，厚壁孢子）	+	+	+	+	1000
		真枝藻目（Stigonematales，丝状，分枝，三个分裂面，特化细胞有异形胞，厚壁孢子，运动细胞丝）	−	+	+	−	约 35 属

续表

门 （俗名）	特征	主要类群	分布				种数
			海洋	淡水	陆生	共生	
原绿藻门 （原绿藻）	叶绿素 a，叶绿素 b；β-胡萝卜素，若干种叶黄素，藻胆蛋白，原核，革兰氏阴性细胞壁	原绿藻（球状细胞，丝状，二分裂繁殖）	+	?	?	+	小于10 被鉴定
灰藻门 （灰藻）	叶绿素 a，叶绿素 b；藻胆蛋白，β-胡萝卜素，玉米黄质，β-隐黄质，淀粉，纤维素壁		−	+	−	−	3 已鉴定
红藻门 （红藻）	叶绿素 a，α-、β-胡萝卜素，藻胆蛋白，玉米黄质，叶黄素，红藻淀粉，纤维素与其他成分组成细胞壁	红毛藻纲 真红藻纲	+ +	+ +	+ −	+ −	两个纲 5500～20000
隐藻门 （隐藻）	叶绿素 a，叶绿素 c_2；α-、β-、ε-胡萝卜素，藻胆蛋白，异黄素，玉米黄质，α-1,4-葡聚糖，外部周质体		+	+	?	?	1200
绿藻门 （绿藻）	叶绿素 a，叶绿素 b；α-、β-、γ-胡萝卜素，玉米黄质，叶黄素，紫黄素，新黄素，叶黄素类，淀粉，胞壁成分多样，含纤维素	青绿藻纲 （Micromonadophyceae, prasinophytes）	+	+	?	?	500
		轮藻纲 （Charophyceae）	+	+	+	?	20500
		石莼纲 （Ulvophyceae）	+	+	+	?	3000
		肋星藻纲 （Pleurastrophyceae）	+	+	+	+	6个属
		绿藻纲 （Chlorophyceae）	+	+	+	+	10000～100000

续表

门（俗名）	特征	主要类群	分布 海洋	淡水	陆生	共生	种数
裸藻门（眼虫藻）	叶绿素 a，叶绿素 b；β-、γ-胡萝卜素；新黄质，硅甲藻黄质，硅藻黄质，裸藻葡聚糖，蛋白质外膜		+	+	+	?	2000
网绿藻门	叶绿素 a，叶绿素 b；类胡萝卜素，产游动孢子阿米巴		+	−	−	+	2属，每属1种
甲藻门（鞭毛藻）	叶绿素 a，叶绿素 c；β-胡萝卜素，硅甲藻黄质，硅藻黄质，墨角藻黄 fucoxanthin，多甲藻黄 peridinin，5种少量存在的叶黄素类色素，α-1,4-葡聚糖，纤维素壁		+	+		+	3500~11000
色鞭毛藻门（异形鞭毛藻）	叶绿素 a，叶绿素 c_1，叶绿素 c_2，叶绿素 c_3；α-、β-、ε-胡萝卜素，若干种大量与微量存在的叶黄素类色素，金藻昆布多糖，其他类型的葡聚糖，油脂，细胞壁组成复杂	金藻纲（Chrysophyceae, golden-brown algae）	+	+	?	?	3400
		硅藻纲（Bacillariophyceae diatoms）	+	+	+	?	100000~10000000
		黄藻纲（Xanthophyceae, yellow-green algae）	+	+	+	?	2000
		真眼点藻纲（Eustigmatopbyceae）	+	+	+	?	1000~10000 100
		针胞藻纲（Raphidophyceae）	+	+	?	?	2000
		普林藻纲（Prymnesiophyceae）	+	+	?	?	15
		硅鞭藻纲（Dictyochophyceae）	+	−	−	−	2000
		褐藻纲（Phaeophyceae）	+	+	+	?	

注：第二栏特征部分所列不是门下每个种属均有此特征，特别是色鞭毛藻门在色素组成与光合产物贮存形式上非常多样。"+"表示在此类环境中发现此类微藻；"−"表示在此类环境中未发现此类微藻；"?"表示尚未鉴定。

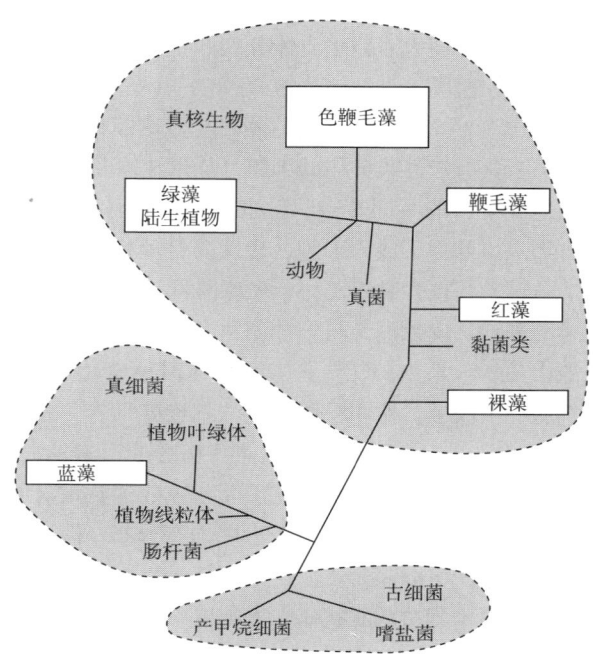

图 1-3　基于核糖体 RNA 序列构建的藻类物种进化树
注：线的距离代表了物种之间进化上的距离。

（一）蓝藻门与原绿藻门

蓝藻与原绿藻均是革兰氏阴性的真细菌界的原核微生物，细菌学家将其列为薄壁细菌门生氧光细菌纲。目前蓝藻的分类主要依据形态学数据，虽然分子生物学数据表明一些依据形态学数据划分到一个种属的蓝藻包含系统进化上不同的群体。2500 多种蓝藻得到了鉴定，形态有单细胞椭圆状、多细胞群体以及丝状。丝状蓝藻有的带有分枝或含有功能特化的细胞，如特化的生殖细胞厚壁孢子以及厌氧条件下固氮的异形胞等。蓝藻被认为是真核藻类与高等植物质体的祖先，经过一次或多次的内共生事件进入宿主细胞。蓝藻对于地球早期大气中氧气浓度的升高作用巨大。如图 1-2 所示，蓝藻的光合片层不像原绿球藻与其他藻类一样堆叠成垛。蓝藻细胞所含有的色素有叶绿素 a、叶绿素 d、藻蓝蛋白、藻红蛋白、β-胡萝卜素以及多种分子结构的叶黄素类。蓝藻淀粉是一种分布于光合片层之间的 α-1,4-葡聚糖颗粒。某些蓝藻可产生对脊椎动物有毒性的化合物，此类蓝藻毒素目前至少有 50 种已被鉴定。原绿藻在分类上与蓝藻同处于生氧光细菌纲，其与蓝藻的差别在于色素组成为叶绿素 a、叶绿素 b 及其二乙烯基衍生物，与绿藻、裸藻以及高等植物类似。原绿藻最初被鉴定为亚热带海洋动物海鞘的胞外生物，后来发现了独立生存的淡水与海洋浮游原绿藻，原绿藻在进化上可能存在多个来源。蓝藻除能进行光合自养外，也能直接利用有机物质，进行混合营养。深水中蓝藻由于有选择地吸收穿透性较强的蓝绿光，故深水中蓝藻常呈红色或紫色，这种通过颜色的适应而达到最大光合同化效应的现象即蓝藻的补色适应。蓝藻主要进行无性繁殖，即营养繁殖。单细胞蓝藻通过细胞直接分裂的方式进行繁殖，而丝状体蓝藻则通过藻殖段的方式进行繁殖。藻殖段方式可从丝状体死亡细胞处断裂，或从异形胞、隔离盘等处断裂，或是在外界机械力的作用下断裂产生藻殖段。在环境条件不良,如营养贫瘠时蓝藻可通过产生多种孢子的形式进行无性繁殖,如外生孢子、内生孢子以及厚壁孢子。内生孢子为母细胞变大后原生质体分裂产生的多个具有薄壁的子细胞。厚壁孢子为一种休眠细胞,体积较大,壁厚,充满储藏物质,有一个完全封闭的细胞壁。

如表1-1所示,蓝藻可分为5个目,其中色球藻目与宽球藻目为单细胞或群落形态,不形成真正的丝体,复杂群体类型具有极性或分化的细胞。能形成真正的丝状体,组成丝状体的细胞通过胞间连丝相连为其他3个目的共同特点,区别在于颤藻目不能形成厚壁孢子或异形胞,而念珠藻目与真枝藻目可形成厚壁孢子或异形胞,念珠藻目丝状体无分枝或无真分枝,而真枝藻目的丝状体有真分枝。色球藻目包含黏菌藻科、聚球藻科、平裂藻科、微囊藻科、色球藻科、石囊藻科、水球藻科、管胞藻科、皮果藻科与异球藻科。色球藻科蓝藻一般为淡水藻类,大多数种类营浮游生活。一般由2、4、8、16个或更多细胞(但很少超过64个细胞)所组成的群体,有的存在假空泡,细胞外有胶被,群体中两细胞的相连处平直。微囊藻科含有一些形成有害藻华的种类,如铜绿微囊藻,可产生引起肝脏等器官病变的毒素,常分布于富营养湖泊中。颤藻目为单条藻丝或由多条藻丝聚集而成壳或块状,藻丝束外通常没有明显的胶质鞘,藻丝通常不分枝,能颤动。颤藻分布比较广,在淡水与海水中均有分布,淡水湖泊均有发现,可形成水华,漂浮或附着于水底,其中泥生颤藻是水体污染的指示生物。颤藻目中的螺旋藻属是比较有经济价值的微藻,通常由多个细胞组成丝状体,无胶质鞘,呈紧密或疏松的有规则螺旋状态,无异形胞和厚壁孢子,大量繁殖也会形成水华,淡水海水生态型均存在。螺旋藻营养价值较高,尤其是蛋白质可达干重的70%以上,广泛应用于饲料、保健品以及化妆品。目前人工培养的主要为钝顶螺旋藻与极大螺旋藻两种,其中钝顶螺旋藻蛋白质含量较高。念珠藻目比较有代表性的微藻为鱼腥藻属,藻体为丝状(如发菜)或块状(如地木耳),藻丝直或无规则弯曲,球形或桶形细胞,存在异形胞,有固氮能力,单个厚壁孢子或几个连成串。鱼腥藻在农业上被用作增肥藻,通过放养与藻共生的满江红而将鱼腥藻引入稻田。念珠藻属具有异形胞和厚壁孢子,二者经常间隔出现,有明显的胶质鞘,厚壁孢子数量较多。

(二)灰藻门

真核微藻灰藻门包含3个属的双鞭毛单细胞微藻,灰藻门微藻的叶绿体非常近似球状蓝藻,为类似光合片层的结构,而非堆叠结构,光合片层结构周围附着一层薄的肽聚糖层。灰藻门微藻含有的色素也类似于蓝藻,含叶绿素a与藻胆蛋白,但不同的是,灰藻门微藻也含有少量叶黄素。灰藻门微藻多数生活于海洋中。

(三)红藻门

红藻门包括大型藻类与微藻,区别于其他藻类,红藻没有鞭毛,含有藻胆蛋白,红藻叶绿体仅有一个基粒类囊体(堆叠交联的光合片层结构)。红藻门藻类的光合产物为红藻淀粉(floridean starch),是一种α-1,4-葡聚糖。一些大型红藻进行有性生殖,红藻门中的微藻主要进行无性生殖。光合色素主要为叶绿素a、藻胆蛋白、β-胡萝卜素、玉米黄质以及5种类型的叶黄素,红藻的颜色主要是藻红蛋白所导致。基于藻体的分化程度,红藻门可被分成两个纲,分化比较初级的为红毛藻纲(Bangiophyceae),此纲包含一些单细胞微藻;分化比较复杂的是真红藻纲(Florideophyceae),主要包括一些海洋大型藻类。红藻门藻类广泛分布于海岸带上,也分布于淡水体、土壤以及作为内共生藻存在于有孔虫目原生动物体内。一种海洋腹足类动物体内含有一种类似红藻叶绿体的结构,类似于一种光合细胞器。红藻门藻类以大型藻为主,已发现5500多种大型红藻。

（四）隐藻门

隐藻门藻类多数是单细胞、双鞭毛微藻，含有多种光合色素种类，如叶绿素 a、叶绿素 c_2 与藻胆蛋白等。隐藻门藻类也仅有一个叶绿体，细胞被坚硬的蛋白质外膜包被，外膜包被由多个矩形或多角形板组成。光合产物储存方式多数为特异的淀粉颗粒，少数为油脂。

（五）绿藻门

绿藻门含有的微藻种类是最多的，分布广泛，形态多样。陆生植物与绿藻门藻类在生化组成、代谢以及超微结构方面比较类似，陆生植物可能直接从绿藻门藻类进化而来。绿藻门微藻的光合作用储存产物为淀粉，绿藻门微藻的叶绿体数目与排列方式以及鞭毛附着于细胞的方式均有多种。绿藻门微藻叶绿体类囊体为 2~6 个薄层紧密堆叠的束状结构，类似植物的基粒类囊体，外围有两层膜包被。绿藻门微藻形态有单细胞、群落、丝状以及由拟薄壁组织构成的单核或多核形态。

（六）裸藻门

裸藻的色素组成与原绿藻、绿藻以及陆生植物类似，但此门微藻在细胞学、生物化学以及DNA 序列方面的一些特征，在进化关系上与锥虫更近。光合产物储存为一种 β-1,3-糖苷键连接的葡聚糖（裸藻多糖或副淀粉），此种葡聚糖也存在于定鞭藻类（Prymesiophytes）中。裸藻门微藻没有细胞壁，而是被一层蛋白外膜包被。渗透营养、兼性胞吞营养以及转性异养在裸藻门微藻中比较普遍。所有的裸藻门藻类均是微藻，大多数为单核与单鞭毛，虽然一些群体聚集型裸藻种比较普遍。

（七）网绿藻门

网绿藻门仅含有两个属，在进化上可看作是阿米巴变形虫类、疟原虫、吞噬了含有叶绿素 a 与叶绿素 b 的绿藻或裸藻的宿主生物的集合体。

（八）甲藻门

甲藻门藻类在形态上多种多样，有单细胞球状、丝状、胶状群体以及变形虫结构的。在进化上质体与光自养能力的获得发生了不止一次。除了光合自养型，此门藻类还有一些异养营养的，如腐生、吞噬、共生以及寄生类型。甲藻门具有与色鞭毛藻门藻类类似的色素组成，如叶绿素 a、叶绿素 c_1 与叶绿素 c_2 以及类胡萝卜素，但在类胡萝卜素种类上不同。甲藻通常含有纤维素为主要成分的细胞壁以及两个位置独特的鞭毛。甲藻的鞭毛与细胞核超微结构也比较独特。甲藻门藻类是比较常见的淡水与海水藻类。

（九）色鞭毛藻门

色鞭毛藻门藻类是比较多样的一个群体，大多数色鞭毛藻门藻类均以金藻昆布多糖作为光合产物的储存形式，金藻昆布多糖是一种 β-糖苷键连接的葡聚糖。细胞中类胡萝卜素含量较多，故而色鞭毛藻门微藻经常为金色、金棕色、棕色或黄绿色。此门有些微藻含有叶绿素 a，叶绿素 c_1 与叶绿素 c_2，但此门的真眼点藻纲（Eustigmatophytes）仅含有叶绿素 a。油脂是多数色鞭毛藻门藻类光合产物的储存形式，色鞭毛藻门藻类也有以副淀粉为主要光合产物的，如上文提及的定鞭藻类。超微结构与 DNA 序列表明色鞭毛藻门藻类与一些真菌及原生生物进化上较近，分类上也有，基于它们的共有特征茸鞭鞭毛将色鞭毛藻与这些真菌及原生生物归为一类。色鞭毛藻门是生态上与形态上分化比较明显的一门，包括硅藻、颗石藻类以及硅鞭藻。

第二节 微藻的生态分布与生化组成的多样性

海洋、盐湖与淡水水体中的微藻类浮游生物，贡献了地球上藻类总光合固碳与光合放氧量的40%~50%。依据细胞直径大小，水体中的微藻又可细分为小型浮游生物（microplankton，20~200μm）、微型浮游生物（nanoplankton，2~20μm）与超微型浮游生物（picoplankton，0.2~2μm）。有研究表明，3~5μm的微藻贡献了大部分的光合固碳产物，与相似大小的异养浮游生物一起贡献了高达80%的浅海生物质。虽然浅海、海岸带以及淡水水体微藻群落已经研究得较多，但是陆生藻类的重要性还没有得到很好的研究，因为陆生藻类广泛分布于干旱与半干旱荒漠与沙漠表面，陆生藻类可能在局部或区域生态环境中具有重要作用。浮游藻类分布在从水体表面到水下250m之间的透光层区域，有些营养不丰富的海域因光线可穿透更深，250m以下更深处也会发现浮游藻类。有科学家计算全球海洋中大约有$3.6×10^{25}$个浮游藻类，每年可产生光合产物大约$5×10^{13}$kg，作为海洋生态链的生产者，为海洋生物提供了初级食物。由于白昼与季节日照差异、水位分布差异、不同地区营养物质水平差异、温度差异等，浮游藻类的分布与代谢活动差异巨大，目前浮游藻类的分布数据主要来自流式细胞分析、群体核酸序列、磷脂以及其他生化分析、遥感以及传统细胞学观察技术。

一、微藻生态分布

（一）蓝藻与原绿藻

蓝藻以自由生活或共生方式广泛分布于海洋、内陆淡水体以及某些陆地环境。内共生蓝藻一般存在于一些海洋动物、地衣、苔藓以及苏铁属植物根部。丝状蓝藻，如鱼腥藻、念珠藻、微鞘藻、颤藻与鞭枝藻是淡盐水、温泉、干旱与半干旱荒漠以及稻田中微生物垫的主要生物群体。原绿藻主要存在于海洋生境中，可独立生长，也与海鞘、海参等动物共生存在。

（二）红藻

红藻中紫球藻属主要分布于淡水与陆地生态中，红球藻属（*Rhodella*）与红孢囊藻属（*Rhodosorus*）主要生活在海洋中。

（三）隐藻

隐藻可见于淡水与海洋生境中。一些蓝隐藻属藻类可耐受一定盐度，可在入海口以及盐碱滩生境中发现。有一种隐藻与海洋纤毛虫中缢虫共生。

（四）绿藻

绿藻广泛分布于淡水、海水以及某些陆地生境中。绿藻是淡水体中浮游藻类的主要物种，如单细胞的莱茵衣藻（*Chlamydomonas reinhardtii*）、集成群落鞭毛藻团藻、无鞭毛球形的微藻小球藻、盘星藻与栅藻绿藻以及丝状的较毛藻与鞘藻在淡水池塘湖泊中比较常见，有些绿藻如水绵与水网藻在淡水中形成藻垫，也有些绿藻如刚毛藻、毛枝藻与丝藻附着于水体中岩石等上生长。绿藻的代表性种属，如绿藻纲微藻与单鞭毛的单鞭藻属与微胞藻属，以及双鞭毛青绿藻，均广泛分布于海洋生境中。多种多样的球形绿藻纲微藻如小球藻、微拟球藻（Nanochloropsis）

与雨生红球藻（Haematococcus）分布均比较广泛，杜氏藻也是绿藻纲微藻，广泛分布于海边盐池与盐湖等高盐环境中。绿藻也存在于土壤与岩石等陆地生境，如单细胞球状的绿球藻、胶体形的胶群藻与圆球藻属微藻、由4、8、16或32个细胞组成囊袋状微藻、藻丝状的裂丝藻与克里藻。有些微藻如堇青藻生长于树干与其他接近地面处。也有一些绿藻营共生生活，如共球藻是地衣中常见的一种共生藻。

（五）裸藻

裸藻属、囊裸藻属、柄裸藻属以及其他裸藻门藻类主要分布于淡水与土壤中。裸藻很少分布于海洋生境中，虽然双鞭虫藻属裸藻在海岸带会偶发形成浓厚的水华。多数裸藻一般为兼性异养或吞噬营养的。无色营吞噬营养的裸藻也非常普遍，如袋鞭藻属裸藻。

（六）甲藻

甲藻在淡水与海洋生境中均有发现。鳍藻属、裸甲藻属、前沟藻属、多甲藻属、角藻属、原甲藻属等营光合营养的甲藻均在几乎所有纬度的淡水与海洋生境中被发现。甲藻门中营内寄生或体表寄生的种类以及与珊瑚虫共生的光合黄藻主要存在于海洋生境中。

（七）色鞭毛藻

色鞭毛藻门微藻种类繁多并广泛分布于海洋与淡水生境中。多数金藻主要分布于淡水体中，并能在水体富营养化时形成水华，如黄群藻属微藻形成水华会给水体带来异味。少数金藻如硅鞭藻纲金藻主要生活于海洋生境中，并在富营养化近海形成水华，而柄钟藻常发现于冰盖下并使海水呈现黄色。目前尚未发现陆生金藻。硅藻广泛分布于海洋、淡水以及陆地环境中，硅藻是种类最丰富的一个微藻群体，达1000万种以上。基于藻体的对称性（两侧对称或辐射对称），硅藻被分为三大类。硅藻纲（Bacillariophyceae）主要为两侧对称，藻细胞含有一个脊部。常见的属为舟形藻、菱形藻以及三角褐指藻属。两侧对称但无脊部的硅藻被列入无壳缝纲（Fragilariophyceae），如等片藻属、针杆藻属与脆杆藻属。辐射对称的硅藻门微藻被列入圆筛藻纲（Coscinodiscophyceae），如角毛藻属、盒形藻属以及海链藻属。硅藻主要是单细胞藻类，虽然也有一些丝状硅藻。硅藻分布于所有纬度的海洋水体中，尤其常见于冰或冰下水体、温和的海岸带与远洋环境、泥沼地、静止或流动淡水体以及一些土壤生境中。黄绿藻即黄藻纲微藻（如无隔藻属），主要存在于淡水体中，单细胞、细胞群或丝状黄绿藻也普遍存在于泥土中。眼点藻纲（Eustigmatophyceae）的微绿球藻（Nanochloris）与拟微球藻对于入海口、盐沼以及咸水海中的光合产物初级生产具有重要作用，但在远海区域作用并不显著。定鞭金藻是海洋浮游生物中数量最多的微藻。定鞭金藻种之间的区别主要在于有机物含量以及细胞表面的碳酸钙沉积情况。定鞭金藻在温和的贫营养区域种类较多，在富营养水域也会引起水华。金藻属（Chrysochromulina）在海洋生境中也比较常见，并可形成密度较高的细胞群。定鞭金藻在淡水以及陆地生境中并不常见。

二、微藻生化组成的多样性

如上所述，微藻是系统进化上非常宽泛的多类物种的集合体。从微藻的生化组成，如光合色素、光合产物、细胞壁与胞外黏液成分、脂肪酸与脂类、油、甾醇类、烃类与次生代谢产物等生物活性成分，也能反映出微藻的种类多样性。

（一）色素

叶绿素、类胡萝卜素与藻胆蛋白是微藻的主要光合作用色素。如上文所述，叶绿素a是所有光合微藻与陆生植物均含有的色素种类，其主要作用为光合反应中心的原初反应。其他种类的叶绿素（b，c_1，c_2，d）是光合作用辅助色素，不同的微藻采用不同的叶绿素种类。叶绿素吸收蓝光与红光。不同微藻中叶绿素含量差异巨大，一般可达微藻细胞干重的2%或以上。叶绿素、类胡萝卜素以及藻胆蛋白的生物合成、含量以及所占干重的比例主要受光照（光质与光强）、营养情况以及环境中其他因子的影响。

类胡萝卜素在化学结构上属于四萜烯类，由8个分枝的5碳异戊二烯单元组成。藻类中类胡萝卜素的种类远多于陆生植物，在藻类中已经鉴定了40多种胡萝卜素与叶黄素。黄绿藻、金藻等色鞭毛藻门的藻类的颜色主要是由类胡萝卜素的种类及其组成比例决定的。β-胡萝卜素是化学结构上最简单且在几乎所有的藻类与陆生植物中均发现的类胡萝卜素种类。可耐受高盐度胁迫的杜氏藻在某些条件下可积累细胞干重10%以上的β-胡萝卜素，是目前天然胡萝卜素的主要来源。虾青素是另一个具有重要应用价值的类胡萝卜素，主要由雨生红球藻以及一些在雪与冰中发现的绿藻合成。一些种类的胡萝卜素与叶黄素类色素仅在少数藻类中发现，如玉米黄质仅存在于绿藻与陆生植物中，蓝藻黄素与蓝藻叶黄素仅存在于蓝藻中，多甲藻素存在于鞭毛藻中，岩藻黄质存在于褐藻与硅藻中。

藻胆蛋白是一类水溶性辅助色素，主要存在于蓝藻、灰藻、红藻以及隐藻中。有的微藻可同时产生三种以上的藻胆蛋白。有一些微藻拥有一种被称作"色彩适应"（chromatic adaption）的机制，即根据光质等因素的变化，调整色素代谢过程而呈现不同的色彩。从红藻或蓝藻中提取的藻胆蛋白在细胞生物学研究中被作为荧光标记，在食品与化妆品产业中被用作染料。

（二）光合产物

微藻经光合作用卡尔文循环固定CO_2后形成葡萄糖，葡萄糖经进一步代谢，不同类的微藻采用不同的储存葡萄糖的方式。常见的光合产物为α-1,4-糖苷键连接成的淀粉、β-1,3-糖苷键连接成的β-葡聚糖、果聚糖、低分子质量碳水化合物、脂类与油。以淀粉为主要光合储存物的微藻主要有红藻、蓝藻以及某些绿藻。虽然糖苷键类似，但淀粉与β-葡聚糖等高分子化合物的高级结构对于其性质影响巨大，红藻产生的淀粉称作红藻淀粉，蓝藻产生的淀粉称作蓝藻淀粉，而一些绿藻产生的淀粉类似陆生植物，由直链淀粉与支链淀粉交联组成。红藻淀粉是由α-1,4-糖苷键连接的主链和α-1,6-糖苷键的支链葡萄糖单位连接组成，形成$0.5\sim25\mu m$的碗状颗粒存在于叶绿体外。在与碘的颜色反应中呈黄至淡褐色或紫红色，随着淀粉的膨胀，最后呈现青绿色。而蓝藻淀粉的性质更接近糖原，也以微粒形式存在，不同种间形状可变，从杆状微粒到25nm微粒，可延长到$31\sim67$nm颗粒。某些绿藻以聚果糖为光合储存产物。隐藻与鞭毛藻也以α-1,4-糖苷键连接的葡聚糖为主要的光合储存产物。金藻主要以油脂或金藻淀粉作为光合储存产物，金藻淀粉是一种水溶性的β-1,3-葡聚糖。其他的色鞭毛藻储存多种多样的烃类与油脂类作为光合产物。副淀粉又称裸藻多糖或裸藻葡聚糖，是裸藻与普林藻类特有的储存性光合产物。

有些微藻以单糖（如葡萄糖、半乳糖等）、二糖（蔗糖、海藻糖、麦芽糖）、甘油、糖苷、多元醇（如甘露醇）为储存性光合产物。低分子质量化合物积累也被用作微藻适应高渗透压环境的生理响应，如盐胁迫时棕鞭藻积累糖类、杜氏藻与一些黄藻积累甘油以及一些小球藻积累脯氨酸。

（三）细胞壁与胞外黏液

多数微藻具有坚硬的细胞壁，但也有少数微藻不具有细胞壁，比如杜氏藻、一些鞭毛藻与金藻，还有一些微藻的运动孢子也含有坚硬的细胞壁。淀粉鞭毛藻与裸藻类具有独特的蛋白质膜。蓝藻与原绿藻类具有革兰氏染色阴性的细胞壁，由 α-与 ε-二氨基庚二酸与葡萄糖胺（肽聚糖）组成。多数绿藻与鞭毛藻的细胞壁由纤维素组成，少数绿藻的细胞壁由羟脯氨酸糖苷、木聚糖、甘露聚糖组成，有的绿藻形成钙化的细胞壁。

多数硅藻的细胞壁由两瓣硅化的结构对合而成，像扣在一起的培养皿。但也有无细胞壁结构的硅藻，如硅鞭毛藻，产生一种硅化骨架结构，这种硅化结构通常带有多刺的突起。普林藻纲微藻虽然不具有坚硬的细胞壁，但电子显微镜下可观察到一层薄薄的有机鳞片结构包被着藻细胞。在颗石藻中类似的鳞片结构出现钙化。

多数微藻在生长减缓的稳定期会产生多种多样的胞外多糖黏液，但在生长旺盛的对数期产生多糖黏液的量较少。多糖黏液的功能可能与藻细胞的聚集有关，通过多个细胞聚集，形成完整的生物膜，增加耐受脱水的能力。多糖黏液有些具有螯合与絮凝的作用，来源于红藻与褐藻的细胞壁成分是海洋水状胶体产业的基础。

（四）油脂、甾醇与脂肪酸

某些微藻油脂含量较高，可达干重的 70%，有的微藻的油脂含量仅约 1%。微藻油脂含量与细胞生长速率成反比，通常在细胞停止扩增的稳定期油脂含量达到最高。除了油脂含量差异较大，不同微藻所含有的油脂种类也差异巨大，如中性脂、糖类脂、磷脂的含量在不同微藻中含量显著不同。有些微藻产生烃类化合物，如绿藻门的布朗葡萄藻（*Botryococcus braunii*），可积累 90% 细胞干重的烃类，这些烃类由 10 种不同的碳氢化合物组成。多种常见或稀有的甾醇也发现于某些微藻中，如蓝藻与红藻中的胆固醇类，绿藻与裸藻中的粉苞苣甾醇（chondrillasterol），黄藻中的斜体虫甾醇（clinoasterol），鞭毛藻中的甲藻甾醇，绿藻、红藻与裸藻中的麦角甾醇，硅藻中的表油菜甾醇（epibrassicasterol），绿藻与金藻中的多孔甾醇，蓝藻、绿藻中的谷甾醇等。微藻油脂主要是甘油酯，主要由链长 C14~C22 的饱和或不饱和脂肪酸组成。蓝藻多积累多不饱和脂肪酸，而真核藻类含有的脂肪酸种类则相对复杂，存在饱和脂肪酸、单不饱和脂肪酸等。不同微藻含有的脂肪酸种类差异巨大，同种微藻在不同的生长环境与生长阶段，脂肪酸的组成也有差异。同类微藻在脂肪酸组成上有些方面相似，比如亚麻酸（C18∶3）在绿藻中普遍存在，硅藻主要含有棕榈酸（C16∶0）、十六碳烯酸（C16∶1）与多烯酸（C20）。某些红藻含有较高含量的花生四烯酸（C20∶4）、棕榈酸与油酸（C18∶1）、亚油酸（C18∶2）；金藻除含有不饱和的 C16 与 C20 脂肪酸外，还含有高含量的 C18∶4 与 C22∶6。ω-3 不饱和脂肪酸在多种微藻中存在，一些种类的绿藻、红藻、隐藻、鞭毛藻、普林藻以及硅藻含有较高含量的 EPA（C20∶5）与 DHA（C22∶6）。某些微藻也合成一些不常见的脂肪酸，例如，脆杆藻可合成肉豆蔻酸（C14∶0），球等鞭金藻可合成木蜡酸，棕鞭藻可合成 γ-亚麻酸，紫球藻可合成花生四烯酸。

（五）生物活性物

微藻的代谢途径非常多样，可合成多种多样生物活性的代谢物，如抗生素、灭藻剂、毒素、某些具有药理活性的化合物以及某些植物生长调节剂。某些微藻可产生具有抗生素活性的脂肪酸、溴苯酚、丹宁、萜类、多糖、醇类等化合物，这些微藻主要是绿藻、金藻、硅藻、蓝藻以及一些鞭毛藻类。有报道表明，这些微藻来源的抗生素对于细菌、真菌、原生生物以及其他的微藻均具有较好的抑制效果。如存在于多种褐藻中的脂类 CH_2=CHCOOH 有抗革兰氏阴性菌的作用，存在于海带中的 C8~C16 的直链饱和脂肪酸也有抗菌活性。从绿藻石莼（*Ulva lactuca*）中发现了一种类固醇 3-*O*-β-D 吡喃葡萄糖基鞘蕊甾醇（glucopyranosyl clerosterol）具有抗10种微生物的活性；在抗细菌方面，与氨苄西林比较，此类固醇在抑制链球菌、枯草芽孢杆菌、假单胞菌方面均显示了非常好的效果，此化合物对真菌尖孢镰孢和酵母也具有很好的抑制效果。蓝藻中的伪枝藻 Scytonema hofmanii 分泌一种 γ-内酯溶藻素，可抑制多种淡水中竞争性藻类的生长。某些鞭毛藻与蓝藻等藻类可产生一些对动物有害的藻类毒素，如发生于赤潮时的麻痹性贝毒与腹泻性贝毒。南太平洋居民食用寄居于暗礁中的鱼类导致一种地方性疾病，也是由藻类合成的积累于鱼体内一种鱼肉毒素（ciguatoxin）引起。塔玛亚历山大藻（Alexandrium tamarense）可产生十多种藻类毒素。蛤蚌毒素（saxitoxin）被用于显微手术与近视治疗。水华鱼腥藻（Anabaena flosaquae）与水华束丝藻（Aphanizomenon flosaquae）分泌的神经毒素以及铜绿微囊藻（Microcystis aeruginosa）分泌的肝毒素偶尔会导致牛等牲畜的中毒乃至死亡。目前已从海藻中提取了多种抗菌活性的脂类化合物，如 β-二甲基-噻亭丙酸、绿藻素、马尾藻宁络合物、二十五碳五烯酸等。酚类是海藻抗其他生物吞食及感染的重要代谢物，在很多藻类中都发现了具有抗菌活性的酚类化合物。微藻抗菌代谢物的筛选与结构鉴定为新型药物的研发提供合成新药的先导化合物，随着越来越多的病原菌对传统抗生素耐药性或抗药性的加强，微藻抗菌物质的研究为寻找新型抗菌新药提供非常有潜力的资源。

第三节　微藻的光合作用

除化能无机营养生物外，太阳是几乎所有生命的能量来源，也就是说地球上几乎所有生命都直接或间接地依赖光合作用产生的有机碳及其储存的能量进行代谢反应而生长繁殖。微藻是一种单细胞光合微生物，是地球上最初级的有机物生产者。理解微藻的光合作用机制对于基于光自养的微藻培养生产非常必要。从化学反应的角度看，光合作用是一个光驱动的还原反应，将无机碳二氧化碳还原为有机碳水化合物，捕获的光能转化为稳定的化学能，而失去电子的氧原子转化为氧气分子释放于环境中。一个完整的光合作用反应可分为光能的捕获与碳的固定两个步骤。首先是光合色素吸收光能，转变为活跃的化学能，水分子被氧化失去电子释放氧气，氧原子失去的电子经系列氧化还原反应传递给氧化型辅酶Ⅱ（氧化型烟酰胺腺嘌呤二核苷酸磷酸，$NADP^+$），生成还原型辅酶Ⅱ（还原型烟酰胺腺嘌呤二核苷酸磷酸，NADPH）。电子传递过程中的一系列氧化还原反应被称为电子传递链，在电子传递的同时将叶绿体基质中的质子跨膜转移到类囊体腔中，形成质子浓度梯度，即质子势能。势能经腺苷三磷酸合成酶（ATP合成酶）转化为活跃的化学能，即ATP。ATP合成酶类似于一个水力发电堤坝。光合作用的第二个步骤是NADPH与ATP为CO_2的同化提供电子与能量，最终将太阳能转化为稳定的化学能，合成葡萄糖等有机分子，葡萄糖等有机分子为自然界中更高级的生命体提供能量。

大约30亿年前，地球上出现的最早的光合自养生物是一种非放氧的光合细菌，这种光合细菌利用太阳能从硫化氢、亚铁离子等多种多样的分子中获取质子与电子来还原二氧化碳生成有机分子。微藻定义为一种放氧光合自养微生物，即利用光能从水分中夺取电子与质子，还原二氧化碳生成有机物的同时释放氧气。20亿年前蓝藻与真核微藻出现后，地球大气中氧气的浓度提高，为好氧生物的大量出现奠定了基础。蓝藻的光合作用相关酶位于内折的细胞内膜上，这些内折的内膜经常呈平行排列状态，因此将这种内折膜称为光合片层。真核微藻依据捕光色素的种类分为绿藻（叶绿素 b 为捕光色素）与红藻（藻胆蛋白为捕光色素）等。

传统上，光合作用被分为两个阶段，一个是发生于光合膜上的将光能转化为化学能的过程，依赖于光的存在，称为光反应；另一个为利用光反应产生的还原力 NADPH 与能量分子 ATP 还原固定二氧化碳生成碳水化合物的阶段，此阶段不依赖于光照的有无，称为暗反应。暗反应相关的酶类处于叶绿体基质中或蓝藻的细胞质中。图 1-4 为光合作用光反应与暗反应的示意图。

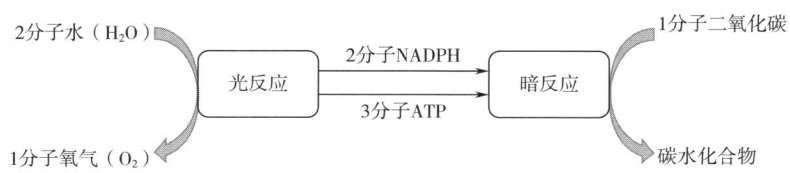

图 1-4 光合作用光反应与暗反应的示意图
注：光反应发生于光合膜上，暗反应发生于叶绿体基质或蓝藻的细胞质中。

光的本质是一种电磁辐射，可见光的波长范围为 380~750nm，大部分可见光（380~710nm）的能量可被光合作用系统吸收利用，因此又被称为光合有效辐射（photosynthetically active radiation，PAR）。光具有波粒二象性，光能以光子的形式传递，光子携带的能量被光合色素吸收后转移至光反应中心进行光化学反应，因此光子必须含有足够高的能量才能激发光合色素产生光化学电子解离。但过高能量的光子则会破坏色素分子结构，因此仅处于一定能量范围，即一定波长范围的光子才能为光合系统利用。根据光化学第二定律，在初级反应中一个反应分子吸收一个光子而被活化。根据该定律，若要活化 1mol 分子则要吸收 1mol 光子，1mol 光子的能量称为 1 Einstein，简写为 E，$E = 6.023 \times 10^{23}$ 个光子的能量。在光合作用研究中，通常用单位时间与面积下光子的摩尔数来表征，即 $\mu mol/(m^2 \cdot s)$ 或 $\mu E/(m^2 \cdot s)$。在实际应用中，光通量密度也经常被使用，光通量密度以人眼对亮度的响应特征为基础，所观测到的物理量是辐射源所发射的可见光波段的光通量密度，仪器有照度计等，光通量以流明（lumens）为单位，单位面积上的光通量即为光通量密度，单位为 lx，即 lm/m^2。光通量密度的大小依赖于人的视觉，不够客观，不能方便地转换为其他光强度单位。由于光合反应主要依赖于光合色素吸收的光子数目，因此光合作用研究中通常使用 $\mu mol/(m^2 \cdot s)$ 或 $\mu E/(m^2 \cdot s)$ 来表征微藻细胞所处的光环境。晴天阳光中约 45% 为光合有效辐射，约 $1800 \mu mol/(m^2 \cdot s)$。

一、光反应曲线

通常用一定光照强度下单位时间与叶绿素分子下的氧气释放量来描述光合作用反应的强弱，单位时间与叶绿素分子下释放的氧气量定义为光合速率。以光照强度为横坐标，光合速率为纵坐标作图即为光反应曲线。光反应曲线可以很直观地将光合作用光饱和强度表示出来。因细胞呼吸作用消耗氧气，因此在低光照下氧气的释放量低于氧消耗量，而表现出氧气浓度下降的趋势，出现光合速率为负值的现象，此光合速率又被称为净光合速率，而补加上呼吸作用消耗的氧气量的，即反映真实的光合作用放氧量的光合速率被称作真正光合速率或总光合速率。测定氧气的浓度一般采用氧电极的方法，先使用亚硫酸钠等耗氧剂除去溶液中的氧气，标定基线，后将藻细胞接入溶液，在一定的光照周期与温度下测定氧气浓度的变化，从而计算出氧气释放量与呼吸耗氧量，进一步计算获得净光合速率与总光合速率值。

如图 1-5 所示，图中 α 为初始斜率，为最大光合速率与光饱和点的比值。最大光合速率为随着光照强度的增加，光合速率不再继续增加时的光合速率，而光饱和点为光反应曲线线性增加达到最大光合速率时的光照强度。在低光照下，光合系统没有饱和，光合速率与光照强度呈线性关系。由于二氧化碳固定相关的酶促反应（即暗反应）活性限制，随着光照的增强，光合作用效率逐渐降低，最终达到最大值，即最大光合速率。微藻细胞长期处于过强光照下时光合速率会降低，这种现象称为光抑制现象。光抑制现象被认为是微藻细胞的一种自我保护机制，可以避免微藻细胞产生过量的 NADPH。过量的 NADPH 可将电子传递给氧气分子，产生活性氧，对微藻细胞产生危害。

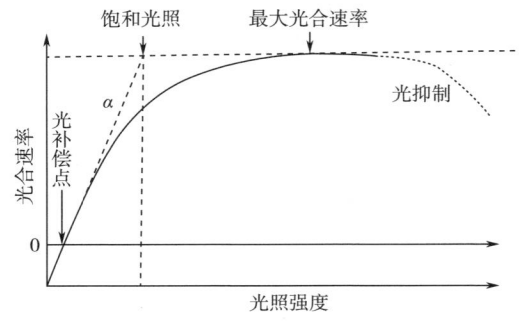

图 1-5 光反应曲线示意图

二、光合色素

光合色素是光合生物用来捕获光能的有机大分子。微藻的光合色素主要为三类：叶绿素、类胡萝卜素以及藻胆色素。如图 1-6 所示，叶绿素分子由两部分组成：核心部分是一个卟啉环，其功能是光吸收；另一部分是一个很长的脂肪烃侧链（叶绿素 c 不含有此侧链），称为叶绿醇，叶绿素用这种侧链插入类囊体膜上。正二价镁与卟啉环中两个负一价氮生成离子键。叶绿素分子非共价结合于脱辅基蛋白上。依据四吡咯卟啉环上连接的侧链基团的不同，可分为叶绿素 a、叶绿素 b、叶绿素 c 与叶绿素 d。叶绿素分子主要吸收两个波段的光子，介于 450~475nm 的蓝光或蓝绿光以及 630~675nm 的红光，对绿光波段 500~560nm 的光子吸收比较弱，因此赋予捕光色素为叶绿素的微藻以绿色外观。叶绿素 a 存在于所有的产氧光自养生物的光系统反应中心中，与相关蛋白质形成光反应中心色素蛋白复合体。叶绿素 b 与叶绿素 c 主要存在于捕获光能的捕光色素复合体中，因此叶绿素 b、叶绿素 c 与叶绿素 d 也称辅助色素，扩大了光系统吸收光子的波长范围，提升光能利用效率。

类胡萝卜素代表了一大类可吸收 400~550nm 波长范围内光子的生物发色团分子，赋予此类色素黄橙色。如图 1-7 所示，类胡萝卜素的基本结构基团为由 18 个碳共轭双键连接的两个 6 碳环。有些类胡萝卜素不含有氧原子，为仅含有碳原子与氢原子的烃类化合物，如 α-胡萝卜素与 β-胡萝卜素等。而有些类胡萝卜素含有氧原子，如叶黄素类中的紫黄素、玉米黄质、岩藻黄质与多甲藻黄素等。作为光合作用系统的重要组成部分，类胡萝卜素在光合作用过程中扮演着多种重要功能，可概括为以下几类。

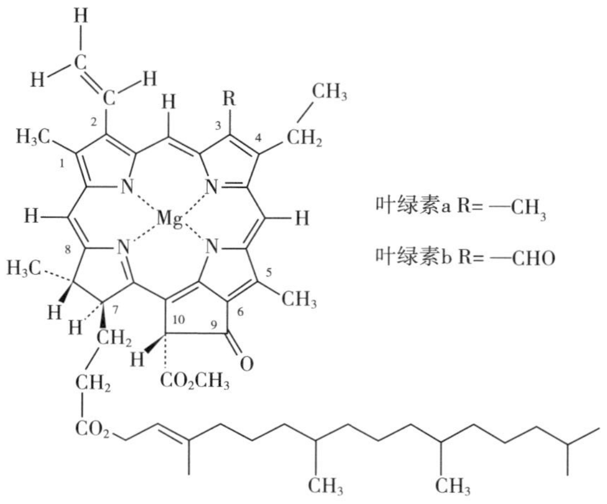

图 1-6 叶绿素分子构型

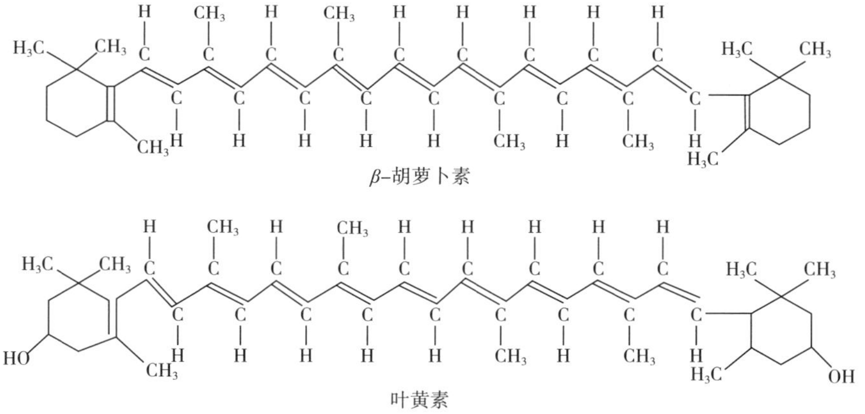

叶绿素a R=—CH₃
叶绿素b R=—CHO

图 1-7 常见类胡萝卜素分子构型

第一，作为辅助性捕光色素，将吸收的光能转移给光合作用反应中心的叶绿素 a 分子。

第二，作为光捕获色素蛋白复合体与反应中心色素蛋白复合体中的重要结构成分，维持光合色素蛋白复合体的结构稳定。

第三，作为保护性色素使光合系统免受过度光辐射时产生的三线态叶绿素与活性氧自由基的损伤。

在原核蓝藻或真核红藻中，负责捕获光能发挥捕光色素功能的分子是一种蛋白质与色素形成的复合体，称为藻胆蛋白，藻胆蛋白由藻胆色素与蛋白质经共价键连接组成。藻胆色素主要包括藻红素、藻青素（又称藻蓝素）以及藻尿胆素。与叶绿素由环状的四吡咯形成卟啉环组成不同，藻胆色素由线性四吡咯分子构成，也没有镁原子结合。藻胆色素对 500~650nm 波长的光有吸收（蓝绿光、绿光、黄光、橙光）。藻胆蛋白为水溶性蛋白复合体，藻胆色素与蛋白质中的半胱氨酸的巯基共价连接形成色素蛋白复合体，图 1-8 为藻青素的分子构型。

一些藻类色素不具有转移光能的作用，一些次级类胡萝卜素如橙红色的叶黄素、虾青素与角黄素，在一些种类的藻类细胞遇到不良胁迫环境，如营养饥饿、高温或高辐射时，在细胞质中积累高含量的这些色素。色素含量能间接地反映微藻细胞所处的光环境，色素含量高，通常反映环境中光照弱，而色素含量低通常反映了微藻所处环境光能过剩，微藻细胞存在一定程度的光胁迫或培养液中镁离子等元素的缺乏。

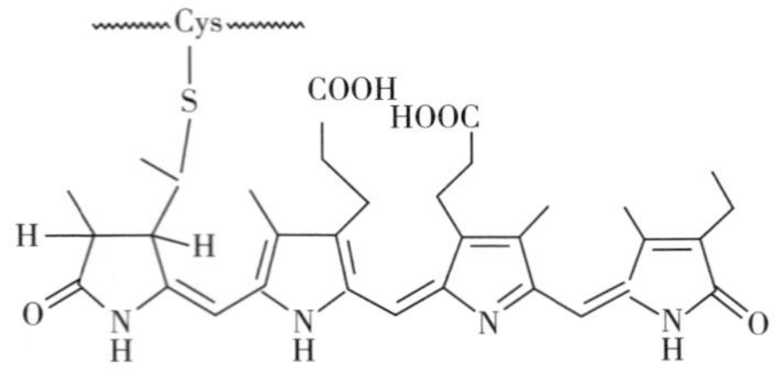

图1-8 藻青素的分子构型

三、光合作用中的光反应

光合作用的光反应位于原核藻类细胞中称为"光合片层"的囊状结构或真核藻类细胞叶绿体中的类囊体囊状结构上。类囊体膜由单半乳糖甘油酯或双半乳糖甘油酯双分子层组成，其上镶嵌着光合作用电子传递链等反应相关的蛋白质。类囊体膜形成一个扁平结构的封闭囊体，一些蛋白质亚基之间或色素蛋白复合体嵌合其上，或跨越双层膜或某些活性结构域暴露于膜外的基质或封闭囊体内腔中。在蓝藻或真核红藻中，光合片层结构呈单个出现，亲水的藻胆蛋白作为捕光色素蛋白复合体附着其上，而在其他真核藻类叶绿体中，类囊体的某些区域呈紧密挤压状态，形成堆叠在一起的垛形结构，这种结构称为基粒类囊体，而没有堆叠的类囊体称为基质类囊体，藻类细胞的基粒类囊体常为一对或三个片层叠加而成。类囊体上主要含有五大类光合作用相关的蛋白复合体，包括捕光色素蛋白复合体、光系统Ⅱ、光系统Ⅰ、细胞色素 b_6/f 复合体以及 ATP 合成酶，执行光合电子传递与光合磷酸化两大功能。

光反应的作用有两点，一是为还原型辅酶Ⅱ，即烟酰胺腺嘌呤二核苷酸磷酸（NADPH）提供电子，进而为二氧化碳的还原反应提供电子；二是产生能量分子腺苷三磷酸（ATP），为二氧化碳的还原与其他代谢途径提供化学键能。光能被光系统Ⅰ与光系统Ⅱ捕获后，导致水的解离，电子经一系列的电子载体传递，最终形成 $NADPH_2$，电子的传递就像一场接力赛跑，光系统Ⅱ中的 P680 与光系统Ⅰ中的 P700 经光能激发丢失电子，维持电子传递链中各成分的氧化还原反应进行，依据氧化还原电位的变化趋势，光合电子传递链被形象地描述为 Z 形电子传递。因此两个光系统就像是两个电子泵，利用光能氧化还原电位比较高的光反应中心色素分子氧化，将电子传递给氧化还原电位低的电子受体，自身夺取水分子（光系统Ⅱ）或质体蓝素（光系统Ⅰ）的电子，氧化还原电位比较低的脱镁叶绿素将电子传递给质体醌，经依次传递到达质体蓝素，质体蓝素被光系统Ⅰ的中光激发丢失电子的反应中心色素氧化丢失电子，而光反应中心色素的电子传递给氧化还原电位低的叶绿醌等成分，最终将电子传递给氧化还原电位较高的 $NADP^+$ 形成 NADPH。理论上，驱动光合电子传递链的进行至少需要 8 个光子的能量。

如图1-9所示，光合电子传递链中的电子载体按照氧化还原电位（E^{10}，单位伏特，V）依次排列，初级电子供体 P680 经光能激发后失去电子，将电子传递给初级电子受体脱镁叶绿素（Pheo），P680 丢失电子后形成一个能量空穴，这个能量空穴从结合蛋白质中的酪氨酸获得电子还原，酪氨酸又通过四个锰离子夺取水中的电子而被还原，导致水的解离与氧气的释放。脱镁叶绿素将电子传递给氧化还原电位高的质体醌分子 A（PQ_A），质体醌也同样与蛋白质形成复合体，两个电子随后传递给质体醌分子 B（PQ_B），被还原的质体醌被氧化还原电位更高的细胞色

素 b_6/f 复合体氧化夺取电子，质体醌的氧化是光合电子传递链中氧化速度最慢的一步，质体蓝素（plastocyanin，PC）的电子传递给被光能激发失去电子的 P700，P700 失去的电子经一系列氧化还原反应将电子传递给铁氧还蛋白（Fd），进而在还原酶（Fd：NADP$^+$ oxidoreductase）的催化下生成 NADP$^+$。虚线所示为环式光合电子传递链，在光能过剩等情况下，电子仅在光系统I相关的电子载体之间传递，不产生 NADPH，仅产生质子势能生成 ATP。

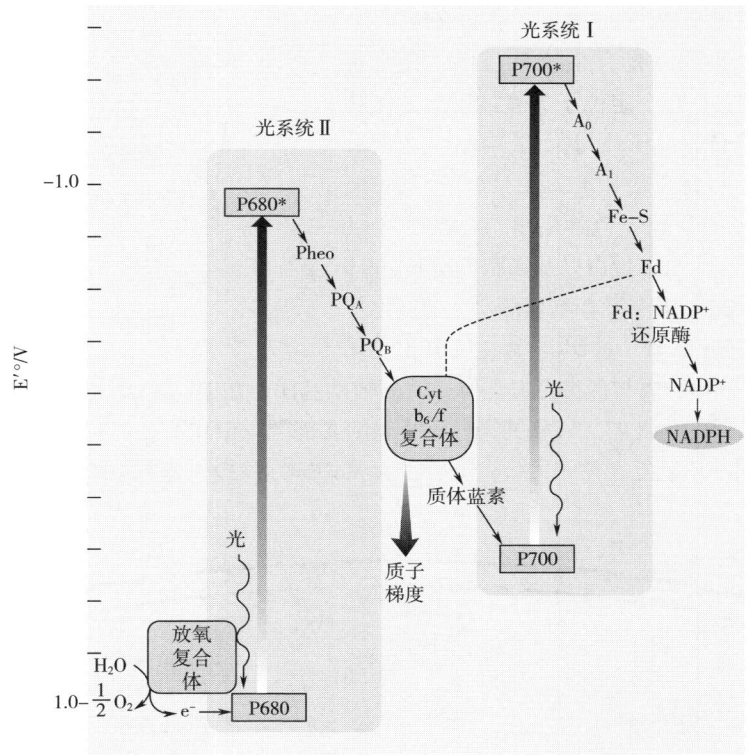

图 1-9　Z 形光合电子传递链

在光能驱动光合电子传递链运行的同时，质子伴随着氧化还原反应的进行被从基质（类囊体外侧）中转移至类囊体封闭腔内（类囊体内侧），形成一种类囊体内外跨膜质子浓度梯度势能，质子势能驱动类囊体膜上嵌合的 ATP 合成酶，催化形成 ATP，实现质子势能向化学键能的转化，此过程在光能的驱动下实现了 ATP 的生成，相对于三羧酸循环中通过有机化合物的氧化实现 ATP 形成的氧化磷酸化过程，此过程被称作光合磷酸化。

捕光色素蛋白复合体，收集与传导光能至光合系统中心，传导过程中部分能量以热量的形式丢失，与蛋白质结合的叶绿素、类胡萝卜素或藻胆色素在光能捕获与电子传递中发挥多种作用（图 1-10）。目前已有两类色素蛋白复合体被鉴定，一类是亲水的藻胆蛋白复合体，主要在原核蓝藻与真核红藻中发现，另一类是疏水的捕光色素蛋白复合体II与捕光色素蛋白复合体 I 等，此类复合体中色素主要为叶绿素 a、叶绿素 b 或类胡萝卜素（硅藻中捕光复合体含有叶绿素 a 与叶绿素 c 以及岩藻黄质）。藻胆蛋白复合体为颗粒状多聚体，又称藻胆蛋白体，结合于光合片层或类囊体膜的细胞质侧，藻胆蛋白体围绕别藻蓝蛋白体核，后者与光系统II的反应中心结合，藻青素位于藻胆蛋白核心的附近，而远离藻蛋白体核心的位置，根据种属的不同，结合有藻红素或藻尿胆素。绿藻中主要为类似高等植物的捕光复合体，除含有叶绿素外，还含有一些叶黄素等类胡萝卜素分子。捕光色素蛋白复合体Ⅱ与Ⅰ由不同的遗传基因编码，具有不同的生物化学性质，捕光色素蛋白复合体Ⅱ主要为PSⅡ收集光能，而捕光色素蛋白复合体Ⅰ主要为PSⅠ收集光能。

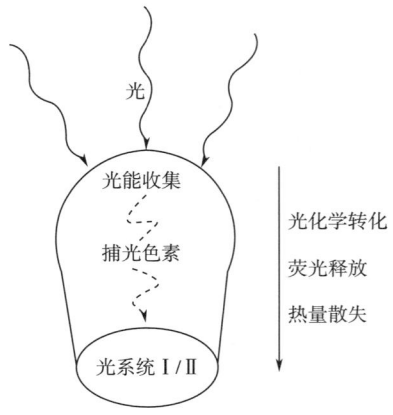

图1-10 光能从捕光色素到反应中心的传递

如图1-11所示为光合系统示意图。光系统PSⅡ是一个由超过20个定位于类囊体膜上的蛋白亚基组成的复合体，分子质量大约350ku，主要分为三个功能区，一是反应中心，二是放氧复合体，三是靠内部的光捕获捕光色素蛋白。光系统PSⅡ的反应中心包括D1、D2蛋白以及细胞色素b_{559}的α与β亚基，D1与D2蛋白带有酪氨酸Z、初级电子供体P680、脱镁叶绿素、初级与次级醌电子受体Q_A与Q_B，产生电荷分离与保持稳定性所必需的辅助基团。在D1与D2蛋白二聚体两侧是叶绿素a结合蛋白CP47与CP43，转移捕光色素吸收的光能至反应中心，CP47与CP43蛋白同样与位于类囊体腔侧的放氧复合体相关蛋白结合，为Mn_4CaO_5簇提供氨基酸结合点。

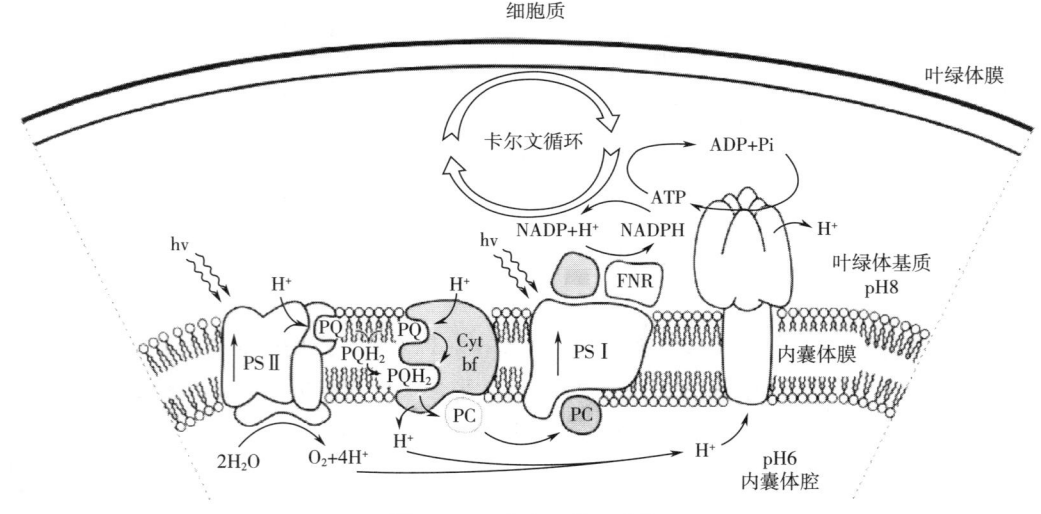

图1-11 光合系统示意图

光系统PSⅠ同样也是一个多蛋白亚基的复合体，含有大约10个蛋白质，100个叶绿素分子，分子质量大约360ku。光系统PSⅠ吸收光能发生光化学反应，产生低氧化还原电位来还原光系统PSⅠ后的最后一个光载体铁氧还蛋白，产生NADPH。PsaA与PsaB蛋白位于光系统PSⅠ复合体的中心，是光反应中心的主要辅助因子。叶绿素二聚体P700与电子载体A0与A1以及铁硫簇内嵌于复合体内，A0为叶绿体a分子，而A1是叶绿醌类分子。光反应中心电离出来的电子传递给PsaC亚基上的4Fe-4S簇电子受体F_A与F_B上。

质体醌、细胞色素 b_6/f 复合体以及质体蓝素连接着光系统 PS II 与光系统 PS I 之间的电子传递过程。质体醌连着光系统 PS II 与细胞色素 b_6/f 复合体之间的电子传递，并且传递电子的过程中将两个质子由基质侧转移至类囊体腔一侧。质体蓝素是一种位于类囊体腔侧带有铜离子的蛋白质，主要功能为介导质体醌与光系统 PS I 之间的电子传递过程与质子转移形成类囊体膜内外的质子势能。

ATP 合成酶嵌合在类囊体膜上，由两个亚复合体组成，充当质子穿越孔道的亚复合体 CF_0 与负责质子流驱动 ATP 合成的亚复合体 CF_1，每个亚复合体又由多个蛋白亚基组成。ATP 合成酶可通过质子运动将质子势能催化 ADP 与 Pi 合成 ATP。CF_0 为疏水性蛋白横跨类囊体膜，而 CF_1 为亲水性蛋白，暴露于叶绿体基质中，其中一端与 CF_0 结合。驱动一分子的 ATP 合成约需要 4 个质子。

四、光合作用中的暗反应

光能被捕获后，转化为还原力 NADPH 与 ATP，为二氧化碳的还原反应提供电子与化学键能，实现气体分子二氧化碳向有机分子的转变，这个过程被称作 CO_2 的固定。

$$CO_2 + 4H^+ + 4e^- \xrightarrow{2NADPH,\ 3ATP} CH_2O + H_2O \tag{1-1}$$

如式（1-1）所示，固定一分子二氧化碳需要两分子的 NADPH 与三分子的 ATP。研究表明，大约最少 8 个光子的能量可驱动一分子的二氧化碳的固定。二氧化碳固定的分子机制在 20 世纪 40 年代末由 Calvin 与 Benson 两位科学家利用同位素示踪技术鉴定。

如图 1-12 所示，二氧化碳向葡萄糖分子的转化需经历四个时期：①羧基化阶段。在此反应中二氧化碳被加到五碳糖 1,5-二磷酸核酮糖中，生成两分子的三碳酸 3-磷酸甘油酸，此步反应由 1,5-二磷酸核酮糖羧化加氧酶催化，因其英文名为 ribulose bisphosphate carboxylase/oxygenase，因此通常简写为 Rubisco。②还原阶段。3-磷酸甘油酸在 NADPH 与 ATP 的作用下被还原为 3-磷酸甘油醛，还原过程分为两步，首先是磷酸甘油酸的磷酸化，形成 1,3-二磷酸甘油酸与 ADP，然后 1,3-二磷酸甘油酸被 NADPH 还原为 3-磷酸甘油醛。③再生阶段。磷酸核糖的再生经由一系列复杂反应，含有 3 碳、4 碳、5 碳、6 碳与 7 碳磷酸糖的参与，整个过程需有酮基转移酶与醛缩酶的参与。④光合产物生成阶段。光合暗反应的末端产物为碳水化合物，但是脂肪酸、氨基酸与有机酸也同样被合成。在不同环境条件下，如光照、二氧化碳浓度、氧气浓度与矿质营养条件不同时，光合作用的末端产物会显著不同，生成多种多样的末端代谢物。微藻存在二氧化碳浓缩机制（CO_2-concentrating mechanisms，CCMs），羧酶体内碳酸酐酶提高 Rubisco 酶附近的二氧化碳浓度，提高二氧化碳固定效率的同时降低加氧活性，降低光呼吸作用。

光合作用暗反应进行过程中会伴随着光呼吸现象。光呼吸作用将有机碳转化为二氧化碳，但无 ATP 或 NADPH 的生成，因此光呼吸现象是光合碳固定反应的竞争性过程。一直以来，光呼吸被认为是一种虚耗能量的过程，是微藻光合作用进化中的缺陷，但近些年的研究数据表明，光呼吸是光合作用过程的一个重要补充。在光呼吸过程中，1,5-二磷酸核酮糖羧化加氧酶主要发挥氧化功能，催化氧气分子与核酮糖二磷酸反应生成磷酸乙醇酸，经脱去磷酸后生成乙醇酸，进而经几步催化反应可生成丝氨酸、铵根离子与二氧化碳，参与到氨基酸或蛋白质等代谢途径中去，因此光呼吸过程是微藻代谢网络中的关键一环，连接着光合作用与氨基酸代谢等途径，

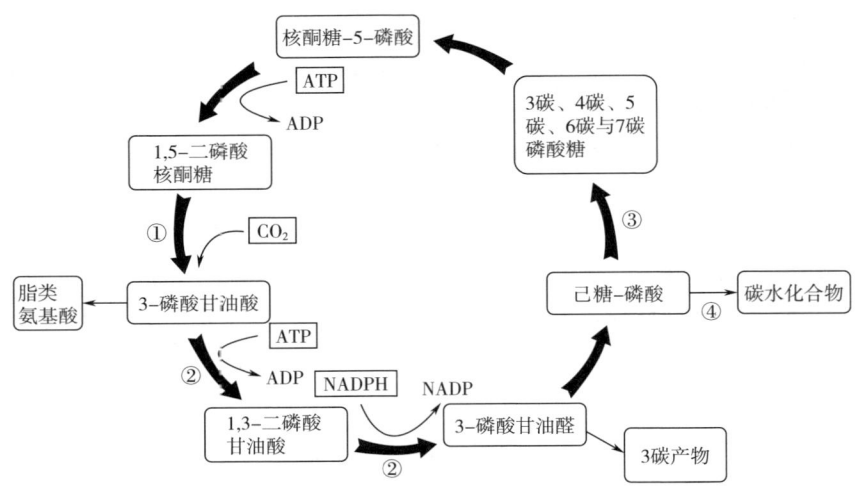

图 1-12　光合电子传递载体在类囊体膜上的定位

形成一个精细调控的生命体代谢调控网络。光呼吸反应取决于氧气与二氧化碳的相对浓度,即高 O_2/CO_2 时,促进光呼吸反应的进行,反之,低 O_2/CO_2 时抑制光呼吸反应的进行,而促进羧化反应的进行。氧气在水中的溶解度相对较低,25℃的水体中,每升水中仅含毫克级的氧气,加上微藻进化出了一种二氧化碳浓缩机制,保持较低的 O_2/CO_2 来保证 1,5-二磷酸核酮糖羧化加氧酶周围较高的二氧化碳浓度。1,5-二磷酸核酮糖羧化加氧酶对二氧化碳的亲和力较低,半饱和 K_m 值与空气中二氧化碳浓度相当。因此在光能充足时,氧气浓度较高,而二氧化碳浓度较低,利于光呼吸反应的进行。光照强度对微藻的生长代谢作用巨大,因此,在以获得微藻生物质为主要目标的大规模培养实践中,采用高效排出培养设施中的氧气,提高二氧化碳浓度的方法,降低光呼吸作用,减少光合产物的氧化消耗非常必要。

微藻被认为是非常高效的太阳能转化者,但在光合作用效率方面,并不比高等植物高。微藻相对于高等植物的优势主要体现在代谢活动的灵活性方面,单个细胞可以根据环境变化灵活调整代谢活动。微藻的实验室与生产规模培养均是在环境因子高度控制的条件下生长,相比自然环境中微藻的生长在细胞密度方面具有很大不同。微藻的生长主要受细胞接收的辐射量、混合效率、气体交换效率即二氧化碳的供应与氧气的排出、营养盐与稳定等影响,其中细胞接收的辐射量往往是限制因素。理论上微藻的最大光合效率约为 10%。实际培养中因多种不利因素的影响,如极端温度、高溶氧、光饱和、光抑制与光反射等因素,被培养液吸收的光能中超过 60% 以热量的形式散失,以上因素使得微藻的光合效率在 4%~5%,因此不良环境因素、光反应器性能、洁净度以及培养液情况等因素均影响微藻的光合效率。对于平均光照达到 20MJ/$(m^2 \cdot d)$ 的一些地区,微藻大规模培养光合效率若能达到 5%,生物质产量大约 50g/$(m^2 \cdot d)$。

五、光适应

自然环境中光照强度与光质处在不断地变化中,微藻进化出了多种适应光环境的机制。光适应的目的是平衡光合作用的光反应与暗反应,由于细胞内 1,5-二磷酸核酮糖羧化加氧酶的水平相对恒定,因此光适应的控制点主要位于光反应光系统 PSⅡ中,一种是调控光系统 PSⅡ捕光色素蛋白复合体的大小来控制光能的吸收，另一种是控制光系统 PSⅡ反应中心的数量，来减少光能的吸收与转化，进而减少 ATP 与 NADPH 的生成。相应地，在低光环境下，微藻细胞增加色素含量，进而增加捕光色素蛋白复合体与反应中心的水平，反之，在高光强条件下，色素水平降低而减少捕光色素蛋白复合体与反应中心的水平，减少光能的捕获。微藻细胞的光适应过程通常需要若干天的调整，因此对于环境中光的快速变化，需要其他调控机制的协助。在一些微藻中，pH 梯度的增加会加速光能转化为热量散失，即非光化学淬灭，进而达到减少光能被光化利用的目的。这种依赖 pH 梯度变化调节光能利用的机制在原核蓝藻中尚未证实，在绿藻中主要是利用紫黄质与玉米黄质之间的可逆转化。在高等植物中玉米黄质的水平与非光化学淬灭即热量散失成正相关，但此现象在绿藻中并不显著，在金藻纲与褐藻纲中单环氧硅甲藻黄素与硅藻黄质之间的转化可能扮演着类似的作用。光系统 PSⅡ的光失活现象可被视为紧急的光适应过程，快速地降低光系统 PSⅡ的数量，光对光系统 PSⅡ反应中心造成不可逆的修饰，形成失活的光系统 PSⅡ来快速降低光能的吸收利用，新合成的 D1 蛋白的加入可恢复光系统 PSⅡ的功能。光抑制现象可通过叶绿素荧光的变化体现。在光饱和情况下不一定导致电子传递效率的整体下降，此时光合效率通常依赖于二氧化碳固定效率，一定程度上的光系统 PSⅡ减少不一定产生不良效应。

六、微藻光合作用研究中常用的技术

　　光合作用机制研究中常用的技术主要有光合放氧速率测定、光合碳固定效率、叶绿素荧光等。直接测定微藻培养过程中生物质量的变化可直接反映光合效率的高低，通过测定微藻细胞 750nm 波长下的吸光度值也可粗略地反映微藻生物质的变化。精细地测定微藻细胞的碳氮含量可使用碳氮元素分析仪。光合放氧速率测定是利用能够测定液体中氧气浓度的电极测定微藻培养液中的氧气浓度变化，然后折算到单位时间、单位叶绿素分子的放氧量，以此来反映微藻光合作用活性。实验室比较常见的为铂金负极与银或氯化银正极，置于饱和氯化钾电解质里，电极与微藻培养液之间会隔有一个透气膜，当两电极间施加电压时，氧气分子获得电子生成水分子，产生的电流强弱与氧气的浓度成正比例关系，通常能检测 $10\mu mol/L$ 的氧气浓度变化，通常会配有搅拌转子以保证氧气浓度均一。氧气产生速率通常表示为每小时每毫克的叶绿素产生氧气的微摩尔或毫克数，或每小时每个细胞产生氧气的微摩尔或毫克数。除了氧电极，也有基于氧气分子导致发光基团荧光与磷光淬灭的光学电极被用来测定氧气浓度的变化，这种电极的灵敏度与上述氧电极接近，但具有不消耗氧气、受电流与温度干扰小、存储量大与机械性能稳定等优点。光合放氧研究也可使用质谱技术，通过同位素标记光合产物来研究光合放氧与呼吸耗氧。

　　微藻培养液中二氧化碳的检测一般采用电极法，原理为基于 pH 与二氧化碳以及碳酸氢盐浓度之间的关系。^{14}C 同位素标记方法常被用作研究光合作用碳代谢过程，也为测定二氧化碳固定效率提供了一个途径。

　　叶绿素荧光技术是光合作用研究中比较常用的技术。叶绿素荧光技术具有灵敏性高、方法简便等优点。在绿藻等藻类中，叶绿素荧光可直接反映光系统 PSⅡ的光化学性质，光系统 PSⅠ的影响往往可以忽略。蓝藻中的光系统 PSⅠ与藻胆色素荧光的干扰对叶绿素荧光的干扰较大。微藻细胞被照射后，叶绿素被激发到单线态状态，然后单线态叶绿素的能量有三种去向，首先是被传输到光反应中心用作光化学电离，其次是以热量的形式被散发，再次是以荧光的方式被重新发射。以上三种途径释放的能量与叶绿素吸收的光能相等，因此以上三个途径任何一个的改变均会导致荧光发射强度的改变，直接反映了光系统 PSⅡ的活性改变。在黑暗中，所有的光反应中心色素均处于未电离状态，即"开放"状态，光化学效率最高，荧光强度最低，此时的荧光强度为 F_0，0 为基准的意思。当光系统 PSⅡ 被强光照射后发生电离，电子被转移到第一个电子受体质体醌 Q_A 上，此时的光系统 PSⅡ 不能继续利用光能发生电化学反应，被暂时封闭，即此时的光系统 PSⅡ 处于"封闭"状态。由于此时的光化学产率为零，热散失与荧光产量相应增加，此时的荧光产量记为 F_M，M 为英文 maximum 的缩写。因为荧光量的增加与光系统 PSⅡ 封闭的水平平行增加，开放状态的光系统 PSⅡ 相当于荧光淬灭剂，这种现象称为"光化学淬灭"过程，用 qP 表示，qP 的值为 0 到 1 之间，反映了 Q_A 的相对氧化水平。最大荧光产量 F_M 与最小荧光产量 F_0 之差被定义为可变荧光产量 Fv，V 为英文 variable 的缩写。暗适应的微藻的 F_V/F_M 的数值为 0.7~0.8。F_V/F_M 经常被用作光系统 PSⅡ 的光化学效率的参数。F_V/F_M 的数值在不同辐射与生理处理方式上差异巨大。当光合系统暴露于光下时，相比于暗处理后的细胞，光系统 PSⅡ F_M 通常下降，标记为 F'_M 或 F'，来表征稳定状态的荧光值。这种现象称为非光化学淬灭，记作 NPQ，即英文 non-photochemical quenching 的缩写。NPQ =（$F_M-F'_M$）F'_M，NPQ 通常反映了光能以热量散失的现象。NPQ 与光化学反应呈负相关，是光系统 PSⅡ 避免被过度光能激发的一种保护机制。

第四节 微藻的生命活动所需的矿质元素

微藻细胞内多种多样的合成与分解代谢活动是微藻生长繁殖的基础，代谢活动是在酶的催化下进行的，酶是由蛋白质与金属离子、有机分子等辅酶或辅因子共同组成的生物催化剂，因此矿质元素是微藻生命活动顺利进行的必要物质。在有些微藻中，矿质元素也参与了微藻细胞结构的组成，如硅藻细胞壁中含有大量硅元素。不同种类的微藻对矿质元素的需求不尽相同，多数微藻生长需要氮、磷、钾、镁、钙、硫、铁、铜、锰、钼、钠、钴、钒、硅等矿质元素，其中氮、磷、镁、硫、铁、铜、锰与钼被认为是所有种类的微藻共需。钴元素作为鞭毛藻中维生素 B_{12} 的组成部分，或以无机形式存在于某些蓝藻中。一些蓝藻的正常生长需要钠元素。钒对于栅藻、盐藻等的生长非常重要。硼对于念珠藻等的生长非常重要，念珠藻缺乏硼后培养液变白。光合作用过程中需要氯离子的参与，碘离子对于某些藻类的生长具有重要作用。

一、氮元素

氮元素是微藻细胞最重要的成分之一，氮元素在自然界中以多种氧化还原形式存在。环境中的氮源含量对于微藻的生长与生化组成具有重要影响，环境中氮源缺乏会导致微藻生长停滞、代谢活动改变如油脂与色素积累等。微藻细胞内氮元素的转运与同化吸收均受到精密调控，不同微藻中氮素转运与同化吸收的形式也有很大不同，涉及多种多样的氮素转运蛋白与通透酶。

多数蓝藻细胞存在异形胞，在固氮酶的催化下可打断 N_2 中的三个共价键，还原成 NH_3，即固氮作用。蓝藻中存在三种固氮酶，分别被命名为固氮酶 1（活性依赖于铁离子与钼离子，由 *nif* 基因编码）、固氮酶 2（活性依赖于钒离子，由 *vnf* 基因编码）与固氮酶 3（活性依赖于铁离子，由 *anf* 基因编码）。以上基因在固氮蓝藻基因组里是广泛存在的，*nif* 基因编码固氮酶的一个非常保守的亚基，常被用作与 16S 类似作用的固氮生物的进化分析研究中。蓝藻的固氮作用具有重要的生态意义。固氮蓝藻多为念珠蓝细菌科（Nostoceae）、胶须蓝细菌科（Rivulariaceae）、伪枝蓝细菌科（Scytonemataceae）以及真枝蓝细菌科（Stigonemataceae）。固氮酶需在无氧的环境下发挥作用，氧气对固氮酶的抑制是不可逆的，但正常细胞中须进行光合作用释放氧气，因此蓝藻特化出异形胞来专门进行固氮作用。异形胞不进行光合作用，胞内为一个无氧环境。不产生异形胞的固氮蓝藻则进化出了一套保护固氮酶免受氧气抑制的机制。如有研究表明，非异形细胞中的固氮反应受到生物钟的控制，固氮酶的表达与活性可能受到光子密度与氧气浓度的影响。一些不产生异形胞的丝状蓝藻，如颤藻属和织线藻属在有光照、无可利用的化合态氮且厌氧的环境中可发生固氮作用。固氮酶在蓝藻基因组中以基因操纵子的形式存在，环境化合氮的浓度影响着固氮酶基因表达的开关。

铵根离子（NH_4^+）是核酸、氨基酸与蛋白质等化合物的构成基团。与其他种类的氮源相比，铵根离子的吸收同化对能量的需求最低，因此铵根离子对许多藻类而言是非常理想的无机氮源。但铵根离子对一些微藻具有毒性，尤其是在碱性溶液中铵根离子易解离成氨气的情况下，如缺乏细胞壁的盐生杜氏藻、纤细裸藻（Euglena gracilis）等，不能耐受较高浓度的铵根离子。氨气可通过连接于放氧复合体中心来干扰微藻光系统 PS Ⅱ 的活性，也可通过降低 pH 梯度阻碍 ATP 的生成而抑制光合磷酸化。由于微藻优先利用铵根离子，位于质膜与叶绿体膜上的铵根转运蛋白（ammonium transporter，AMT）负责铵根离子的转运。铵根离子的同化吸收需要利用谷氨酰胺合成酶/谷氨酰胺酮戊二酸酰基转移酶途径（GS-GOGAT pathway），需要从线粒体三羧酸循环途径中转移 α-酮戊二酸用于谷氨酸的合成，因此铵根离子的同化可促进二氧化碳固定后向氨基酸与其他有机酸的转化。

图 1-13 为微藻对无机氮源利用机制的模式图。微藻对氮氧化物，即硝酸根与亚硝酸根的吸收同化依赖于硝化与反硝化过程。硝酸根首先被还原到亚硝酸盐，然后继续被还原到铵根离子。小球藻硝酸还原酶分子质量约 500ku，以 NADH 为电子供体；小球藻亚硝酸还原酶分子质量约 63ku，含有铁离子，以铁氧还蛋白作为电子供体，NADPH 可为铁氧还蛋白提供电子。微藻中对铵根与氮氧化物的利用是相互影响的，如莱茵衣藻中，在有光的情况下，优先利用铵根离子，氮氧化物的利用途径被抑制。铵根离子抑制硝酸根透性酶的活性，硝酸根还原酶的活性受到透性酶活性的影响。总体上，微藻培养中较常使用氮氧化物而较少使用铵根离子等，主要是因为氮氧化物较高的稳定性且不易影响培养液的 pH，此外还有铵根离子浓度高于 $25\mu mol/L$ 时对于微藻细胞显示出毒性。但是对于适应酸性环境的微藻而言，使用硝酸盐或亚硝酸盐为氮源时，须考虑酸性 pH 下的强氧化性对微藻细胞的毒害。

有机氮是细胞的必需成分，自然界中有机氮以多种氧化还原状态存在，微藻可以利用多种有机氮分子，如尿素、氨基酸、嘌呤以及嘧啶等。根据环境中氮源的种类，微藻细胞调控氮素转录调节子的表达。微藻细胞中存在多种多样的转运蛋白或透性酶，负责不同氮源的吸收，微藻对有机氮源的吸收利用通常由 ABC 转运蛋白执行，在有机氮源被转化为铵根离子后经谷氨酸合成酶与谷氨酰胺合成酶的催化，整合进入有机分子的碳骨架中。尿素是一种化学性质比较稳定的有机氮源，可被多数的微藻高效利用，相比于其他氮源而言，尿素具有更高的利用效率，多数微藻中可检测到较高的脲酶活性。微藻利用共运输机制吸收尿素，运输过程中钠离子被排出的同时尿素被转入细胞内。有研究表明，轮藻吸收一个尿素离子的同时排出两个钠离子。尿素被吸收入细胞后经过脱氨基反应生成铵根离子，这个反应是在脲酶或尿素氨基水解酶的催化下进行的。脲酶存在于微藻细胞质中，属于氨基水解酶家族，为含有镍离子的金属酶。脲酶对

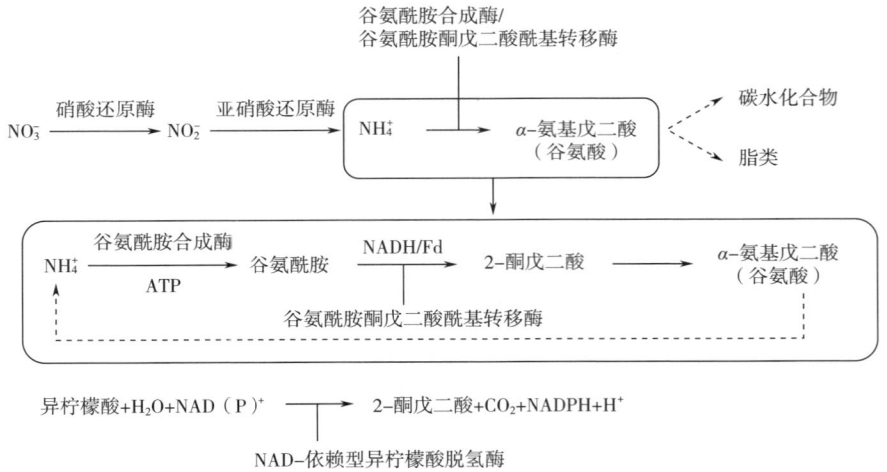

图 1-13 微藻对无机氮源利用机制的模式图

尿素的水解分两步，首先将尿素分解为氨与氨基甲酸，然后自发水解为氨与碳酸，在细胞内生理条件下碳酸的质子转移给氨生成铵根离子。尿素氨基水解酶含有两个结构域，分别为羧化酶结构域与脲基甲酸水解酶结构域。尿素氨基水解酶是一个依赖于生物素的酶，结合有生物素的羧化酶与脲基甲酸水解酶依次作用且有 ATP 水解的条件下，尿素被羧化生成脲基甲酸酯，然后在脲基甲酸酯水解酶的催化下生成氨与碳酸。

嘌呤是核酸、辅酶与 ATP 等许多生命体有机分子的重要组成部分。生命体中常见的嘌呤主要为腺嘌呤、鸟嘌呤、黄嘌呤、次黄嘌呤、尿酸等。许多微藻具有直接从环境中吸收同化嘌呤的能力。鸟嘌呤与腺嘌呤利用相同的转运蛋白进入微藻细胞，而黄嘌呤与次黄嘌呤利用其他种类的转运蛋白进入微藻细胞。黄嘌呤的转运受到尿酸的影响，而次黄嘌呤的转运受到鸟嘌呤与腺嘌呤的影响。次黄嘌呤被氧化为黄嘌呤的反应由黄嘌呤脱氢酶催化，黄嘌呤被转化为尿酸，尿酸氧化酶催化尿酸的氧化，生成过氧化氢与 5-羟基脲。

一些微藻也可以直接吸收氨基酸作为氮源，氨基酸向微藻细胞内的转运需要转运蛋白的参与，然后由一些酶类催化氨基酸的转化，如氨基酸氧化酶与转氨基酶等。细胞外的氨基酸首先由氨基酸氧化酶催化其脱氨基反应，然后细胞快速吸收生成的氨，而羧酸并不被微藻吸收。藻类中负责转氨反应的酶为丙氨酸氨基转移酶与天冬氨酸氨基转移酶。丙氨酸氨基转移酶催化丙氨酸与谷氨酸之间的氨基转移反应，此反应是可逆的。天冬氨酸氨基转移酶主要催化天冬氨酸与谷氨酸之间的氨基转移反应。当微藻处于氮源缺乏的环境时，转氨反应对于维持胞内的氨基酸水平具有重要意义。硅藻中钠离子与氨基酸的共转运系统使得硅藻可吸收环境中的氨基酸。微藻对氮素的吸收也受到环境中光的调控，如弱光下氮源的吸收对光的依赖较低，氮源的吸收主要发生在有光的环境下，在暗环境中氮吸收效率大幅降低。有光环境中氮氧化物的还原反应速率最高，在氮源饥饿条件处理的细胞转移到氮素丰富的环境中时氮素的吸收速率较高，超出细胞生长的需求，这种现象称为"浪涌吸收"（surge uptake）。浪涌吸收现象不像对数期生长的细胞中氮的吸收同化与细胞的生长紧密关联，而是优先获取氮源储存于胞内，后期再同化入其他有机分子中。在硅藻中浪涌吸收尿素后细胞会释放一些铵根离子。

二、磷元素

磷元素是微藻生长繁殖必需的大量元素,是遗传物质 DNA 与 RNA 的主要组成元素,也是能量分子 ATP 的主要组成元素,磷脂也是细胞膜等膜结构的主要脂类。无机磷(phosphate,Pi),即 PO_4^{3-}、HPO_4^{2-}、$H_2PO_4^-$,是微藻最容易吸收同化的形式。此外,多磷酸盐也是微藻可吸收利用的磷元素形式。有研究表明,蓝藻可吸收利用亚磷酸盐。在无机磷酸盐中,带电荷越低可被微藻吸收利用的效率越高,除此之外,无机磷被利用的效率也受细胞膜酸碱性的影响。真核藻类细胞膜上存在多个无机磷转运蛋白,转运蛋白的结构与丰度均显著影响无机磷利用的效率,转运蛋白的结构与丰度受环境中能被利用的无机磷的含量所调控。在环境中可利用的无机磷缺乏时,低效率但高亲和力的无机磷转运蛋白丰度高,反之,在环境中可利用的无机磷丰富时,高效但亲和力低的无机磷转运蛋白丰度变高。无机磷的吸收利用,即转运蛋白对无机磷的亲和力与活性高低也受细胞的能量状态、无机磷的来源、其他营养素如氮与维生素的含量以及光照强度等多种因素的综合影响。绿藻等微藻吸收无机磷过程需要钠离子的参与,莱茵衣藻基因组中存在编码类似 H^+/Pi 协同转运蛋白与 Na^+/Pi 共转运蛋白的序列。许多微藻可以吸收多磷酸盐,多磷酸盐链长可达 120 个残基。多磷酸盐的链长可影响自身被微藻利用的效率。多磷酸盐主要起到在胁迫环境中稳定蛋白质,防止蛋白质聚集的作用。因为与磷酸盐相比,多磷酸盐密度更大,即在增加细胞密度的同时占用较少的细胞体积,达到加快细胞沉降速率的目的。

微藻细胞内含有两种多磷酸盐,一种是酸溶性多磷酸盐(acid-soluble polyphosphate,ASP),另一种是酸不溶性多磷酸盐(acid-insoluble polyphosphate,AISP)。多磷酸盐由多磷酸盐激酶(又称 ATP-多磷酸盐磷酸转移酶或多磷酸盐聚合酶)催化合成,从 ATP 分子上转移无机磷酸根来延伸多磷酸盐的长度。光照环境中,在光合作用能量的驱动下胞内的酸溶性多磷酸盐被用于 DNA 与蛋白质的合成,较高的光照强度显著促进酸溶性多磷酸盐的积累及其向 DNA 与蛋白质的转化。RNA 与磷脂合成所需的磷元素主要来源于细胞内的磷酸根等,有研究表明,磷酸根向 RNA 的转化是一个光抑制的过程。如图 1-14 所示,过量的磷源以酸不溶性多磷酸盐的形式积累储存于液泡中。储存的酸不溶性多磷酸盐在环境中磷源缺乏时被水解与释放以供应其他化合物的合成。有研究表明,高温环境促进细胞合成积累酸不溶性多磷酸盐的同时也加速酸溶性多磷酸盐的消耗。

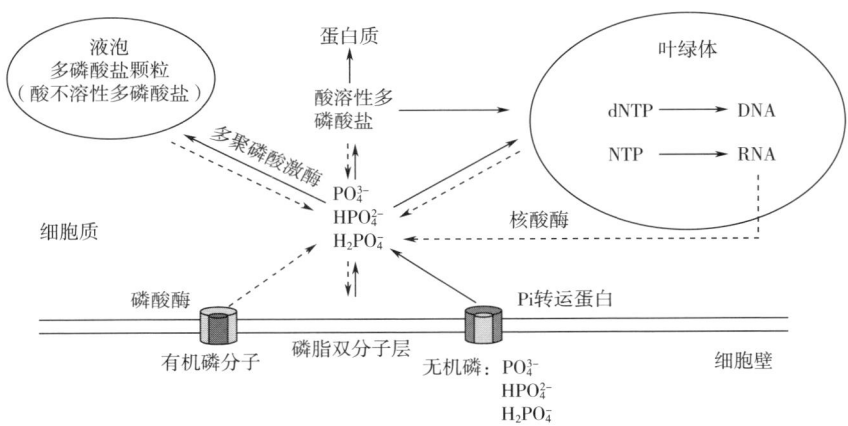

图 1-14 微藻中磷吸收与同化可能的模式图

注:实线为环境中磷充足时的吸收与利用途径;虚线为环境中磷缺乏时的吸收与利用途径。

细胞内磷的代谢受到环境中磷元素水平的严密控制。当环境中可获得的磷源含量低时，微藻细胞主要通过提高磷源的摄取效率与胞内磷源的重新分配两种策略来适应低磷环境。微藻细胞增加磷源摄取的机制主要有分解有机磷源磷酸的酶表达与高亲和力无机磷转运蛋白的表达合成两种方式。在低磷环境下，微藻可合成多种多样的磷酸酶来增加摄磷能力。磷酸酶催化磷酸单酯水解释放磷酸，一些海洋硅藻在磷源缺乏时可合成磷酸二酯酶来水解环境中的磷酸二酯释放磷酸。莱茵衣藻在磷饥饿发生24h后主要依靠增加高亲和力的转运蛋白来增加磷的吸收，而在磷饥饿消失后低亲和力的转运蛋白负责了80%以上的磷元素的吸收。在细胞内磷源缺乏时，微藻细胞会重新对磷元素进行分配，如磷酸二酯酶水解DNA、RNA等分子中的磷酸二酯键。氮源缺乏环境中莱茵衣藻细胞内RNA的水平会下降，有研究表明，微藻叶绿体中的RNA被RNA酶（RNases）水解释放为无机磷而重新用于维持细胞活性。缺磷时细胞膜中的磷脂也会快速降解释放无机磷维持必需的代谢过程，如ATP的合成等代谢过程，细胞膜中脂类组成由磷脂为主转变为非磷脂为主，如硫酸酯等。核苷酸酶可水解5′-核苷酸生成无机磷酸。环境中磷源缺乏时也会导致细胞内消耗磷源的代谢过程效率放缓，例如，多核苷酸磷酸化酶活性下降来阻止叶绿体RNA降解过程中磷源的消耗，以适应环境中磷源的缺乏。此外有研究表明，光照与碳源充足时磷源的缺乏不会影响光合作用效率，如小球藻中，在磷源缺乏条件下充足的光照与碳源依然可促进光合效率的升高，磷源缺乏并没有抑制光合作用效率。

环境中磷源充足时微藻会摄入超出自身需要的磷源。尤其是经历过磷源饥饿后的微藻细胞，在环境中磷源充足后会大量摄取环境中的磷源并将其以酸不溶性多磷酸盐的形式储存到液泡中。微藻液泡中储存的多磷酸盐颗粒可供无磷环境中微藻细胞分裂若干代细胞。微藻细胞储存磷的同时也会促进重金属离子进入液泡，此种机制一方面为微藻发挥环境重金属污染治理作用提供了可能，另一方面也给微藻开放式养殖中重金属含量的控制带来了挑战。微藻被用于废水处理中氮磷的去除已有较多案例。异养培养中磷源的水平过高会抑制微藻细胞的生长，如小球藻异养培养中磷源水平超过0.15g/L时会导致细胞体积变大，细胞壁变形与细胞器损伤，这种生长抑制作用可能是由于胞内多磷酸盐过量积累所致。

三、硫元素

浮游植物年均同化大约$1.3×10^{12}$kg的硫，不计入细胞内产生硫酸酯的能量，每年需要（11.3~15.9）$×10^{15}$kJ的能量，产生约$4.7×10^{13}$kg的浮游植物生物质，假定生物质中所有的碳来源皆是卡尔文循环，每年约$8.54×10^{17}$kJ的能量用于碳固定。因此浮游植物消耗大量能量用于硫的同化。硫元素对于微藻的正常生长繁殖具有重要作用，如硫元素是甲硫氨酸、半胱氨酸与胱氨酸的组成元素。微藻对硫元素的吸收主要以硫酸盐的形式，海洋中硫酸盐的浓度比较高，常在29mmol/L以上，而在淡水中硫元素的含量往往受到季节、气候与地理等因素的影响，不像海洋中那样稳定，有些湖泊中因人类活动来源的硫元素的排放减少而导致硫元素的含量处于较低水平。不同环境中微藻对硫元素获取与同化的方式不同，环境中可被吸收的硫元素的水平也影响微藻细胞的整个代谢情况，细胞内硫元素动态平衡或稳态（homeostasis）的维持与环境中硫元素缺乏均对光合作用、碳氮同化与代谢等的效率产生影响。在一些藻类中硫元素被分配到硫代甜菜碱（dimethylsulfonioproprionate）中，硫代甜菜碱可被分裂为丙烯酸盐与二甲基硫醚，二甲基硫醚可挥发进入大气。有研究表明，二甲基硫醚可对全球气候变化产生影响。淡水中硫元素主要来源于岩石的腐蚀与陆地来源的有机硫化物的氧化作用。由于全球工业化进程的发展，工业生产产生的二氧化硫排放导致湖泊中硫含量增加，极端条件下会导致湖泊酸化，导致微藻多样性降低。环境治理导致的排放减少也会导致硫元素水平的降低而成为微藻生长的营养限制因素。绿藻与蓝藻中的硫酸根转运蛋白是一种膜整合蛋白，通常进行硫酸根与质子或钠离子的共同运输。目前已有若干个硫酸根转运蛋白被鉴定，莱茵衣藻与盐生杜氏藻中的硫酸根转运蛋白的活性与亲和力均受到环境中硫源水平的调控，即硫源缺乏时，转运蛋白的活性与亲和力均升高，尽管盐生杜氏藻通常生活于硫含量较高的环境中，这种硫元素诱导的硫同化机制依然在进化中保留了下来。莱茵衣藻与盐生杜氏藻对硫的反馈调节机制是否普遍存在于其他真核微藻中尚不清楚，对于海洋真核微藻而言此种机制并不必要。原核微藻如聚球藻中尚未发现此种诱导性硫酸根转运蛋白的存在，聚球藻中存在一个依赖于ATP的硫酸根转运蛋白，此种转运蛋白与真核微藻中的不同，其不依赖于钾离子、质子、钠离子或氯离子。芳基硫酸酯酶（arylsulfatases，ARS）是一种存在于许多真核生物中可催化硫酸酯键断裂的水解酶，芳基硫酸酯酶通常在环境中硫源缺乏时被诱导表达，酶蛋白定位于膜的外侧，催化环境中含硫有机物水解释放硫酸根，莱茵衣藻中已经鉴定到两个处于膜外侧的芳基硫酸酯酶，二者具有类似的调控与动力学性质，而在团藻基因组中仅含有一个芳基硫酸酯酶编码基因。

  微藻中硫元素的同化吸收与高等植物比较类似，相关酶的序列相似性比较高。硫酸根被转运入细胞质中，随后被转运入质体中或储存于液泡中。硫酸盐进入细胞后，经过ATP硫酸化酶活化成5′-磷酸硫酸腺苷（adenosine 5′-phosphosulfate，APS）。这种活化反应将硫元素整合进入硫酸基多糖或以磺酰基的形式整合进入SQ糖（sulfoquinovose）以及类囊体膜上的硫脂硫代异鼠李糖甘油二酯（sulfoquinovosyl diacylglyceride）中。5′-磷酸硫酸腺苷随后可被APS还原酶催化还原成亚硫酸盐，还原反应所需要的两个电子从谷胱甘肽中获得。微藻中APS还原酶是细胞控制硫酸盐同化利用的关键调控位点。APS还原酶的活性与微藻的生长速率以及可利用氮源水平紧密相关。亚硫酸盐向硫化物的还原反应由亚硫酸盐还原酶催化，亚硫酸盐还原酶在结构与功能上均与亚硝酸盐还原酶类似。亚硫酸盐还原生成的硫化物被快速地整合进入半胱氨酸，半胱氨酸直接或间接地作为所有含巯基化合物的硫元素供体。半胱氨酸的合成是在丝氨酸乙酰基转移酶与乙酰丝氨酸裂解酶的连续作用下完成的，莱茵衣藻中编码半胱氨酸合成的酶均带有叶绿体定位信号肽，暗示着微藻中半胱氨酸的合成可能发生于叶绿体中。微藻中硫主要以还原态硫化物的形式存在于谷胱甘肽、硫代甜菜碱、蛋白质中，另有一小部分以硫酸酯与磺酸酯的形式存在。

四、金属元素

  金属离子对微藻的正常生命活动至关重要，比如光合电子传递过程需要铁离子与铜离子，放氧复合体中含有锰离子，锌离子是碳酸酐酶的组成部分。磷脂双分子层对于包括金属离子在内的多数亲水离子是不通透的，金属离子进出细胞均需要多种多样的转运蛋白。当胞内储存的金属离子不足时，转运蛋白将外部金属离子转运进入细胞并分配至发挥辅因子的区间。反之，当细胞内金属离子的浓度超出胞内缓冲能力时，转运蛋白则将金属离子排出细胞。金属离子主要作为辅酶因子存在于细胞中，执行氨基酸侧链无法完成的一些化学功能。金属离子的化学性质也会导致细胞毒性，非螯合状态的金属离子，比如铁离子与铜离子会引起活性氧积累，即使毒性较低的锌离子也会因为错误整合进入蛋白质或导致蛋白质聚集而伤害细胞。虽然微藻细胞内含有一些储存性蛋白质与一些小分子蛋白质，可以缓冲金属离子至一定的水平，但是微藻细胞内的金属离子进出细胞依然受到紧密控制来保证细胞及细胞器中金属离子浓度的平衡。长期进化中微藻依据环境中金属离子的种类与水平在基因水平进行了适应，其中尤以铁离子与铜离子对微藻进化的影响较大，在地球初期大气中氧气水平很低，铁离子主要以可溶二价氧化态存在，蛋白质早期进化中主要依赖于铁离子的氧化还原活性，环境中可利用的铜离子较少，进化早期的细胞被认为不含铜离子。光合生物与分子氧的出现逆转了铁离子与铜离子的溶解性，使得少数蛋白质开始使用铜离子作为辅因子，而多数藻类进化出了其他途径，消耗较多能量以适应可利用铁离子降低的环境。海洋中可利用的铁离子较少，在长期进化中，微藻减少了对铁离子依赖性的蛋白质，而增加了使用具有类似催化活性的铜离子作为辅因子的蛋白质的比例。因此，从微藻细胞中对铁为辅因子的蛋白质与铜为辅因子的蛋白质的利用比例上可判断微藻栖息环境中可生物利用的金属水平与地理化学性质。基于编码铁离子依赖的细胞色素 c_6 与铜离子依赖的质体蓝素编码基因的存在情况，真核光合生物可被分成三个类群。第一类群的藻类既含有细胞色素 c_6 的编码基因也含有质体蓝素的编码基因；第二类群的藻类仅含有细胞色素 c_6 的编码基因而不含有质体蓝素的编码基因；第三类群的藻类不含有细胞色素 c_6 的编码基因而仅含有质体蓝素的编码基因。鉴于地球进化过程中铁离子与铜离子的可获得性，细胞色素 c_6 被认为出现得较早，在后期铁离子可获得性降低而环境中可利用的铜离子水平升高后，一些光合生物中进化出质体蓝素取代了细胞色素 c_6。已经鉴定的第一类群藻类多数是陆生绿藻，比如莱茵衣藻，质体蓝素基因一直处于表达状态，即组成型表达，但环境中缺乏铜离子时质体蓝素被降解，细胞色素 c_6 替代质体蓝素发挥功能。因此细胞色素 c_6 被作为"替补队员"在基因组中留存。红藻 *Cyanidioschyzon merolae* 属于第二类群，基因组中含有细胞色素 c_6，不含有质体蓝素或 Cu/Zn SOD，这种单细胞微藻生活于硫丰富、酸性温泉里，此种环境中可被生物利用的铜离子极少。第三类群的微藻主要为生活于公海的浮游微藻类群，环境中铁离子水平很低。第一类群的微藻仅含有 Fe-SOD，而第三类群的微藻丢失了 Fe-SOD 而获得了 Cu/Zn SOD。有意思的是，陆生植物类似第三类群的海洋微藻，使用质体蓝素与 Cu/Zn SOD 而丢失了细胞色素 c_6。

在有氧环境中，铁离子主要以不溶解的三价铁形式存在。铁离子转运的第一步为处于质膜上的三价铁离子还原酶催化三价铁转换为可溶解的二价铁，转移一个电子给复合体中三价铁离子，如柠檬酸铁等，该反应的电子供体一般为细胞质中的 NAD（P）H，三价铁离子的还原引起复合体中的铁离子解离释放。微藻细胞内含有功能多样的三价铁离子还原酶，与胞内信号转导有关。参与铁离子同化的三价铁离子还原酶仅限于质膜上的一类。真核生物中有三类三价铁离子还原酶与螯合态铁离子还原反应有关，分别为 NADPH 氧化酶（NOX；细胞色素 b_{558}），细胞色素 b_5 还原酶与细胞色素 b_{561}。三价铁离子被还原为二价铁离子后经铁离子转运蛋白进入细胞。微藻中存在多种亚铁离子转运蛋白，如 ZIP 家族与 NRAMP 家族。

微藻中铜离子的同化吸收主要是由高亲和力的 CTR 家族转运蛋白执行。CTR 家族转运蛋白含有三个跨膜区与一个位于胞外的 N 端区域，该区域主要负责一价铜离子的结合，来源于不同物种的 CTR 家族的 N 端区域中的甲硫氨酸、组氨酸与半胱氨酸的比例相差较大，即具有一定的物种特异性。细胞膜外周的二价铜离子还原酶还原铜离子至一价后 CTR 家族转运蛋白进行转运。当铜离子进入细胞后，小分子蛋白质将铜离子隔绝而降低胞质中铜离子的浓度，由此产生的细胞内外浓度差驱动了 CTR 家族转运蛋白对一价铜离子的转运。CTR 家族转运蛋白对一价铜离子转运的同时，也可以对一价银离子转运而引起银毒性。许多金属离子结合蛋白对铜离子有较高的亲和力，因此铜离子在细胞内常被金属伴侣蛋白结合后转运至以铜离子为辅因子的蛋白质中。

微藻对微量元素，如锌离子、锰离子、镍离子与钴离子等，即微量金属离子的吸收同化也是通过特异的转运蛋白进行的。不同微藻中的酶在长期的进化过程中选择了不同金属离子作为辅因子，因此不同微藻对金属离子的需求并不相同，比如，钒离子可以显著促进盐生杜氏藻的生长繁殖，而对其他微藻生长繁殖的促进作用并不一致。锌离子主要以亲电体的形式存在于一些水解酶类中，真核生物中锌离子的功能主要为稳定蛋白质的结构，如锌指蛋白家族的转录因子蛋白等。微藻细胞主要由 ZIP 家族与 CDF 家族的蛋白介导锌离子的跨膜转运。CDF 是英文"cation diffusion Facilitator"缩写，为阳离子扩散促进子，CDF 含有 6 个跨膜区，主要负责将阳离子从细胞质转运进入细胞器中。CDF 实际为逆向转运蛋白介导金属离子的流出，此过程依赖于质子浓度梯度。锰离子是光系统 PS Ⅱ 放氧复合体与 Mn-SOD 酶蛋白中的关键金属离子。Cu/Zn-SOD 与 Fe-SOD 的编码基因在已经测序的微藻基因组中并不普遍存在，而 Mn-SOD 几乎存在于所有微藻中。微藻中锰离子的吸收同化主要依赖于 NRAMP 家族与 CDF 家族。以镍离子与钴离子作为辅因子的酶类较罕见，一些物种中依赖于镍离子与钴离子的酶类也能被其他类似的酶类替代，发挥类似的功能而变得冗余，比如钴胺素（维生素 B_{12}）依赖的甲硫氨酸合成酶被维生素 B_{12} 非依赖的酶取代。一些藻类与高等植物一样含有脲酶，镍是脲酶的辅因子。原核生物中 NicO 家族含有一些对镍离子与钴离子具有高亲和力的转运蛋白，为钴胺素的合成、Ni-Fe 氢化酶、Ni-SOD 与 Ni-脲酶提供镍离子。许多微藻中未鉴定到以镍为辅因子的酶，但基因组中发现了 NicO 编码基因的同源序列，可能有些镍依赖的酶尚未鉴定或这些 NicO 基因转运其他种类的金属离子，比如莱茵衣藻中 NicO 家族编码基因的转录本在铁离子水平低时升高，而锌离子或铜离子水平降低时则无此种现象，说明 NicO 家族蛋白可能参与质体中铁离子的转运。

第五节　微藻的异养营养

利用微藻已经开发出了多种产品，如食品营养强化剂 ω-3 不饱和脂肪酸、天然食用色素、食品原料、肥料、生物塑料以及其他化工原料、药品以及微藻柴油，微藻在环境污染物处理方面也有多种应用。微藻为单细胞结构，无须形成复杂的组织器官等，因此光合自养条件下微藻的生长速度是传统作物的 20~30 倍，并且微藻的培养可在不适合农作物生长的环境中，而无需占用作物耕地。但是相比酵母等异养微生物，光自养培养单位体积细胞干物质产量依然比较低，通常为 1~3g，且培养周期一周以上，光自养微藻生产企业通常需要比较大的土地与厂房面积或建筑高度，同时对水的消耗也比较高。微藻的开放式或管道式培养容易受到其他物种的污染，难以实现纯种培养，也给产品品质保证带来一定的困难。为了克服开放式光自养存在的光能扩散受培养液深度与藻细胞浓度限制、纯种培养难以实现、环境变量因子难以控制、采收成本高、水资源消耗多等缺点，开发了一些封闭式光反应器，如管道式生物反应器与平板式光反应器等，但细胞浓度与光能利用效率依然较低，且设施的维护成本较高。因此，微藻的异养培养技术对于克服传统光自养培养的弊端具有非常大的潜力。微藻的异养培养具有很多优势，如生产效率提高，单位体积细胞产量通常可达几十甚至上百克，生产周期大幅缩短；微藻在封闭的反应器中培养，空气与培养基质均经过无菌处理，容易实现培养基质成分控制，培养过程中酸碱度、氧气浓度、温度与搅拌传质过程均受到严格控制，使得生产的稳定性与产品的品质更容易控制，如异养条件下重金属含量水平可通过控制培养原料与培养用水的质量来控制。微藻异养培养摆脱了对光照的依赖，使得生产过程免受天气情况的限制，因此生产稳定性大幅提高。同等生产规模下，微藻异养培养成本往往远低于微藻的自养培养。微藻自养培养与采收成本是限制微藻应用的主要原因。微藻目前主要用于生产附加值较高的保健食品等。水产上饵料藻由于常常无需浓缩与烘干等高耗能步骤而能够广泛应用于水产开口饵料、水产动物营养补充剂以及调节水质等用途，但依然受到天气等影响而使得藻细胞的稳定供应没有保障，给水产业的健康稳定发展带来风险。微藻的异养培养技术具有广阔的应用前景，微藻异养培养的主要限制是仅有少数种类可直接利用外源有机碳氮源进行异养营养，因此研发微藻的分子遗传改造技术、深入研究微藻的异养代谢机制以及构建发酵工艺，最终实现通过微藻的代谢改造实现异养能力，对于微藻的异养培养非常重要。

一、微藻异养营养与异养培养

微藻异养营养是指利用有机碳源替代无机碳源，即直接利用贮存于有机化合物中的化学能替代通过光合作用进行捕获光能贮存成化学能的过程。微藻异养的培养基质与光自养培养基在成分上的差异主要为碳源种类。营养盐等成分的含量需经优化以适应异养营养下微藻细胞快速生长与培养密度较高的需求。微藻也可同时进行异养营养与自养营养，二氧化碳与有机碳被同时利用，呼吸作用与光合作用同时存在，即混合营养过程。混合营养并不是简单的两种营养方式的叠加，因为光对于许多代谢过程具有重要的调控作用，比如光对叶绿体发育的影响，在无光条件下叶绿体会逐渐退化，叶绿素分解。光合自养、异养与混合营养下微藻的细胞组成会明显不同。开放式培养中有时也会在白天加入少量的乙酸或葡萄糖来促进微藻细胞的生长且不会导致细菌等微生物的爆发。夜晚无光条件下通常避免加入有机物，以免细菌生长速度过快而抑制微藻的生长，甚至导致微藻培养的失败，这种加入有机碳源的方式往往限于培养初期阶段，以避免细菌等微生物过度生长。有些微藻在有机碳源与光照同时存在时并不能同时进行光合自养与异养营养，而是根据环境情况在光合自养与异养营养之间切换。

基于微藻异养营养的培养模式即微藻异养培养。微藻异养培养通常可直接采用微生物发酵工业上用来生产药品、食品等采用的发酵系统，在大幅提高生产效率的同时也降低了能耗，并且操作与日常维护也更加简单，使得获得高浓度的微藻细胞更具技术与经济可行性。食品或药品原料生产采用的发酵罐体积可达 $100m^3$ 以上，短时间内便可生产出上百公斤的微藻细胞干粉。培养规模的增大与生产效率的提升使得微藻异养培养相比自养培养成本上大幅降低。微藻进行异养培养的前提首先是细胞能够在无光条件下正常分裂且进行正常的代谢活动；其次是细胞能够利用可灭菌的有机碳源作为能源进行氧化磷酸化生成 ATP，呼吸作用同时为合成途径提供碳骨架用于其他代谢物的合成，微藻的生长速率直接与呼吸速率相关，微藻细胞对能量与碳骨架的需求也会影响呼吸速率，不同生长时期的细胞呼吸速率不同；再次是能够适应快速变化的环境；最后还要能适应发酵罐中搅拌桨或通气等导致的剪切力等的不利影响。微藻的呼吸代谢途径与高等植物类似，但并不能简单通过高等植物的呼吸代谢规律预测出微藻对有机碳的利用情况。不同微藻的异养培养对基质与环境的要求显著不同，例如，一些硅藻异养能力与对黑暗环境中光系统的维持能力有关，利用叶绿体内进行的环式电子传递链提供能量，以避免恢复光照后对光合系统造成损伤。

目前，微藻异养培养存在的主要问题有以下 5 点：

（1）具备高效异养能力的微藻种类比较有限，目前工业生产上成功的藻种仅有小球藻、纤细裸藻等。

（2）有机碳氮源与能耗升高导致培养成本增加。

（3）高浓度有机碳氮源导致渗透压升高，一定程度上抑制微藻细胞生长。

（4）无菌控制要求更加严格。

（5）受光诱导后才会积累的代谢物的合成被抑制。

因此，采取光自养培养或异养培养须根据细胞的产率、培养成本、所需的代谢产物等因素综合衡量，对微藻异养培养下细胞活力与密度、环境耐受性、培养成本（碳氮源等培养基质的价格与转化率以及目标产品的价值）、生产规模密封式生物反应器培养适应性进行考察。目前真正实现生产规模异养培养的微藻种类依然很少，使用的碳源主要为葡萄糖、甘油、乙酸以及工业有机废水。葡萄糖是最常用的有机碳源，半乳糖与果糖也有使用，但二糖对于许多微藻是不可利用的。多羟基醇类中甘油是最常用的。

二、微藻对葡萄糖的利用

与工业上其他微生物的培养类似，在微藻的异养培养中，葡萄糖也是最常采用的有机碳源。多数具有异养能力的微藻在以葡萄糖为碳源时，相比其他糖类、糖醇类、磷酸糖类、有机酸以及一元醇类，表现出较高的生长与呼吸效率。原因可能是单位葡萄糖摩尔分子含有较高的化学能，约 2.8kJ/mol 的能量，而乙酸仅含有约 0.8kJ/mol 的能量。葡萄糖会显著改变微藻的生理状态，如以葡萄糖为碳源的普通小球藻（*C. vulgaris*）在碳同化代谢、细胞大小、胞内储存物（如脂类、淀粉、蛋白质、叶绿素、核酸与维生素）的体积与密度方面均与二氧化碳为碳源的光自养培养的普通小球藻显著不同。微藻对葡萄糖的同化过程起始于己糖的磷酸化，生成 6-磷酸葡萄糖。6-磷酸葡萄糖更容易被利用于细胞内的合成代谢与呼吸作用。与其他微生物类似，微藻对葡萄糖的分解，即好氧糖酵解过程，有两种形式，一种是 EMP 途径（Embden-Meyerhof Parnas pathway），另一种为 PPP 途径（pentose phosphate pathway）。微藻为好氧生物，不能在无光厌氧环境中代谢葡萄糖，无光厌氧条件下葡萄糖分解产生的能量与在厌氧代谢中发挥重要作用的乳酸脱氢酶的水平均不足以支持葡萄糖代谢利用。微藻吸收的葡萄糖大部分被转化为寡糖（主要是蔗糖等）或多糖（淀粉等）储存，极少数的葡萄糖依然以游离葡萄糖的形式存在。微藻对葡萄糖的利用是一个复杂的过程，代谢机制远没有研究清楚，一些微藻如小定鞭金藻（*Prymnesium parvum*）与特氏杜氏藻（*Dunaliella tertiolecta*）含有葡萄糖代谢的相关酶类，但不能同化葡萄糖进行异养营养，因此微藻的葡萄糖转运、同化相关酶类等方面依然需要进一步地研究。光自养与光异养在葡萄糖代谢方面的主要区别在于糖代谢途径的不同，光自养时葡萄糖的代谢主要使用糖酵解 EMP 途径，而在异养营养时主要采用 PPP 途径，葡萄糖经过细胞膜上特异的转运蛋白转运到细胞内，后在葡萄糖激酶的催化下加上磷酸基团生成 6-磷酸葡萄糖，6-磷酸葡萄糖可进一步被磷酸己糖异构酶催化醛糖和酮糖的异构转变生成 6-磷酸果糖进入 EMP 途径，或在 6-磷酸葡萄糖脱氢酶的催化下生成 6-磷酸葡萄糖酸内酯，随后在内酯酶的催化下生成 6-磷酸葡萄糖酸，进入磷酸戊糖途径。EMP 途径与 PPP 途径均发生于细胞质中，但在黑暗异养营养时葡萄糖代谢主要流向 PPP 途径，如在蛋白核小球藻处于完全黑暗且以葡萄糖为唯一碳源时，90%的葡萄糖在 6-磷酸葡萄糖脱氢酶的催化下流向 PPP 途径，而磷酸己糖异构酶对 6-磷酸葡萄糖的催化活性极低。集胞藻异养营养时 PPP 途径是主要的葡萄糖代谢途径，6-磷酸葡萄糖脱氢酶与 6-磷酸葡萄糖酸脱氢酶发挥主要的催化功能。图 1-15 为微藻对外源葡萄糖的代谢通路图。

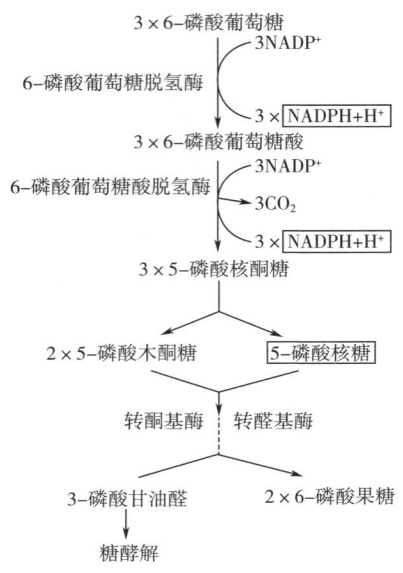

图 1-15 微藻对外源葡萄糖的代谢通路图

微藻异养营养时 EMP 途径中的 6-磷酸葡萄糖异构酶、6-磷酸果糖激酶以及果糖二磷酸醛缩酶的催化反应被抑制，EMP 途径中的其他酶的活性与自养营养时没有显著改变。异养营养的蛋白核小球藻三羧酸循环以及线粒体氧化磷酸化活性也维持了较高的水平，说明光照对 EMP 途径中的下游催化过程与三羧酸循环等过程的影响较小，而对 PPP 途径活性的调控非常明显，光照下 PPP 途径相关酶的活性被显著抑制。相比光合自养或混合营养下，蛋白核小球藻在异养营养下利用葡萄糖产生更多的 ATP。集胞藻中葡萄糖的代谢受到多个水平的调控，异养营养下 *rbcL* 基因（编码 1,5-二磷酸核酮糖羧化加氧酶大亚基）与 *gap2*（编码 3-磷酸甘油醛脱氢酶）的表达降低，而 *gnd* 基因（编码 6-磷酸葡萄糖酸脱氢酶）的表达升高，三羧酸循环（TCA）与 EMP 途径一些酶的编码基因表达没有受到光照或外源葡萄糖的影响。

小球藻的异养培养已有产业化规模生产实例，相对其他微藻，异养营养机制方面的研究数据也较多。在培养基质中存在葡萄糖时，小球藻会在 15～18min 表达己糖/H^+ 同向运输蛋白，以葡萄糖与质子 1∶1 的比例转运葡萄糖与质子进入细胞，这种转运蛋白也受到 D-果糖与 D-半乳糖的诱导，但戊糖、蔗糖、甘露糖以及其他二糖或糖醇没有此类诱导作用。己糖/H^+ 同向运输蛋白由 *HUP1*（Hexose Uptake Protein 1）基因编码。*HUP1* 基因在没有葡萄糖等诱导物存在时不发生转录，在环境中有诱导物出现后的几分钟便启动转录，在小球藻由光合自养向异养营养转变时，*HUP1* 基因、*AAT* 基因（ATP/ADP translocator mitochondrial gene）、*GAP1* 基因（glyceraldehyde-3-phosphate dehydrogenase gene）的表达被激活。小球藻基因组中含有两个己糖/H^+ 同向运输蛋白编码基因，均可被环境中的葡萄糖诱导表达。微藻对葡萄糖的吸收受到光的调控，如光会抑制小球藻己糖/H^+ 同向运输蛋白编码基因的表达，尤其是可见光中的蓝光对己糖/H^+ 同向运输蛋白编码基因的表达抑制效应最明显，而红光的抑制效应较弱。丧失光合能力的小球藻突变株中依然保留了光对己糖/H⁺同向运输蛋白编码基因表达的抑制效应，因此光对己糖/H⁺同向运输蛋白编码基因的表达抑制调控途径不依赖于光合作用过程，而是由蓝光受体黄素蛋白 NPH1 与隐花色素蛋白（cryptochromes）介导的信号通路发挥作用。小球藻在培养基质中有葡萄糖存在时，许多代谢途径会受到蓝光的影响，如小球藻对甘氨酸、脯氨酸、精氨酸以及铵根的吸收受到蓝光的抑制，而氧气与硝酸根的吸收效率因硝酸还原酶被蓝光激活而得到促进。在黑暗无光的环境中培养基质中的葡萄糖也会诱导两种氨基酸跨膜转运蛋白的表达，来促进小球藻对有机氮源的吸收。一种氨基酸转运蛋白可对中性氨基酸进行转运，如丙氨酸、脯氨酸、丝氨酸与甘氨酸等。另一种氨基酸转运蛋白可转运碱性氨基酸，如精氨酸与赖氨酸等。诱导激活后的氨基酸转运蛋白的转运效率是其他高等植物或藻类细胞氨基酸吸收效率的 5~10 倍。可同时进行光合自养营养与异养营养的微藻，在混合营养下的生长速率约是光合自养与异养营养之和，但对于一些存在异养营养被光抑制现象的微藻，混合营养下生长情况则较为复杂。

　　需要特别注意的是，虽然多数具有异养能力的微藻可吸收利用葡萄糖，但每种微藻对葡萄糖的代谢响应机制差异巨大，因此不同微藻中葡萄糖吸收利用的代谢规律并不能简单扩大到其他微藻。温泉红藻属 G. sulphuraria 在培养基质中葡萄糖与果糖耗尽时伴随着呼吸作用降低导致溶解氧浓度的快速升高，而对于海洋微藻裂殖壶藻（Schizochytrium limacinum），氧气浓度对生长没有显著影响，糖分消耗的差异可能主要是由培养液 pH 与菌株差异造成。小球藻在培养基质中葡萄糖充足时，己糖/H⁺共转运蛋白的诱导激活导致培养液碱化，培养液 pH 增加的速度依赖于可利用糖的种类与浓度，通常在己糖浓度较低时，pH 增加速度与己糖的消耗均比较慢。高浓度的葡萄糖或甘油等有机碳源会抑制微藻细胞的生长，这也是微藻培养通常采用分批补料方式进行的原因，维持一定的糖浓度，避免高浓度有机碳氮源对微藻生长或终端产物的抑制。不同微藻具有不同的碳源最适浓度，如普通小球藻与栅藻 Scenedesmus acutus 培养初期的最适葡萄糖浓度在 1~10g/L。对于嗜糖小球藻（C. saccharophila），初始培养时的最适葡萄糖浓度为 2.5g/L，在葡萄糖浓度高于 25g/L 时生长抑制现象出现，对于索罗金小球藻（C. sorokiniana），在糖浓度高于 5g/L 时即发生生长抑制现象，而原始小球藻（C. protothecoides）的最适葡萄糖浓度可达 85g/L。平滑菱形藻（Nitzschia laevis）在葡萄糖浓度达到 40g/L 时生长受到抑制。温泉红藻属 G. sulphuraria 在葡萄糖或果糖浓度达到 166g/L 时生长仍没有受到影响。因此，不同微藻异养营养时对葡萄糖或其他糖的利用差别巨大，受到微藻种类、培养环境、培养基质组成以及各营养成分的比例等因素的影响。

三、微藻对甘油的利用

　　一些微藻可以利用甘油作为碳源，这类微藻通常生活于渗透压较高的海洋或盐湖环境中。甘油常作为一种细胞内的渗透压调节物质，如盐生杜氏藻，通过调节细胞内甘油的含量来调整细胞内的渗透压，以适应环境中因蒸发或降雨等导致的渗透压变化。甘油是一种比较经济的碳源，分子内含有较高的能量，与多数酶蛋白与细胞膜均具有良好的相容性，浓度较高时也几乎没有细胞毒性，这也是微生物保存中经常使用高浓度甘油作为抗冻剂的原因。微藻自身可利用甘油酯代谢途径合成甘油，一些微藻可以从培养基质中吸收甘油，促进微藻的生长繁殖，诱导光合作用系统结构与生化组成的改变，如血红蛋白的含量降低，基粒类囊体的堆叠程度与数目改变，光系统 PS Ⅱ 复合体的大小等。甘油进入细胞通常认为分子扩散即可，而无需转运蛋白的辅助，甘油分子进入细胞后，首先被磷酸化，随后被氧化成磷酸丙糖分子。微藻中相关的酶蛋白尚未得到研究与鉴定，以植物细胞为参考，植物细胞中含有甘油激酶，三磷酸甘油-NAD^+氧化还原酶以及磷酸丙糖异构酶，将甘油转化为3-磷酸甘油醛与甘油酸分子，随后便可进入 EMP 途径参与糖酵解代谢，形成丙酮酸后进入三羧酸循环。有研究表明，当微藻以甘油为碳源时，磷酸戊糖途径可能被抑制。有些微藻对甘油的吸收依赖于光的存在，如蓝藻 Agmenellum quadruplicatum、海洋红藻 Goniotrichium elegans、小皮舟形藻（Navicula pelliculosa）与念珠藻（Nostoc sp.），这些藻类对甘油的吸收，需要光的存在且无外源二氧化碳的供应。一些微藻以甘油为异养有机碳源，进行混合营养时的生长速率较高，如三角褐指藻（Phaeodactylum tricornutum），在含有 0.1mol/L 甘油的培养基质与 165μmol/($m^2 \cdot s$) 的光照下混合营养培养时，相比光自养时生长速率提高了74%。微拟球藻、红胞藻 Rhodomonas reticulate 以及隐秘小环藻（Cyclotella cryptica）混合营养时利用甘油的效率要高于葡萄糖或乙酸。总体而言，虽然甘油可以用作一些微藻异养营养的碳源，但其在细胞内的代谢机制尚不清楚。甘油是微藻生物柴油生产中的副产物，微藻积累的甘油三酯经水解后生成甘油与脂肪酸，脂肪酸进一步甲酯化生成脂肪酸甲酯。

四、微藻对乙酸的利用

一些羧酸，比如乙酸、柠檬酸、延胡索酸、乙醇酸、乳酸、苹果酸以及琥珀酸能够被微藻吸收利用，进行异养营养。乙酸是微藻异养培养中使用频率仅次于葡萄糖的一种有机碳源。在黑暗有氧环境中，真核细胞通过一元羧酸/质子转运蛋白辅助乙酸的跨膜运输，乙酸一旦进入细胞，便会在乙酰辅酶 A 合成酶的催化下形成乙酰辅酶 A，消耗一分子的 ATP。乙酰辅酶 A 一般通过两种途径进入代谢循环，一种是乙醛酸循环途径，在乙醛酸循环体中生成苹果酸，乙醛酸循环体是一种特化的质体。另一种是三羧酸循环途径，在线粒体中形成柠檬酸，生成能量分子 ATP 与 NADH，同时为其他代谢物的合成提供碳原子。通常微藻对乙酸盐的高效代谢需要乙醛酸循环的存在，乙醛酸循环的运行需要异柠檬酸裂解酶与苹果酸合成酶的辅助，有些微藻在培养基质中存在乙酸时可诱导异柠檬酸裂解酶与苹果酸合成酶的表达。一些微藻如普通小球藻中异柠檬酸裂解酶基因是持续表达的，但乙醛酸循环也仅在培养基质中存在乙酸时才有活性。斜生栅藻（S. obliquus）异柠檬酸裂解酶在黑暗环境下培养基质中存在乙酸时活性在 24h 内增加 4 倍，并且异柠檬酸裂解酶的活性随着乙酸浓度的增加而升高，但 TCA 循环相关酶的活性没有显著变化。光与葡萄糖均会抑制异柠檬酸裂解酶的合成。有研究表明，4 分子的乙酸可合成 1 分子的葡萄糖，其中 1 分子乙酸在合成过程中被消耗。当使用乙酸钠或乙酸钾作为碳源时会导致 pH 上升，可能的原因为随着乙酸吸收利用，阳离子加速氢氧根离子或其他阴离子的生成，因为金属氢氧化物的碱性强于有机酸，培养基质需要加入酸，如使用乙酸中和至适当 pH 范围。但需注意高浓度的乙酸对微藻生长产生抑制，保持乙酸浓度在一个较低的范围对于微藻的快速生长有利，因此分批补料的方式可以避免培养基质中有机碳源浓度过高造成的微藻生长抑制，待乙酸消耗至一定浓度后补充，一方面保证了碳源的充足，另一方面调节 pH 稳定在最适范围内。目前已发现多种藻株可利用乙酸为碳源进行异养或混合营养，但不同的藻种或藻株对外源乙酸的利用效率差别巨大，如纤细裸藻藻株 L 在光下可以高效吸收利用乙酸，在无光时不能吸收利用乙酸，但藻株 bacillaris 可在黑暗中吸收利用乙酸，当浓度高于 5g/L 时会影响生长。有研究表明，寇氏隐甲藻（Crypthecodinium cohnii）在 8g/L 的乙酸钠中异养培养时生长良好，小球藻利用乙酸钠进行异养营养时，乙酸钠的浓度可达到 10g/L。

五、微藻对有机氮源的利用

微藻在光合自养或异养营养时均可吸收利用有机氮源。在生物量方面有机氮源与无机氮源硝酸盐或铵盐没有明显差别，但在生长速率方面，则因氮源、碳源以及培养条件的不同而差异巨大。小球藻科的羊角月牙藻（Selenastrum capricornutum）在以葡萄糖为碳源进行异养营养时，可吸收利用尿素、甘氨酸、丙氨酸、精氨酸、天冬酰胺以及谷氨酸。小球藻属的微藻可吸收利用尿素、甘氨酸、谷氨酸、谷氨酰胺、天冬酰胺、鸟氨酸、精氨酸、腐氨。纤细裸藻以乙酸为碳源时，可吸收利用甘氨酸、丙氨酸、谷氨酰胺。尿素与谷氨酰胺是微藻培养中比较常用的有机氮源。一些小球藻属的微藻可以尿素作为唯一氮源进行生长。尿素在进入细胞前被水解成铵根离子与碳酸氢根，两种酶可催化尿素的水解，分别是脲酶与尿素氨基水解酶，不同藻类含有的尿素水解酶的种类不同，如小球藻属微藻缺乏脲酶，仅含有尿素氨基水解酶作用来代谢尿素。尿素氨基水解酶作用后需要脲基甲酸盐裂解酶来催化脲基甲酸盐的水解，最终生成铵根与碳酸根盐。从目前已有的研究数据来看，不同微藻在异养营养下对不同氮源的利用能力有较大差异，铵盐是可被多数微藻利用的氮源，其次是硝酸盐，再次是亚硝酸盐，最后是尿素。在选择微藻异养营养下氮源种类时，须考虑其最适浓度、培养基质的酸碱度等因素。培养基质的酸碱度直接影响氮源的离子形态以及化学性质，例如，酸性培养基质时，需考虑硝酸根的强氧化性问题，而碱性培养基质时，需考虑氨气的解离以及其对细胞的毒害作用。表 1-2 列出了不同碳源条件下糖代谢相关途径酶水平的变化。

表 1-2　　不同碳源条件下糖代谢相关途径酶水平的变化

糖代谢途径	酶/蛋白质	EC	基因	葡萄糖同化	乙酸同化	甘油同化
糖酵解途径	葡糖激酶	2.7.1.2	glk	->>		
	6-磷酸葡萄糖异构酶	5.3.1.9		<<-		
	6-磷酸果糖激酶	2.7.1.11	pfk2	<<-		
	果糖二磷酸醛缩酶	4.1.2.13	fba1	<<-		
	3-磷酸甘油醛脱氢酶-NAD$^+$	1.2.1.12	gap1			
	6-磷酸果糖激酶	2.7.1.11	pfk	-		
糖异生途径	3-磷酸甘油醛脱氢酶-NADP	1.2.1.59	gap2	下		下
	果糖-1,6-二磷酸酶	3.1.3.11	fbp	-		下
	磷酸烯醇式丙酮酸碳羧化酶	4.1.1.49	pckA		>>	
厌氧发酵途径	D-乳酸脱氢酶	1.1.1.28	dlh			
戊糖磷酸途径	6-磷酸葡聚糖脱氢酶	1.1.1.49	gld1/zwf	上>>	>>	下
	6-磷酸葡萄糖酸内酯酶	3.1.1.3	pgl	>>	>>	
	6-磷酸葡糖酸脱氢酶	1.1.1.44	gnd	上>>	>>	下
	核酮糖-磷酸 3-差向异构酶	5.1.3.1	rpe/cfxE	->>	>>	下

续表

糖代谢途径	酶/蛋白贡	EC	基因	葡萄糖同化	乙酸同化	甘油同化
甘油代谢	甘油激酶	2.7.1.30	*glpk*	−		上>>
	3-磷酸甘油脱氢酶	1.1.1.8	*gpd1*	−		上>>
	磷酸甘油醛异构酶	5.3.1.1	*tpic*	−		上>>
三羧酸循环	柠檬酸合成酶	2.3.3.1	*cis*		>>	>>
	庚烯酸水合酶	4.2.1.3	*ach1*		>>	
	异柠檬酸脱氢酶 NADH	1.1.1.41	*idh1/icd*	->>		
	异柠檬酸脱氢酶 NADPH	1.1.1.42	*idh2*		>>	>>
	酮戊二酸脱氢酶	1.2.4.2	*ogd1*		<<	
	琥珀酸辅酶 A 连接酶	6.2.1.5	*scla1*		<<	
	琥珀酸脱氢酶	1.3.5.1	*sdh1*			>>
	延胡索酸水合酶	4.2.1.2	*fum1/citH*	->>	>>	>>
	苹果酸脱氢酶	1.1.1.37	*mdh3*		>>	
乙酸同化	乙酰辅酶 A 合成酶	6.2.1.1	*acs1*		上>>	
	异柠檬酸裂合酶	4.1.3.1	*icl*		上>>	
	苹果酸合成酶	2.3.3.9	*mas1*		上>>	
卡尔文循环	1,5-二磷酸核酮糖羧化酶 L	4.1.1.39	*rbcL*	下		
	1,5-二磷酸核酮糖羧化酶 S	4.1.1.39	*rbcS*	下		
	磷酸核酮糖激酶	2.7.1.19	*prk*	−		
	磷酸烯醇式丙酮酸羧化酶	4.1.1.31	*ppc*	->>		
脂肪酸合成	苹果酸脱氢酶	1.1.1.40	*mme*		>>	
	丙酮酸甲酸裂解酶	2.3.1.54	*pfl*		>>	
转运蛋白	Hexose/H⁺ symport system 1		*hup1*	上		
	Hexose/H⁺ symport system 2		*hup2*	上		
	Hexose/H⁺ symport system 3		*hup3*	上		
	Hexose transport system		*hxt1*	−		
	ATP/ADP 线粒体转位子		*ant/aat*	−		
	Monocarboxylic/proton 转运蛋白		*mct1*		上	
	氨基转运蛋白		*amt1*	−	−	−
	硝酸根转运蛋白		*nar1*	下	下	下
	硝酸根转运蛋白		*nar1, nar2*	下	下	下

续表

糖代谢途径	酶/蛋白质	EC	基因	葡萄糖同化	乙酸同化	甘油同化
氮素同化	谷氨酰胺合成酶	6.3.1.2	*gln*	上	–	–
	谷氨酸合成酶 NADH	1.4.1.14	*gsn1*	–	–	–
	谷氨酸合成酶 Ferredoxin	1.4.7.1	*gsf1*	–	–	–
	谷氨酸脱氢酶 NADH	1.4.1.3	*gdh*	–	–	–
	天冬氨酸氨基转移酶	2.6.1.1	*ast*	–	–	–
	天冬酰胺合成酶	6.3.5.4	*asns*	下	下	下
	硝酸还原酶 NADH	1.7.1.1	*nia2/nr*	下	下	下
	亚硝酸还原酶 Ferredoxin	1.7.1.1	*nit/nir*	<<	<<	<<
	脲酶	3.5.1.5	*ure*	–	–	–
	尿素氨基水解酶	6.3.4.6	*dur*	–	–	–
	脲基甲酸水解酶	3.5.1.54	*atzF*	–	–	–
基因表达调控	核糖核酸酶	3.1.26.5	*rnpB*	–		
	NPH1 黄素蛋白	2.7.11.1	*nph1*	->>		
	隐花色素 1 与 2		*cry1*, *2*	->>		

注:"上"与"下"分别表示酶蛋白或 mRNA 水平相比光合自养时升高与降低;"–"表示酶蛋白或 mRNA 存在,相比光合自养时无显著变化;"<<"与">>"分别表示催化反应的代谢流速度相比光合自养时降低与升高。

思考题

1. 原核微藻与真核微藻在细胞结构上有何差异?异形胞的主要功能是什么?
2. 原核微藻与真核微藻光合作用发生的细胞内位置有何差异?
3. 微藻的光适应在商业生产中非常重要,光适应主要是哪些代谢活动发生了调整?
4. 微藻中矿质元素的摄入为什么需要特定的转运蛋白?
5. 为什么必须是具有高效异养能力的微藻才具有产业化前景?

第二章

微藻的大规模培养

CHAPTER 2

[学习目标]

1. 了解不同微藻大规模培养方式的优缺点。
2. 了解不同微藻采收技术的优缺点。

第一节　微藻的开放式培养

微藻富含蛋白质、不饱和脂肪酸、维生素、活性多糖等营养物质，多种微藻在全球范围内已有较长的食用历史。获得微藻生物质是大规模培养微藻的主要目的。除了以微藻生物柴油为目的的应用基础前瞻性研究外，当前微藻大规模培养的实际应用主要有两个方面，一是为水产养殖业提供活藻饵料或用于调节养殖池水质；二是用作保健食品原料。后者目前已有螺旋藻、小球藻、雨生红球藻、微拟球藻、盐生杜氏藻、纤细裸藻等多种微藻实现商业化大规模培养，被加工成多种多样的保健品或用作普通食品的原料。目前微藻的大规模培养主要有三种方式，第一种是开放式培养，主要是多种结构的跑道池；第二种是光生物反应器培养，主要使用玻璃或透光耐腐蚀塑料制作的管道、袋或其他结构的半封闭式设施培养微藻；第三种是类似酵母等工业微生物进行全封闭式异养营养的培养方式。本节主要介绍微藻的开放式培养。跑道池培养是商业上最广泛使用的微藻生物质培养方法，具有实用与建设维护成本低的优点，但具有产率低及容易受到外界生物或非生物污染而导致产品品质低与灰分高等缺点。

一、微藻培养跑道池的基本结构

20世纪50年代，微藻培养跑道池在污水处理中被用来去除污水中的氮、磷等无机营养物，从20世纪60年代开始，户外开放跑道池开始在微藻商业化培养中使用。微藻培养跑道池一般是椭圆形的，是浅且培养液可回流的池子，培养液的混合与流动由搅拌叶轮的推动形成。

如图2-1所示，微藻培养跑道池是一个深度通常在0.25~0.30m的闭环流动通道，两端为两个半圆，中间部分为长方形，搅拌叶轮持续推动培养液流动，实现微藻细胞与培养基质的混合与在中央隔板两侧的循环。单个跑道池的培养液表层面积没有严格限制，但通常不会超过5000m²。微藻培养跑道池底部通常是平的，与池壁垂直。如果忽略中央隔板的厚度，培养液表层面积（A）计算如下：

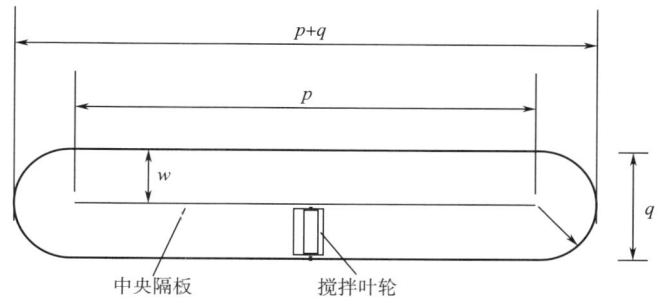

图2-1 微藻培养跑道池的结构组成

$$A = \frac{\pi q^2}{4} + pq \quad (2-1)$$

式中 p——中间长方形部分的长度，m；

q——长方形部分的宽度或两端半圆的直径，m。

p/q值通常需大于等于10，如果p/q值过低，培养液在长方形内的流动将受到两端半圆形内培养液流动方向的干扰，导致培养液混合效率降低。培养液的体积（V_L）计算如下：

$$V_L = Ah \quad (2-2)$$

培养液表层面积/体积，即A/Ah得$1/h$，表示单位体积培养液对应的表层面积，可称为受光面积，式（2-2）说明深度与受光面积成反比，即深度降低，单位体积的培养液的受光面积越高，但另一方面，深度降低，培养液的体积减小，单位土地面积的利用率降低。因此需根据具体微藻种类，综合评价培养液深度、培养液体积、培养末期藻细胞密度、培养周期，培养液配制对水与营养盐的消耗量与价格、废水处理成本等，计算出最高生物量得率时的深度。培养液过深会影响到达培养液底部的光密度，反之培养液也不能过浅，不然同样会影响微藻生物质产量。

微藻培养跑道池建筑材料多种多样，主要受投入成本的影响，最简单的为土坯垒成后覆盖上一层厚的塑料膜形成的跑道池，这种跑道池建造成本比较低。最常采用的为混凝土浇筑的跑道，然后覆上塑料膜防止培养液泄漏。常见的塑料膜材料多样，如耐受紫外线老化的聚氯乙烯（PVC）膜、聚乙烯（PE）膜以及聚丙烯（PP）膜，没有尖锐物体划伤的前提下可使用长达20年的时间。除考虑耐用性外，还需考虑覆膜不能向培养液中释放有毒有害的化合物，以避免抑制微藻细胞的生长与对微藻生物质产品产生影响。跑道池结构的设计也需要考虑培养液混合效率，营养盐补加，微藻细胞的采收，二氧化碳补加，排水、暴雨等导致的培养液溢出，跑道池清洗等方面的问题。

二、跑道池中培养液流动

跑道池培养液须形成湍流以避免微藻细胞的沉降，提高垂直方向的混合效率，避免温度分层，促进氧气释放与二氧化碳溶入。雷诺系数（Re）是判断培养液流动是否为湍流的参数。

$$Re = \frac{\rho u d_h}{\mu} \tag{2-3}$$

式中　ρ——培养液的密度；
　　　u——培养液的平均流速；
　　　d_h——流体管道的水压直径；
　　　μ——培养液的黏度。

通常培养温度下微藻培养液的黏度与密度均接近水，因此水压直径定义为：

$$d_h = \frac{4wh}{w + 2h} \tag{2-4}$$

式中　w——跑道池单侧的宽度（见图2-1）；
　　　h——培养液的深度。

通常 $Re \geqslant 4000$ 时便可认为通道中的培养液为湍流，但微藻培养中通常取 $Re \geqslant 8000$ 以保证培养液处于湍流状态。此外，培养池的其他结构也会影响湍流的形成，如在同样的雷诺系数时，跑道池表面的平整度低会增加培养液的湍流程度。在实践中培养液的平均流速通常保持在远高于雷诺系数 8000 所需的培养液流速。导流板或中央隔板通常安装于两端半圆形区域（图2-2）。中央隔板使得培养液均匀流过半圆形区域，避免形成湍流盲区导致微藻细胞沉降以及能量丢失。

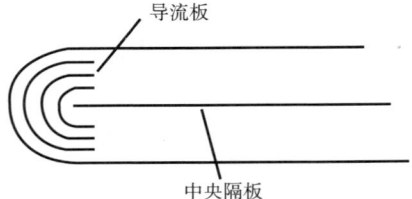

图2-2　带有导流板的微藻培养跑道池

三、跑道池能量消耗与培养液的混合

跑道池的能量消耗通常可用下列公式计算：

$$P = \frac{1.59 A \rho g u^3 f_M^2}{e d_h^{0.33}} \tag{2-5}$$

式中　A——培养液表层面积，m^2；
　　　ρ——培养液的密度，kg/m^3；
　　　g——重力加速度，$9.81 m/s^2$；
　　　d_h——流体管道的水压直径，m；
　　　f_M——曼宁糙率系数；
　　　e——发动机、驱动器以及搅拌叶轮的效率。

覆膜跑道池 f_M 的值为 $0.012 \, s/m^{1/3}$，无覆膜的混凝土跑道池 f_M 的值为 $0.015 \, s/m^{1/3}$，平底搅拌叶轮的 e 值大约 0.17。式（2-5）不能反映弯曲部分的水压损失。由式（2-5）可见，能量消耗主要取决于培养液流速。通常流速 $0.05 m/s$ 足以防止培养液热分层，培养液流速大于 $0.1 m/s$ 能保证微藻细胞的悬浮，实际生产中培养液的流速通常大于 $0.2 m/s$，如许多微藻生产设施设定培养液流速在 $0.3 m/s$，以保证跑道池任一位置的培养液流速均高于 $0.1 m/s$，对于 1.5m 宽的跑道池，培养液深度 0.3m，此时的雷诺系数大约在 257000，远大于 8000 的最低要求。

培养液流在跑道池末端的转向与跑道池的总能耗关系密切，在两端半圆形区域安装合适的导流板通常认为可显著降低能耗，但也有研究表明导流板并不能降低能耗。在典型的使用环境中，培养液表面与底层混合效率较差，不利于底部细胞光合作用的进行，也不利于光合作用积累的氧气的释放与二氧化碳的渗入。有效提高混合效率需提供较高的能量输入。安装导流板可减少跑道池两端半圆区的能量耗散，但降低了培养液的上下混合效率。跑道池中培养液的流动在没有上下混合时属于平推流，培养液的上下层混合主要发生于搅拌叶轮区与两端半圆区域流向发生改变时。有研究估计，一个 $20m^2$ 的跑道池，半圆区域的周长 100m。培养液流宽度 2m，培养液深 0.2m，培养液黏度不高时搅拌叶轮能量消耗在 $1.5～8.4 W/m^3$。两端没有导流板或挡板的 100m 长跑道池需要培养液循环流动 15～20 次才能实现完全混合，完全混合所需时间在 1.4～6h，安装导流板后会导致所需的混合时间延长，30～40 个培养液循环才能达到完全混合，因此跑道池两端半圆区的导流板会抑制培养液的上下层混合，培养液的深度也会影响培养液上下层的混合与能耗。有研究表明，培养液的深度高于或低于 0.2m 均会增加能耗。计算机模拟技术已经被应用在跑道池设计中，通过模拟跑道池中培养液的流体力学等数据，计算获得最佳混合效率与最小混合盲区时的最低能耗。搅拌叶轮被认为是最有效且经济的跑道池培养液流动驱动装置。通常一个跑道池配置一个搅拌叶轮，以免多个搅拌叶轮驱动导致培养液流之间相互干扰，但也有采用多个叶轮以增加培养液混合的情况。微藻培养跑道池一般采用八叶平底叶轮，弯曲叶轮也偶见使用。搅拌叶轮下方通道一般为平面，但也可以设计成弯曲形状促进培养液的上下混合。如图 2-3 所示为常见的带有搅拌叶轮的跑道池。

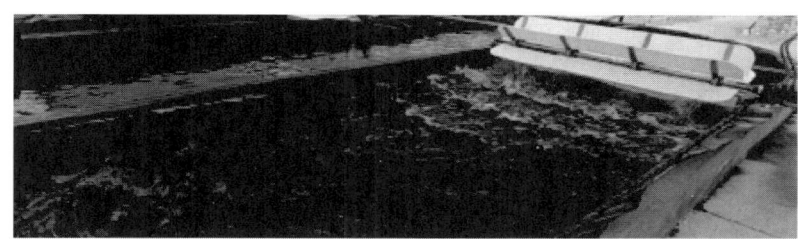

彩图 2-3

图 2-3　带有搅拌叶轮的跑道池

四、地理选址

因微藻培养跑道池主要为开放式培养，尽管也有使用塑料或玻璃温室的例子，但当地的气候情况对于微藻跑道池开放式培养的生产能力与成本控制非常重要。最理想的微藻培养地址为全年气候条件均适宜微藻生长，年平均太阳辐射水平较高，水源充足且周围环境没有工业污染，还需考察湿度与降雨、风速以及风暴或洪水风险、灰尘大小等，同时还要考虑工业二氧化碳是否容易获得。微藻培养最理想的温度约为 25℃，且培养液的蒸发较少。培养过程中需加入淡水来抵消培养液蒸发，以避免盐度的升高对微藻细胞产生渗透压胁迫。培养液的蒸发速度取决于当地气温、太阳辐射水平、风速以及空气湿度等因素。一些热点区域的蒸发量可达 $10L/(m^2·d)$ 的水平（每天蒸发 10mm）。在同样的气候与环境条件下，海水或卤水的蒸发速度小于淡水的蒸发速度。除此之外，地形地质、电力、水源以及人工成本也是微藻培养跑道池选址需要考虑的因素。

五、跑道池环境因子对微藻生长的影响

培养温度是影响微藻生长的重要因素，与微藻生物质产量及细胞生化组成紧密相关。昼夜温度变化影响微藻细胞的净生物量增加，通常较大的温差会抑制夜间的呼吸作用对代谢产物的消耗而提高生物质产量。多数微藻的最佳生长温度在 24~40℃。跑道池中培养液温度受到日照、蒸发以及气温的综合影响。开放式跑道池培养液温度一般没有人为控制过程，因此培养液跑道池温度呈现不稳定的昼夜与季节周期性变化。在全年与日间温度变化均不显著的热带区域，微藻经驯化适应当地气候后常表现出较高的生产能力。在温带地区，适宜微藻生长的季节的长短直接影响微藻开放式跑道池培养的年生产能力。高附加值且对温度控制要求严格的微藻，可加装外部的热交换器，使培养液通过热交换器控制温度。热带地区日间温度变化通常不会超过 10℃，微藻可能在一天中温度最高点停止生长，微藻通常能够短时间耐受 40℃ 高温。温度升高抑制光合作用与促进呼吸作用，导致微藻细胞生长繁殖减缓，降低生产效率。

微藻生物质质量的 50% 左右为碳元素。碳元素来源于光合作用固定的二氧化碳或溶解于培养液中的碳酸盐。1t 微藻生物质大约需要 1.83t 二氧化碳，如果培养液中的二氧化碳被快速消耗，外源二氧化碳供给与溶入无法跟上被消耗的量，培养液将会变成碱性。在光合作用比较旺盛时，培养液 pH 升高在微藻跑道池培养中比较常见。通过培养液面溶入水的二氧化碳量不能满足光能充足时光合作用的需求，因此培养中通常采用通入二氧化碳气体的方式来避免二氧化碳缺乏以实现较高的微藻生物质生产。通常采取监测培养液 pH 的方式来反馈调节溶液中二氧化碳的浓度，当 pH 升高时通入二氧化碳保持 pH 低于 8。培养液的 pH 过高会导致铵盐生成对微藻细胞有毒性的氨气，抑制微藻生长，降低生产效率。为提高二氧化碳的供应效率，增加二氧化碳溶解速度，通常使用微孔气石头来降低气泡体积，增加气液接触表面积，促进二氧化碳向培养液中的扩散。气石头通常置于跑道池底部间隔排列，气石头可从输气管上拆卸下来，方便清理与更换。开放式跑道池的二氧化碳利用率较低，输入跑道池二氧化碳的 35%~70% 被释放入大气，造成培养成本增加。对于适应在碱性培养液中生长的微藻，可使用碳酸氢盐提供无机碳源，一定程度上可避免因二氧化碳释放带来的成本升高。具体使用哪种碳源需综合考虑价格、来源等因素。对于海洋微藻而言，通常需将培养液 pH 控制在 8 以下来避免海水中盐类的沉淀导致微藻细胞絮凝死亡。培养液中通入二氧化碳的量主要视光照情况而定，光照条件好时光合作用活性高，一般需通入二氧化碳，目前降低二氧化碳损失最好的方法是跟踪培养液的 pH 变化，偶联 pH 自动监测与控制系统，周期性地通入二氧化碳，同时达到控制 pH 与补充无机碳源的目的。煤炭等燃料燃烧释放的二氧化碳经过适当处理后可被用来为微藻提供无机碳源，但目前较少的微藻培养设施使用电厂等设施中煤炭燃烧释放的二氧化碳，电厂煤炭燃烧产生的气体经过脱硫处理后，含有 12%~14% 的二氧化碳，其他为水蒸气与含氮化合物。供微藻培养所使用的二氧化碳气体不能含有重金属等有毒有害成分，冷却后的脱硫电厂烟气通常可满足无重金属成分的要求。相比使用纯的二氧化碳，使用电厂烟气时通气量要远高于纯的二氧化碳。二氧化碳在培养液中的溶解度受 pH、温度、盐度等因素的影响，低 pH、低温与低盐度均有利于二氧化碳的溶解。有数据表明，在 25℃ 时，二氧化碳在海水中的溶解度大约是淡水中的一半。

培养液中微藻光合作用产生的氧气积累会抑制微藻的光合作用活性，开放式跑道池中氧气的释放主要依靠搅拌叶轮驱动的培养液上下混合过程。尽管开放式跑道池培养液较大的表面积与较浅的深度有助于氧气的释放，但氧气浓度在微藻光合作用旺盛时依然会快速上升，叶轮搅

拌对溶解氧释放的促进作用有限,导致培养液中溶解氧的浓度随着光合作用活性的变化呈现大幅变化。在光线充足时培养液中的溶解氧浓度可达空气饱和水的300%以上,如此高的溶解氧浓度会严重抑制微藻光合作用效率,降低微藻生物质产量以及改变微藻细胞的生化组成。往培养液中通气可促进氧气的释放进而增加微藻生物质产量,有研究表明足以抵消通气增加的能量消耗成本。通常小的跑道池的氧扩散能力较好,这可能是小的跑道池通常表现出较大生物质产率的原因。

对于单个微藻细胞而言,光合作用主要受到波长400~700nm光波的驱动,在中午阳光充足时段,跑道池培养液表面的光强度可达2000μE/(m²·s),光合作用在午间最大光强度的10%~20%时便达到饱和,即微藻的光合作用在光强度达到100~200μE/(m²·s)时便不再随着光强度的增加而增加,多余的光能通过反射或转化成热量而浪费。但对于跑道池培养微藻而言,因有一定的培养液深度,光强度会随着深度的增加发生显著的衰减,底部微藻获取的光强度随着培养液表层光强度的增加而增加,即光照的培养液体积增大,获得有效波长光能的细胞增多,因此通常随着光强度的增大,在一定范围内跑道池中微藻生物质的产量逐渐增加。当光强度超过光合系统捕光色素承载时,即光饱和时,光合作用被抑制,发生光抑制现象。在午间光照最强时段培养液表层的微藻细胞发生光抑制现象,而对于底层微藻细胞可能仍然存在光强度不足的情况。如果培养液深度太深或培养液中藻细胞密度过高,光线会无法透过培养液,底层接近黑暗状态,光强度低于光补偿点,微藻细胞无法发生光合作用,降解自身储存碳源进行呼吸作用。跑道池中光强度随着深度增大而逐渐衰减,可用以下公式表示:

$$I_L = I_0 e^{-k_a c_x L} \tag{2-6}$$

式中 I_L——深度为L时的光强度;

I_0——培养液表面入射光的强度;

k_a——特定微藻培养液中的光吸收系数;

c_x——微藻细胞的浓度;

e——自然对数的底数。

如图2-4所示,随着培养液深度的增加光照强度快速降低。通常光合自养下微藻的培养浓度约0.5g/L,跑道池中大约80%体积的培养液在午间光照最强时处于黑暗状态,其中的微藻细胞无法进行光合作用而仅进行消耗光合产物的呼吸作用,另有约4%的培养液中的微藻处于光抑制状态,约3%的培养液中的微藻处于光饱和状态,约9%的培养液中的微藻处于光限制状态。因此跑道池中微藻细胞受限于光合作用效率低,导致跑道池培养的生产效率较低。不同深度的微藻因光合作用效率的不同展现出不同的生长速率,如果假定光强度是唯一的生长限定因子,微藻在特定深度的生长速率u_L可用下列模型预测,即特定深度的生长速率符合光抑制生长模型:

$$u_L = \frac{u_{max} I_L}{k_L + I_L + I_L^2/k_i} \tag{2-7}$$

式中 u_{max}——最大生长速率;

k_L——光饱和常数;

k_i——光抑制常数。

三者的值取决于藻种与培养液的温度。

某一深度的平均生长速率u_{av}可用如下模型预测:

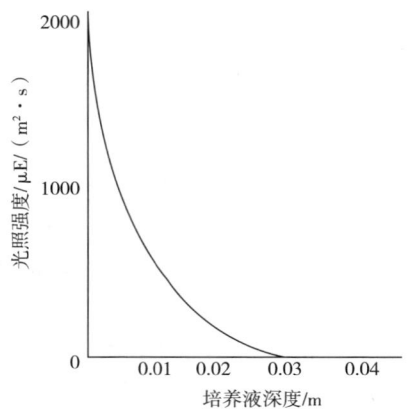

图 2-4　光在一定微藻细胞浓度的培养液中随深度的衰减示意图

$$u_{av} = \frac{1}{L}\int_0^L u_L dL \tag{2-8}$$

或

$$u_{av} = \frac{1}{L}\int_0^L \left(\frac{u_{max}I_L}{k_L+I_L+I_L\frac{2}{k_i}}\right)dL \tag{2-9}$$

式中　L——某一深度距离培养液表面的距离。

式（2-8）或式（2-9）适用于 L 小于等于光补偿点深度的情况，即光补偿点时深度以上的区域。如果跑道池中存在无光区域，微藻呼吸作用导致的消耗会导致实际平均生长速率低于以上模型计算的结果。只要培养液中营养盐与二氧化碳充足，没有氧气的过度积累，温度与 pH 适宜，微藻生物质产量主要取决于光能的多少，因此较浅的跑道池相比培养液较深的跑道池微藻生物质生产效率要高。但是面积较大的跑道池一般深度不能低于 0.25m，因为大型跑道池建造时很难保证大面积底部水平，而导致一些局部区域可能过浅，阻碍培养液流动。除此之外，搅拌叶轮驱动培养液循环也需要培养液保持一定的深度，才能使叶轮驱动培养液产生水压梯度差，形成培养液面高度差驱动培养液流动，如果培养液深度过低，叶轮后方会过浅导致不能形成稳定的液流。

六、跑道池潜在的污染风险

微藻培养跑道池通常为了充分利用光能与减少建设成本，虽然一些小型培养设施可使用塑料薄膜或玻璃温室，但对于占地面积较大的培养设施而言，通常为露天培养。下雨、空气中的灰尘等均会导致微藻培养过程中外源污染物的进入，如重金属等污染物，捕食微藻的轮虫、阿米巴等原生动物，或一些感染微藻的病毒、细菌或真菌等微生物。在培养初期微藻细胞密度较低时对外源微生物的污染更加敏感。对培养液进行过滤可降低外源微生物污染风险，但过滤增加了培养成本，也不能将病毒去除。光合自养培养基质通常仅含有一些无机盐类，有机质比较贫乏，细菌、真菌等不会对培养产生较大危害，但一些自养培养基质含有维生素、氨基酸等有机质，或微藻细胞分泌有机分子的情况，须注意细菌等的暴发。因此，开放式跑道池培养过程中应加强对污染源的控制，对水质、营养盐、空气、培养池及其周围环境进行严格管理与控制，从源头上避免培养液受到污染风险。

七、跑道池微藻生物质生产

跑道池培养微藻通常采用分批或拟稳态连续培养。在分批培养中，往跑道池中加入营养液后接种相应的微藻。接种浓度一般约占总培养液体积的10%。种子培养液通常培养在相同的培养液或经过营养强化的培养液中，如小球藻种子培养阶段在达到较高浓度后可加入一定量的有机物促进藻细胞的快速繁殖，达到较高浓度后对数期进行转接，经逐级放大培养至生产规模。放大到生产规模后便可持续生产，采收微藻细胞前留一部分藻细胞作为下一批培养的种子细胞。比较理想的培养条件下，微藻在跑道池培养时细胞浓度在 0.5~1g/L，定期稀释培养液维持细胞浓度在一定水平之下可进一步提高微藻生物质产量，如可降低光的衰减，促进底层细胞的光合作用。微藻的生物质产量受到气候等多方面的影响。微藻细胞白天经光合作用积累的约 25% 的生物质会在夜间被呼吸作用消耗，因此一个较大的昼夜温差有助于生物质的积累。

第二节 微藻的半封闭式培养

微藻的半封闭式培养是指微藻在未完全封闭的光生物反应器中的培养，光生物反应器存在部分开放的氧气释放槽等装置。光生物反应器被定义为用于光合生物培养的封闭或大部分封闭的容器，可为透明或不透明材料，光源可为自然光或人工光源。光生物反应器培养相比开放式跑道池培养具有密度高、可实现纯种培养、过程参数控制准确等诸多优点，已逐渐得到广泛应用。如第一章所述，微藻的快速生长需要合适光强与光质的光源，即波长介于 400~700nm 的光合有效辐射（PAR），可为太阳光或 LED 光源等人造光源；还需要充足的无机碳源与矿质营养元素；也需要最适的生长条件，如温度、pH、溶解氧水平等。因此影响微藻大规模培养效率的主要因素为入射光的强度与波长范围、培养液成分与培养液的理化性质。设计与操作微藻培养系统主要目标为优化微藻细胞的生长环境，获得最大的生产效率。在大规模培养中实现温度、pH 等参数的控制要远比实验室规模培养困难。上一节介绍的开放式跑道池存在外源污染、生长参数精确控制难、培养液中二氧化碳浓度低等缺陷。本节主要介绍微藻培养中使用的封闭式生物反应器，即"光生物反应器（photobioreactor，PBR）"。严格来讲，微藻培养的光生物反应器为半封闭式反应器，相比完全开放式的跑道池培养，光生物反应器大幅降低了外部污染源侵入培养液的概率，对培养参数如培养液温度、二氧化碳浓度等实现了更加精准的控制，如二氧化碳通入光生物反应器后气泡中的压力较高，限制了气泡溢出，可较大地增加二氧化碳浓度，避免微藻生长过程中二氧化碳不足的问题。光生物反应器中培养液在反应器内壁容易形成液膜，导致氧气在培养液中的过度积累，抑制光合作用活性导致生物质减产，此外因吸收大量的红外光而容易导致培养液温度过高，尤其是在利用太阳光能培养时，这是光生物反应器培养中容易出现的问题，通常可以通过一些工程手段予以克服，如优化培养液混合条件以增加热量传输与气液传质避免液膜形成，但增加了光生物反应器的复杂程度与建造成本。光生物反应器建造的高成本是目前微藻生产企业依然主要采用开放式跑道池的主要原因，但光生物反应器在生产效率方面的优势使其在生产一些高附加值微藻中得到越来越多的应用。

一、光生物反应器的设计原则

依据光生物反应器的形状,可将其分成管道式光生物反应器、圆柱形光生物反应器、板式光生物反应器等。理想的光生物反应器应具有高透光性,较少的光线无法照射区域,即较少的暗区存在,较高的传质效率且须具有较好的通用性,能较好地适应多种藻类的培养。光生物反应器设计的主要目的为提高光能利用效率,实现微藻生长参数的精确控制。工程方面的考量主要包括系统集成、生产规模、材料选择与成本计算。同时要考虑系统操作对二氧化碳气泡、氧气移除、温度控制、pH 控制与营养传质等一些控制效率问题。不同的光生物反应器在培养参数控制、培养液封闭、流体力学环境、规模放大实现难易程度、建造成本、生物质生产能力、能量利用效率等方面各有特点。光生物反应器表面的入射光子通量密度(photon flux densities,PFDs)与光生物反应器内部可获得的光子通量密度是评价光生物反应器效能的主要参数。在使用气升式混合方式时需考虑水平方向混合问题。当光生物反应器垂直放置或倾斜放置时需考虑光线遮挡问题。

光生物反应器所需的光能可通过两种方式提供,一种是外部照射;另一种是培养液内部安装光源。构造简单的微藻培养系统多数采用外部照射的方式提供光源,包括直接使用太阳光的光生物反应器。使用太阳光能的光生物反应器,可采用多种反应器布置选择,如水平、垂直或一定角度倾斜放置,需考虑微藻生产地的经纬度与气候。纬度为零的赤道区域适合选择水平放置的光生物反应器,高纬度地区则适合选择倾斜式的光生物反应器,以使得光生物反应器接受更多的光能,可安装一些光照感应与控制装置,使倾斜角能根据日间光照角度进行调整以获取最适的光能吸收,通过控制倾斜角来控制光强度,避免光能不足或过强现象的出现,达到提高微藻生物质产量的目的,也可增加反光板来增加背光面的光能获取量。培养液内部安装光照的形式会大幅增加能耗与设备的复杂程度,造成检修相对困难,因此较少见。培养液内部安装光源在光能传递与利用方面相比外部光源具有优势。位于培养液内部的光源发射的光子可被微藻高效率利用,光子发射后在各个方向上均可被藻细胞光系统捕获,随着入射光子通量密度的增加,微藻生物质产量也逐渐增加,直至达到微藻细胞的光饱和点。培养液内部设置光源可达到对光子的"稀释"目的,使用太阳能收集器收集光能后经光纤传入培养液内部,光子强度得到控制,既能避免光照不足,也能避免光照过强造成光抑制现象。光生物反应器设计与优化主要关注四个方面:数据采集与建模、光能利用效率、混合效率(即气液传质效率)以及构建成本。

(1) 数据采集与建模 是运用计算模拟技术优化光生物反应器生产效率的一种方式。实时数据的采集是光生物反应器数据建模与设计的基础。光生物反应器的实时监测中常使用的设备为尾气分析仪与在线监测传感器。在中试规模实验中准确监测与测量各项参数用于数学建模与计算机模拟,对于生产规模放大非常有益。连续的模型优化与实验验证对于准确预测微藻细胞的生长与代谢物积累具有重要作用。计算机模拟辅助光生物反应器设计需要模拟培养液的流体动力学规律,使用光线追踪方法计算光的传质规律,整合数据获得微藻生理动力学和动态细胞模型,模型又可预测微藻的实际生长情况以及生长周期趋势。

(2) 光能利用效率 提高微藻的光合作用效率是增加微藻生物质产量的基础,培养液深度较浅时通常生物质产量较高,获得较大的生物量,降低光程可提高光能利用效率,光生物反应器的朝向对于日采光量具有较高影响。

(3) 混合效率(即气液传质效率) 光生物反应器内培养液混合与循环对于气液传质,如矿质营养分布、无机碳分布与避免氧气积累均有显著意义。微藻细胞保持悬浮状态对于微藻细胞接收光能非常重要，在存在暗区的培养系统内部，混合可使细胞周期性处于光照与黑暗环境中。培养液混合也有助于散热减少热分层现象，但培养液混合须控制在一定程度内，以免产生过量的流体剪切力损伤细胞与过度耗能。在一定的搅拌功率下，叶轮与挡板的结构对于培养液的混合效率起主要作用。在气体驱动培养液循环的光生物反应器中，气体流速与气体分布器结构是影响培养液混合与氧气扩散的主要因素。

（4）构建成本　光生物反应器的建造与维护是微藻生产成本的重要组成部分，光源方式、混合动力、光合生产效率、培养液与无机碳成本是影响光生物反应器建造与维护成本的主要因素。

二、光生物反应器放大中需考虑的因素

光生物反应器放大中主要涉及矿质营养传质、二氧化碳供应与光照供应三个方面的问题。通过合适的工程技术方案可比较容易地改善矿质营养传质与二氧化碳供应问题。光照在培养液中的快速衰减导致反应器内部光照不足依然是光生物反应器培养放大中的主要限制因素。工业生产中微藻培养液含有微藻生长所需的矿质营养元素，按照用量可将矿质元素分为常量元素与微量元素，矿质元素的含量可依据微藻细胞生物质的预期产量进行预测，微藻细胞的化学计量分析可为微藻培养基质中矿质营养的组成提供非常有价值的信息。但是需要注意，以获取最大生物质产量为目的时，微藻培养液中矿质营养元素的组成需通过正交试验或响应面拟合优化等实验获得。原因主要在于微藻对矿质营养元素的利用机制比较复杂，涉及微藻细胞对不同元素的转运摄入效率、培养液的酸碱平衡、离子强度、渗透压、离子存在形式等。在光生物反应器进行微藻培养的过程中，可对矿质营养元素的含量进行测定，对培养液中矿质元素的水平进行动态调整，避免矿质元素缺乏导致微藻生物质产量降低。使用光生物反应器培养微藻时培养液中的无机碳源主要为溶解的二氧化碳气体或直接加入的碳酸氢盐。通常培养液中总溶解碳（total dissolved carbon，TDC）的含量在 $5\sim10mmol/L$ 才能避免碳缺乏导致微藻生长受到抑制。在使用二氧化碳通气的方式为光生物反应器提供碳源的情况下，影响培养液中二氧化碳含量的主要因素为培养液的pH、微藻对无机碳源利用速率、气液传质效率等。使用光生物反应器进行微藻培养相比开放式跑道池培养，因其为一个相对封闭的系统，在参数控制方面具有较大优势，矿质营养元素浓度与无机碳浓度仅受到微藻细胞利用的影响，而不像跑道池受到蒸发、雨水、气体脱离培养液等因素的影响。培养液中的总溶解碳可通过跟踪光生物反应器培养过程中的总质量平衡分析或直接测定培养液中的无机碳含量获得。因光生物反应器的半封闭特性，通常采用控制培养液pH的方式间接控制总溶解碳含量，既能避免过量通入二氧化碳导致培养液的pH降低酸化，也能避免无机碳供应不足限制微藻细胞生长现象的发生。培养液的酸碱度直接影响无机碳在培养液中的存在形式，二氧化碳与氢氧根反应生成碳酸氢根，碳酸氢根可进一步解离为碳酸根与氢离子，在一定pH下，二氧化碳与碳酸盐以及碳酸氢盐保持着平衡，此外其他矿质营养元素的消耗以及藻细胞代谢产物的外漏也会影响溶液的氢离子与氢氧根离子的平衡，如在使用铵根或氨气作为氮源时，铵根的消耗同样会引起培养液的酸化，因此培养液的pH控制须综合考虑培养液在不同培养阶段的组成，比如可在通入二氧化碳补充无机碳的情况下，使用氨水调节培养液的pH，但须注意碱性环境时铵

根离子生成的氨气对多数藻类有比较强的毒性，须严格控制铵根离子的浓度。通常而言，在多数情况下仅通入二氧化碳气体便可很好地控制培养液的 pH，同时为微藻细胞补充足够量的无机碳源。因光生物反应器的封闭性，通入培养液的二氧化碳可得到比较高效率的利用。

如上所述，光生物反应器设计的主要难点在于光照的设计，既要满足微藻细胞光合作用对光照的需求，又要避免过量的光照导致微藻细胞光抑制现象发生。除了控制光生物反应器内部的光照强度外，光从培养液表面进入培养液内部后，还要控制合适的光衰减过程，使得培养液内部的微藻细胞获得充足的光照，同时入射光强度不会引起培养液表层细胞发生光抑制。光在培养液中的衰减主要受到微藻细胞浓度的影响。在培养液中细胞浓度较低的培养初期，应适当降低入射光强度来降低穿过培养液的光量子，以避免微藻细胞接收过量光照导致生物质产量降低，同时会改变微藻细胞的色素组成，如捕光色素含量降低，导致更多的光能穿越培养液。因此，光生物反应器光照系统的设计相对矿质营养元素含量、温度、酸碱度以及无机碳浓度等要复杂很多。在培养液中细胞浓度较高时，则需要在不引起培养液表层微藻细胞光抑制的情况下适当增加光照强度，以应对较高的光衰减效率避免培养液内部产生无光暗区。无光暗区在强光照环境时可降低光抑制效应，进而增加光生物反应器培养过程的稳定性，但另一方面，无光暗区中的微藻只能通过氧化磷酸化消耗储存的生物质获取能量。因此获取最大的微藻生物质产量需要精确控制光照条件获取入射光子的最大吸收。没有暗区存在的光生物反应器通常被称作恒光状态（luminostat mode），也被称作是 $\gamma=1$ 状态，γ 表示光生物反应器受到光照的面积与光生物反应器总面积的比值，也即是整个光生物反应器均受到光照射的状态。对于光照下呼吸作用非常弱的原核蓝藻等微藻，在入射光完全被吸收的光照条件下（$\gamma \leq 1$）通常便可达到最大的生物质产量。有研究通过计算单位体积培养液微藻细胞的光子吸收率来表征培养液中的光衰减与生物质产率的关系：

$$A = \frac{1}{V_R} \int_{\Delta \lambda} \iiint_{V_R} E_{a\lambda} G_\lambda \mathrm{d}V \mathrm{d}\lambda \tag{2-10}$$

式中　A——单位体积培养液微藻细胞的光子吸收率；

　　　V_R——光生物反应器培养液体积，m^3；

　　　G_λ——培养液内部的光谱辐照度；

　　　$E_{a\lambda}$——光谱比吸收系数，m^2/kg；

　　　$\Delta \lambda$——光合有效辐射波长范围（400~700nm）。

$E_{a\lambda}$ 的大小主要取决于微藻种类。

光生物反应器内部微藻细胞浓度的增加会引起微藻细胞吸收光子数的减少，细胞浓度的增加会导致光衰减的增加与培养液内部的光谱辐照度的降低。对于任何一种光生物反应器或微藻种类，光从光生物反应器表面或培养液表面到达内部微藻细胞过程中的光衰减也是光生物反应器设计中需要考虑的因素。影响以上过程光衰减的因素主要有入射光的角度分布、光生物反应器的结构、微藻细胞浓度以及微藻细胞自身的光辐射性质。实际生产中光衰减过程可通过调整微藻细胞浓度来控制，这在使用光生物反应器进行微藻连续培养或半连续培养时比较容易做到，控制培养液补充与排放的速度即可。在光生物反应器分批培养时，单位体积培养液微藻细胞的光子吸收率 A 主要取决于培养时间，随着培养时间的延长，微藻细胞密度逐渐升高，使得光子吸收率的控制难以得到较好的效果。在主要依靠太阳光能的实际生产中,即使是连续或半连续光生物反应器培养,控制光衰减过程依然是比较难做到的,因为太阳能入射通量受到天气变化如云层等多种因素的影响,微藻细胞浓度等生长参数无法跟上太阳能入射强度的变化,使得光生物反应器内部培养液难以达到恒光状态。实际生产中通常依据当地全年或生产时期内的气候变化规律设定光生物反应器的采光与培养浓度等参数,尽量使培养过程接近最佳培养状态。目前光生物反应器光衰减模型已有研究,但鉴于光生物反应器微藻培养过程的复杂性与太阳能入射通量影响因素的复杂性,仍有较多的研究工作要做。

三、光生物反应器效率与优化原则

评价光生物反应器效率的标准主要有单位光照面积与单位光照体积的微藻细胞生物质产量以及光能转化为生物质的效率。

单位时间单位光照面积微藻细胞生物质产量 P_S [g/(m²·d)] 是最常用的表征光生物反应器生产能力的参数,在温度、矿质营养、酸碱度等培养条件适宜的环境中,P_S 主要受到光照条件的影响,即受到光生物反应器的结构、当地气象条件、地理位置等因素的影响。光生物反应器捕获光能的能力主要受到设计结构、倾斜度、朝向等因素的影响。有研究给出以下公式,用于单位时间单位光照面积微藻细胞最大生物质产量 $P_{S,max}$ 的预测:

$$P_{S,max} = (1-f_d)\rho_M M_X \overline{\varphi'_x} \frac{2\alpha}{1+\alpha} \left[\begin{array}{c} \dfrac{\overline{x_d}K}{2} \ln\left[1+\dfrac{2\overline{q}}{K}\right] + \\ (1-\overline{x_d})\overline{\cos\varphi}K\ln\left[1+\dfrac{\overline{q}}{K\cos\varphi}\right] \end{array} \right] \quad (2-11)$$

式中,α 为线性散射模量,默认值取 0.9;M_X 为摩尔质量,通常约 0.024kg/mol;K 为光合作用半饱和常数,通常约 100μmol/(m²·s);ρ_M 为光子转化最大能量产量,约 0.8;光生物反应器所处地理位置、生产时间、光生物反应器采光能力又由 $\overline{x_d}$(散射辐射占总入射光子通量密度的比例,通常在 0.1~0.5)、$\overline{\cos\varphi}$(入射光与光生物反应器表面形成角度的余弦值,通常在 0.4~0.7)与 $\overline{q}$(入射光子通量密度)表征,以上参数均由某个培养时期内平均值获得。f_d 为光生物反应器培养液没有光照体积的比例,此部分光照既不能被入射光照射也没有散射光。$\overline{\varphi'_x}$ 为光合作用量子产量。在入射光子通量密度增加时会导致光合转化效率降低,入射光子通量密度增加会提高光生物反应器表面培养液的生物质产量但降低光能利用效率,以上单位时间单位光照面积微藻细胞生物质产量 P_S 对于蓝藻与真核微藻均具有较好的参考价值,在设计光生物反应器或实际生产中用于预测生产能力均比较方便与可靠。

通过 P_S 还可以计算出单位时间单位体积微藻生物质产量 P_V,单位为 g/(m³·d),最大 P_V 可由以下公式获得:

$$P_{V,max} = \frac{P_{S,max} S_{light}}{V_R} = P_{S,max} \alpha_{light} \quad (2-12)$$

式中,$\alpha_{light} = S_{light}/V_R$,表示光照射表面积与光生物反应器体积的比,相比于 P_S 仅依赖于光生物反应器的采光能力,P_V 更加侧重于光生物反应器工程设计中光照射面积与光生物反应器体积的比例。α_{light} 主要受到光生物反应器内培养液深度的影响,不同培养液深度下 α_{light} 值的差异可在不同数量级上,如在培养液深度大于 10cm 时,α_{light} 的值在 1~10/m,而培养液深度小于

10mm 时，α_{light} 的值在 100/m 以上。

以上两个公式表明，在 P_S 稳定的情况下，单位时间单位体积微藻生物质产量 P_V 随着 α_{light} 值的增加而增加，当光衰减在合适范围内时增加入射光子通量密度 PFD 可同时增加 P_S 与 P_V。P_S 与 P_V 均反映了光生物反应器培养系统的动力学效率，但培养系统的能量利用效率没有反映，光生物反应器热力学效率或能量产率常用来表征培养设施的能量利用效率，定义为单位体积培养液微藻细胞的光子吸收率［式（2-10）中 A］产生的化学能，近似为光生物反应器的光合转换效率（photosynthetic conversion efficiency，PCE）。在一定入射光子通量密度范围内 P_S 与 P_V 随着 PFD 的增加而增加，而 PCE 随着 PFD 的增加，光合作用捕光色素快速被饱和，呈现降低趋势。因此，光生物反应器设计中光稀释设计原则是以获取最大生物质产量为目标，是基于太阳光能的微藻培养技术开发中的主要考虑因素。基于光稀释原则，光生物反应器的采光表面通常小于培养液内部光照射部位的表面积，二者的比例通常被称为几何稀释比例，光生物反应器内部的光子通量密度小于捕获的太阳光的光子通量密度。

四、利用太阳光的光生物反应器

从微藻生产成本角度考虑，主要采用的光源为太阳光。基于太阳光能的光生物反应器设计中主要考虑的因素为入射太阳光强度与入射光与反应器采光表面的角度。微藻生长较慢导致微藻细胞浓度变化无法与日间太阳光能的变化同步，使得培养过程中光生物反应器难以达到恒光状态。对于微藻连续式培养，可通过控制培养液置换速率来控制微藻细胞浓度，尽可能接近恒光状态。户外基于太阳光能的光生物反应器设计中对温度的控制是另一个需考虑的因素，在强光照下，因缺乏开放式培养中培养液蒸发作用，光生物反应器内培养液温度很容易过高，尤其气温较高的夏季。被微藻所吸收的太阳光中的光合有效辐射（PAR），其中约 95% 转化为热能，仅约 5% 的 PAR 被转化为化学能，另外太阳光中约 50% 的能量来自波长 750nm 附近的中红外或近红外区域，这部分光能被培养液吸收后直接转化为热能。生产中通常采用的控温方式为喷淋水或将部分光生物反应器没于水中，在气温较低区域也可以将光生物反应器置于温室中，温室不仅可以控制温度，还可以控制光照强度，但会增加微藻培养设施的操作与建设维护成本，消耗更多的电能与水资源。有研究者利用数学建模方法构建高效、节能的光生物反应器，通过偶联日间光照与气温变化设计与优化光生物反应器的结构。

五、常见的光生物反应器类型

光生物反应器须具有较高的光利用效率、光线分布均匀、避免暗区且具有较好的二氧化碳与氧气传质效率。光生物反应器内部为一个四相系统，包括微藻细胞组成的固相系统、培养液组成的液相系统、二氧化碳与氧气组成的气相系统、叠加光源辐射场相系统。基于光生物反应器采光表面的结构，可将光生物反应器分为平板式光生物反应器、管式光生物反应器与柱式光生物反应器三类。基于流体力学模式，可将光生物反应器分为搅拌式光生物反应器、鼓泡柱式光生物反应器与气升式光生物反应器。下面对部分常见的生物反应器进行介绍。

（一）搅拌式光生物反应器

搅拌式光生物反应器类似于传统的通气式生物反应器，核心组件为叶轮等搅拌装置，起到传质、传热、曝气与均质混合的作用（图 2-5）。通常搅拌式光生物反应器需要较高的能耗，为了提高混合效率，降低涡旋现象，通常设置挡板。

搅拌式光生物反应器的装液量通常在总体积的70%～80%，使通气引起的气泡炸裂后形成的液滴有足够的空间回落至培养液中，同时使培养过程中形成的泡沫有足够的空间，避免接触盖体与排气口等而引起培养液污染。为了避免泡沫产生，通常在搅拌轴上端安装消泡刷。二氧化碳气体或空气从底部进入，为微藻细胞提供无机碳源。搅拌式光生物反应器具有较高的传质与光弥散效率，可较好地降低培养液暗区。此类光生物反应器的主要缺点为较低的面容比，而使得光能利用效率较低，同时叶轮搅拌过程会产生较多热量，因此搅拌式光生物反应器在操作与维护上成本较高。对于剪切力敏感的微藻细胞，通常需要对搅拌式光生物反应器的叶轮结构进行改造或加入保护性试剂等方法以降低剪切力对微藻细胞的损伤。

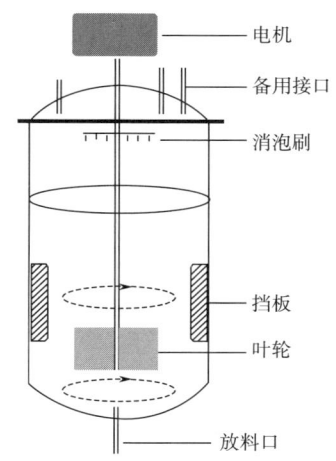

图2-5　搅拌式光生物反应器结构

（二）立管式光生物反应器

立管式光生物反应器具有较高的表面积，比较适合户外微藻培养。立管式光生物反应器通常由透明垂直的管道制作而成，具有良好的透光性。培养液的传质过程主要由气泵或气升系统驱动。基于培养液流动模式，立管式光生物反应器又可分为鼓泡柱式光生物反应器（图2-6）与气升式光生物反应器两种。

1. 鼓泡柱式光生物反应器

鼓泡柱式光生物反应器与面包酵母、啤酒、醋酸发酵及污水处理中使用的鼓泡式反应器除了容器材料透光方面不同外，其他方面均相似。鼓泡柱式光生物反应器使用气体分布器喷出空气或二氧化碳气体的方式为培养液提供无机碳源与流动动力，达到培养液搅拌混合的

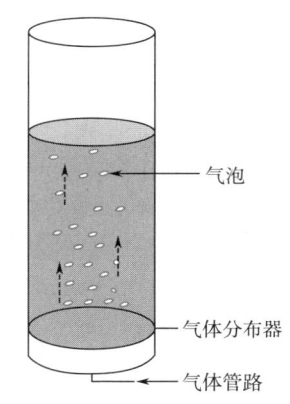

图2-6　鼓泡柱式光生物反应器

目的。鼓泡柱式光生物反应器结构相对简单，构建成本较低，反应器内部除了气体分布器外没有其他结构元件，有时会在底部安装水平板进一步破碎液泡与重新分布融合的液泡，也进一步增加了液泡在培养液中的滞留时间进而提高气体溶解效率。鼓泡柱式光生物反应器内的流体力学与传质特征主要依赖于空气分布器释放的气泡特征，在较低的空气流速时发生均匀流或称均相流，气泡均匀分布于柱体横切面上，基本没有气相的反混现象。在较高的气体流速时会发生异质流动，气泡与培养液倾向于在柱体中心升起，而在靠近柱体壁附近形成一个下向逆流，这种液体循环会改变一些液泡的流动形成反混现象。鼓泡柱式光生物反应器中微藻的光合效率主要依赖于气体流速，即气流速度影响培养液循环，培养液规律地在中心暗区与反应器壁周围区域之间循环。鼓泡柱式光生物反应器的主要优点是较低的构建成本，较高的面容比，较少的接口元件，较好的热量与物质传质效率，培养液比较均匀以及高效的氧气与尾气的清除释放效率等。

2. 气升式光生物反应器

气升式光生物反应器与鼓泡柱式光生物反应器的区别在于，气升式光生物反应器内部加装了培养液导流装置，反应器内没有搅拌器，其中央有一个导流筒，将培养液分为上升区（导流

筒内）和下降区（导流筒外），在上升区的下部安装了空气喷嘴或环形空气分布管，空气分布管的下方有许多喷孔。加压的无菌空气通过喷嘴或喷孔喷射进发酵液中，从空气喷嘴喷入的气速可达250~300m/s，无菌空气高速喷入上升管，通过气液混合物的湍流作用而使空气泡分割细碎，与导流筒内的培养液密切接触，供给培养液溶解无机碳。由于导流筒内形成的气液混合物密度降低，加上压缩空气的喷流动能，因此使导流筒内的液体向上运动；到达反应器上部液面后，一部分气生泡破碎，氧气排出到反应器上部空间，而排出部分气体的培养液从导流筒上边向导流筒外流动，导流筒外的培养液因气含率小，密度增大，培养液则下降，再次进入上升管，形成循环流动，实现混合与无机碳传质，同时也实现了微藻细胞在上升与下降循环中光暗交替，给微藻细胞一种闪光效应。图2-7至图2-9为三种常见的气液循环方式的气升式光生物反应器。

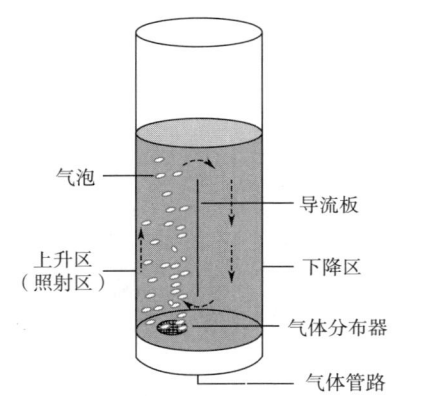

图2-7　内循环式气升式光生物反应器

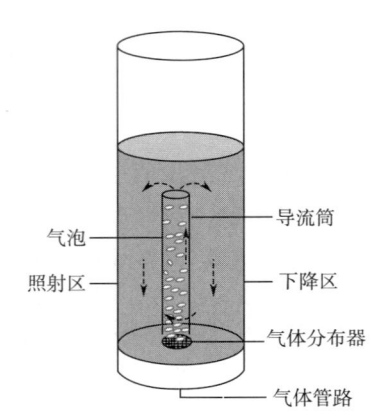

图2-8　导流筒式气升式光生物反应器

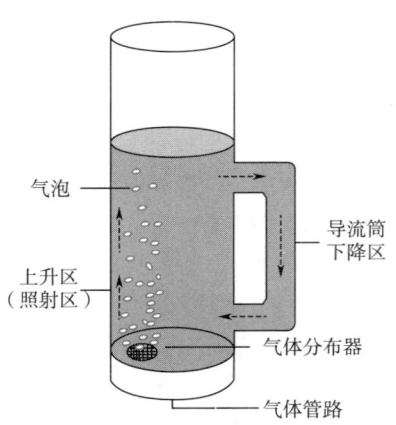

图2-9　外循环式气升式光生物反应器

由于气升式光生物反应器内没有搅拌器，并且有定向循环流动，故具有多个优点。

（1）培养液分布均匀　气液固三相的均匀混合与溶液成分的充分混合是生物反应器的普遍要求，因其流动、混合与停留时间分布均受到影响。对许多间歇或连续加料的通气培养，基质和二氧化碳尽可能均匀分散。此外，还需避免发酵罐液面生成稳定的泡沫层，以免生物细胞积聚而受损害甚至死亡。培养基成分尤其是有淀粉类易沉降的颗粒物料，更应悬浮分散。气升环流反应器能很好地满足这些要求。

（2）较高的二氧化碳溶解效率　气升式光生物反应器有较高的气含率和较大的气液接触界面，因而有高传质速率和无机碳溶解效率，无机碳溶解效率通常比搅拌式光生物反应器高，且功耗相对低。

（3）剪切力小，对生物细胞损伤小　由于气升式光生物反应器没有机械搅拌叶轮，故对细胞的剪切损伤可减至最低，尤其适合剪切力敏感微藻细胞的培养。

（4）传热良好　气升式光生物反应器因液体综合循环速率高，同时便于在外循环管路上加装换热器，以保证除去细胞散热，控制适宜的培养温度。

（5）结构简单，易于加工制造　气升式光生物反应器内无机械搅拌器，故不需安装结构复杂的搅拌系统，密封也容易保证，所以加工制造方便，设备投资低。

（6）操作和维修方便　因气升式光生物反应器无机械搅拌系统，所以结构较简单，能耗低，操作方便，特别是不易发生机械搅拌轴封容易出现的渗漏染菌问题。另外因无机械搅拌热产生，所以培养总热量较低，便于换热冷却系统的装设。气升式光生物反应器有多种导流方式，常见的有内循环管式、外循环管式、拉力筒式和垂直隔板式等。

（三）平行管式光生物反应器

平行管式光生物反应器是微藻生产中较常见的光生物反应器类型（图2-10）。平行管式光生物反应器在面容比、气体分散量、气液传质特征、流体力学特征以及光内部辐射水平等方面与立管式光生物反应器具有显著不同的特征。平行管式光生物反应器由一系列平行的透明管道组成，平行管的方向不固定，有水平、倾斜、螺旋、卷形等。平行管式光生物反应器在管长度、培养液流速、循环系统、采光结构等方面多种多样。平行管式光生物反应器管道直径通常在10~60mm，长度可达几百米，面容比可达100/m以上。管道直径的增加会降低面容比，直接影响反应器在微藻培养上的性能表现。平行管式光生物反应器的曲形表面对于光会起到发散作用，即所谓的透镜或聚光效率。聚光效应会导致光沿圆周稀释，聚集于管道轴心，避免了微藻细胞的光线遮挡，增加了光的辐射密度。管内氧气积累是平行管式光生物反应器的主要缺陷。培养液中氧气浓度过高会抑制微藻细胞的生长。因较大的面容比，光能吸收率高也同

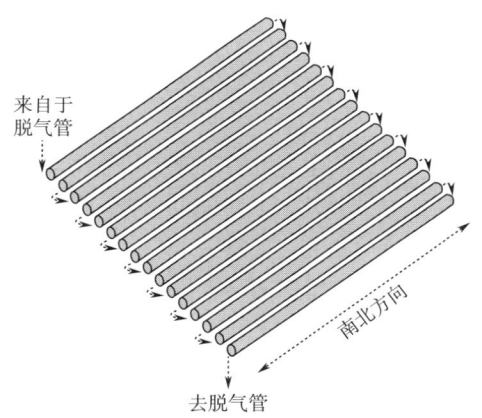

图2-10　平行管式光生物反应器

时导致了平行管式光生物反应器内培养液温度升高较快，对降温能力要求较高。平行管式光生物反应器内培养液的流动由泵驱动，在平行管道的末端通常安装有开放式容器，当培养液流经时氧气释放入大气中。

（四）平板式光生物反应器

平板式光生物反应器结构比较简单，通常由透明材料加装于支撑骨架上，培养液的流动由

泵驱动（图 2-11）。平板式光生物反应器最大的特点是具有较高的面容比。反应器底部安装有通气管，为培养液提供无机碳与培养液混合的动力。平板式光生物反应器常使用约 16mm 厚的树脂玻璃。平板式光生物反应器内部溶解氧的积累相比平行管式光生物反应器要低许多，但微藻生产率较低，主要是因为光线进入培养液的距离较近导致暗区较多，微藻光合作用被抑制。因此平板式光生物反应器主要用于实验室内小规模微藻培养研究。平板式光生物反应器的温度控制较难实现，此外有报道平板式光生物反应器内流体剪切力较高，也不利于微藻细胞的培养。平板式光生物反应器内表面容易淤积藻细胞以及代谢物杂质，给反应器内的清洁带来困难。

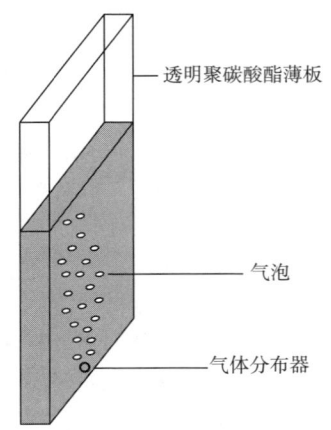

图 2-11 平板式光生物反应器

第三节　微藻的异养培养

　　光合自养条件下微藻的生物质产量过低是阻碍微藻商业利用的主要障碍，低生产效率导致空间、人力与能耗成本均大幅增加，因此生产效率与成本是评价微藻是否具有商业应用可行性的主要标准。可以直接利用外源有机碳氮源生长繁殖的微藻种类较少，许多藻类是专性自养生物，但有一些微藻在提供外源有机碳氮源时可以在完全黑暗的环境下生长繁殖，这类微藻可以使用改造后的微生物发酵罐培养，即所谓的微藻异养培养（图 2-12）。微藻异养培养与酵母、大肠杆菌等工业微生物培养类似，通常可获得较大的生产效率，在生产效率（生物质产量与培养周期之比）达到一定程度后，在培养与细胞采收两个方面均具有显著的经济可行性优势。微藻异养生长能力主要取决于藻种特性与培养条件，对外源有机碳氮源的利用效率受到碳源种类、跨膜转运或扩散效率、同化酶的活性强弱等的影响。微藻异养培养发酵罐的操作与维护相对简单，可实现严格无菌状态下培养，可通过连续补料等方式提高微藻细胞的生物质产量。适合异养培养的微藻通常需要具备以下 4 个特征。

　　①无光环境下细胞正常分裂与生长；
　　②可在高压蒸汽灭菌的廉价培养液中生长；
　　③适应环境能力强；
　　④剪切力耐受能力强。

　　微藻异养培养一般在封闭式发酵罐中完成。虽然开放式跑道池具有资金投入与能耗低的优点，但开放式跑道池中加入有机碳氮源会引起其他藻类、细菌、真菌或病毒污染，且生物量非常低，通常约 1g/L。半封闭式或封闭式光生物反应器虽然可以降低外源生物的污染，对微藻生长参数的控制更加严谨，但光生物反应器的前期资金投入较大，且难以做到严格无菌培养。近些年，已经陆续有若干个微藻异养培养生产高附加值化学品与药品的成功商业案例出现，如原始小球藻、普通小球藻、索罗金小球藻、蛋白核小球藻（*C. pyrenoidosa*）、栅藻（*Scened esmus*. sp.）、雨生红球藻、螺旋藻（*Spirulina* sp.）、新月菱形藻（*Nitzchia laevis*）、莱茵衣藻以及纤细裸藻等。微藻异养培养常见的有机碳氮源有葡萄糖、乙酸钠与蛋白胨等。使用糖为碳源的异养培养需要严格防止外源微生物的污染问题。微藻异养培养中细胞内叶绿素含量通常会显著降低，有报道称下降幅度可达94%，潜在的原因可能是在异养生长下光合作用与叶绿素的合成均被抑制，可能与高等植物叶绿素合成途径需要光诱导激活的机制类似，降低叶绿素的合成可减少非必需代谢途径对摄入的有机碳能量的消耗。微藻细胞内叶绿素的降解与合成抑制对于下游产品的分离提取与加工处理有益，如叶绿素分子会干扰微藻生物柴油生产中的转酯反应。

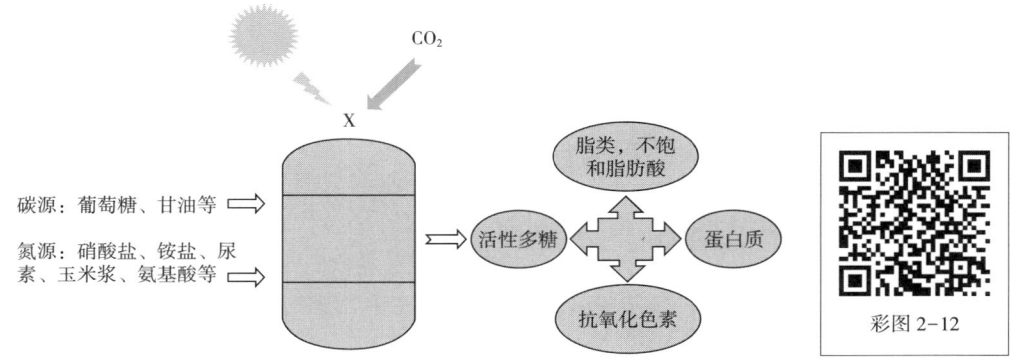

图 2-12 微藻异养培养示例图

一、影响微藻异养生长的因素

判断某种微藻是否可进行异养，目前还只能通过实验验证的方式进行，但通常可根据此种微藻自然界中生活的环境进行初步判断，此种微藻假如常出现在有机质含量丰富的静止水体且容易出现爆发水华等现象，则此类微藻具有异养能力的可能性较高。微藻异养生长所需的常量元素为碳、氮、磷与钾元素。碳元素是构成微藻细胞大分子骨架的主要元素，是所有功能大分子，如碳水化合物、脂肪酸与蛋白质的骨架分子，异养条件下摄入的有机分子含有的化学键能是微藻生长繁殖的能量来源。氮元素占微藻生物质的5%~10%，氮元素是氨基酸、核酸与一些色素分子的基本成分。氮元素缺乏会诱导脂肪酸与碳水化合物等非含氮大分子积累。磷元素是核酸、ATP以及磷脂等分子的结构成分，也是许多代谢调控与信号转导通路如磷酸化反应的主要参与元素，约占微藻细胞生物质的3.3%。钾元素在细胞内的主要作用是维持渗透压平衡及作为一些酶的辅因子。微量元素主要作为酶的辅因子或作为维持大分子活性的结构成分。因微藻种类与生长环境的不同，微藻生物质的17%~65%为碳元素。微藻异养状态下靠有机物的氧化磷酸化获取能量，呼吸作用消耗氧气释放二氧化碳。微藻的呼吸速率受到有机碳源的种类、溶解氧水平、微藻细胞的生长代谢水平等多种因素的影响。最佳生长条件下，微藻的呼吸速率为生长速率的20%~30%。黑暗中进行异养生长的微藻呼吸作用具有两个方面的作用：一是为微藻细胞的合成等代谢活动提供能量；二是为微藻细胞提供大分子合成的碳骨架。微藻对外源有机碳源的利用效率通常使用每转化一个碳原子为生物质释放的二氧化碳分子数，即 CO_2/C，小球藻与一些硅藻的 CO_2/C 在0.4~1.4。培养液中溶解氧水平是微藻异养培养中非常重要的影响因子。在小球藻异养培养中溶解氧水平低会导致藻细胞生长受到抑制，降低生物质产量。在小球藻自养与异养循环培养时，即给培养液一个光暗周期时，相比自养时微藻细胞生物质产量提高 5.5 倍以上，在异养营养下产生的 ATP 相比自养时提高了 16 倍以上。在硅藻中异养生长效率与细胞在黑暗中使用叶绿体呼吸途径维持光合作用活性的能力有关，硅藻细胞在黑暗中维持光合作用的机制可防止光照恢复时对细胞产生光损伤，硅藻细胞异养培养时通常积累较高水平的脂类。

（一）碳源

有机碳源被利用的前提是可被微藻细胞转运进入细胞，有机碳源的摄入需要消耗 ATP。不同种类的微藻的最适碳源种类并不相同，取决于细胞膜上存在的转运蛋白的种类与效率以及是否具备该种碳源的完整且高效的代谢通路。许多单糖，如葡萄糖、半乳糖、甘露糖，糖醇如甘露醇以及羧酸如乙酸，二糖如蔗糖、乳糖可作为一些种类微藻的有机碳源。目前小球藻的己糖转运蛋白已被鉴定，但戊糖和木糖转运相关的转运蛋白尚未有报道。因此微藻异养首要解决的问题便是最适碳源种类的确定。研究人员已经对多种微藻利用有机碳源进行异养营养的能力进行了研究。佐芬根小球藻（*C. zofingensis*）可吸收利用单糖与二糖，如葡萄糖、半乳糖、乳糖、蔗糖、果糖、甘露糖等，结果表明利用葡萄糖时可获得最大生物质与油脂产量，油脂含量与生物质分别达到了 0.52g/g 与 5.72g/L，甘露糖、果糖以及蔗糖次之，而乳糖与半乳糖对小球藻生物质积累没有显著效应。栅藻 *Scenedesmus* sp. R-16 可高效利用葡萄糖，生物质与油脂含量分别达到了 3.46g/L 与 0.43g/g，而对于其他糖类如果糖、麦芽糖、乙酸、丙酸、丁酸与蔗糖的利用效率较低。以上两项研究中微藻对蔗糖的利用效率均很低，但有研究表明，原始小球藻与温泉红藻属 *Galdieria sulphuraria* 可以利用糖蜜中的蔗糖快速生长。裂殖壶藻 SR21 可利用多种碳源，其中葡萄糖、果糖以及甘油的利用效率最高。有报道系统研究了布朗葡萄球藻（*Botryococcus braunii*）对葡萄糖、甘露糖、果糖、半乳糖、蔗糖、乙醇、乳酸、核糖、甘油、甘露醇、山梨醇以及乙酸钠等碳源的利用，结果表明葡萄球藻可以利用葡萄糖与甘露糖进行异养生长，但在有光照的混合营养下藻细胞生长更快。乙酸钠是雨生红球藻异养培养时的最佳碳源，有研究表明乙酸钠可诱导雨生红球藻色素含量较高的休眠细胞的形成。寇氏隐甲藻（*Crypthecodinium cohnii*）可利用乙醇为碳源进行生长，在乙醇浓度 15g/L 时生物质产量可达 83g/L，油脂产量达 15g/L，其中 DHA 含量为 11.7g/L。

葡萄糖作为异养培养的碳源往往可以促进微藻细胞油脂与类胡萝卜素的积累。使用糖蜜作为有机碳源培养佐芬根小球藻时，增加培养液中葡萄糖的浓度可显著提高细胞生物质产量与油脂积累量，30g/L 葡萄糖时细胞生物质达到最高，甘油三酯（TG）积累量较高，占总脂肪的 75%。脂肪酸的种类也受到糖浓度影响，初始糖浓度高时，C18：1 脂肪酸的比例增加；反之，在初始糖浓度较低时，C18：3 脂肪酸的比例增加。葡萄糖进入佐芬根小球藻细胞后发生磷酸化，虾青素合成相关基因 β-胡萝卜素酮酶与水解酶的表达水平升高。蛋白核小球藻在氮源缺乏、外源葡萄糖存在时会降低叶黄素与叶绿素的水平，这种现象被称作"葡萄糖漂白"现象，叶黄素与叶绿素是含氮化合物，氮素的缺乏会抑制以上色素的合成，葡萄糖的存在强化了这种抑制效应，即使在氮源充足时，葡萄糖也会降低叶黄素的含量。因此碳源的选择需考虑生物质产量、目标代谢产物含量等多种因素。多种多样的工业可再生资源或富含有机碳源的工业废渣等资源，如甘蔗汁、糖蜜、木薯水解液以及生物柴油副产品甘油等均可尝试用作微藻异养培养生产。

（二）氮源

氮源种类与含量是微藻培养液组成的一个重要方面，微藻异养培养中可根据需要选择无机或有机氮源。微藻培养中常使用的氮源有铵盐、硝酸盐或亚硝酸盐，酵母提取物或尿素等。微藻转运铵根、硝酸根或亚硝酸根跨膜运输需要特定的转运蛋白参与，进入细胞后在多种酶的催化下进入各种有机分子中。微藻对不同氮源的利用效率不同，甚至有的氮源抑制微藻细胞的生长繁殖。有人研究了栅藻 Scenedesmus sp. R-16 对牛肉膏、尿素、蛋白胨、铵盐、硝酸钠、酵母提取物、谷氨酸钠以及半胱氨酸的利用效率，结果表明硝酸钠对栅藻的生长促进作用最明显，获得了最大生物量，但使用蛋白胨时获得了最高油脂含量，可能是因为蛋白胨中含有的大分子蛋白质或肽类氮源不能被微藻细胞利用，造成氮源缺乏诱导了油脂积累。裂殖壶藻 SR21 是生长 DHA 的主要藻株，有人研究了酵母提取物、多价蛋白胨、胰蛋白胨、玉米浆、尿素、乙酸铵、硫酸铵、硝酸铵与硝酸钠对裂殖壶藻生长的影响，结果表明玉米浆做氮源时 DHA 的产率最高，无机氮源里乙酸铵做氮源时 DHA 的产率最高。一些氨基酸如精氨酸、酪氨酸或色氨酸等也可促进裂殖壶藻脂肪酸的积累。尿素可促进原始小球藻生物质与叶黄素的积累，生物质与叶黄素产量分别达到了 19.6g/L 与 83.81mg/L。相比酵母提取物、麦芽提取物、肉膏、尿素、硝酸钠、硝酸铵，蛋白胨对盐生拟微球藻生物质与油脂积累的促进作用最强。微藻的异养培养也可对一些有机含氮废水进行处理，如有人研究了普通小球藻 JSC-6 异养生产下对养猪废水的净化效率，由于微藻异养培养需要无菌等耗能过程，因此从废水处理角度，混合营养更为经济可行性。但使用一些氮磷含量较高、无重金属污染且含有其他营养物质的废水作为微藻异养培养的有机氮源使用，降低培养成本的同时，也达到降低废水排放与节约资源的目的。

（三）通气与搅拌

溶解氧（DO）是微藻生长所必需。微藻异养营养是一个好氧过程，通过呼吸作用进行氧化磷酸化获取能量。因此微藻异养培养中氧气的供给对于细胞的生长繁殖非常关键。由于氧气的溶解度较低，氧气供应往往成为限制微藻异养生长的关键因素。对于多数微藻而言，异养培养条件下最佳的溶解氧水平约 50%，高通气条件会导致微藻细胞裂解，而较低的通气水平则会显著抑制微藻细胞的代谢。比如，氧气不足会显著抑制小球藻的生物质产量，增加通风量至 0.42vvm 可显著提高隐秘小环藻生长速率，达到最大生物量，搅拌会进一步提高其生长速率。搅拌可以增加微小隐杆藻（Aphanothece microscopica Nägeli）的生物质产量。溶解氧浓度对于破囊壶藻（Thraustochytrids）细胞内 PUFA 含量有显著影响，推测原因为去饱和酶活性受到氧分子的调控。

溶解氧对培养的影响分两方面：一方面溶解氧浓度影响与呼吸链有关的能量代谢，从而影响微藻生长；另一方面氧直接参与产物合成。在培养过程中有多方面的限制因素，而溶解氧往往最易成为限制因素。在 28℃，100%的空气饱和下氧的浓度约 0.25mmol/L，是糖溶解度的 1/7000。在对数生长期，即使培养液中的溶解氧能达到 100%空气饱和度，若此时中止供氧，培养液中溶解氧在几分钟之内便耗竭。供氧与培养液溶解氧浓度、碳氮源等营养物质、搅拌传质效率以及温度、酸碱度等物理化学因素共同决定了微藻的生长繁殖环境，单个因子的变化便会引起整个培养系统的改变，所有因子的最优条件均需同步调整。

好氧微生物生长和代谢均需要氧气，因此供氧必须满足微藻在不同阶段的需要，在不同的环境条件下，不同微藻的吸氧量或呼吸强度是不同的。

微生物的吸氧量常用呼吸强度和摄氧率两种方法来表示，呼吸强度是指单位质量的干细胞体在单位时间内所吸取的氧量，以 Q_{O_2} 表示，单位为 $mmolO_2/(g \cdot h)$。当氧成为限制性条件时，比耗氧速率为：

$$Q_{O_2} = \frac{(Q_{O_2})_m C_L}{(K_0 + C_L)} \qquad (2-13)$$

式中 $(Q_{O_2})_m$——最大比耗氧速度，mol/（kg·s）；

K_0——氧的米氏常数，mol/m³；

C_L——溶解氧的浓度，mol/m³。

摄氧率是指单位体积培养液在单位时间内的耗氧量，以 r 表示，单位为 mmolO$_2$/（L·h）。$r = Q_{O_2} \cdot X$，X 为细胞浓度（g/L）。呼吸强度可以表示相对吸氧量，但是，当培养液中有固体成分存在时，测定困难，这时可用摄氧率来表示。微藻在培养过程中的摄氧率取决于呼吸强度和单位体积细胞浓度。

微生物的比耗氧速率的大小受多种因素影响，当培养基中不存在其他限制性基质时，比耗氧速率随溶解氧浓度增加而增加，直至某一点，比耗氧速率不再随溶解氧浓度的增加而增加，此时的溶解氧浓度称为呼吸临界氧浓度（critical oxygen concentration of respiration），以 C_{cr} 表示。呼吸临界氧浓度一般指不影响微生物呼吸所允许的最低氧浓度，如对产物形成而言便称为产物合成的呼吸临界氧浓度。

当不存在其他限制性基质时，溶解氧浓度高于临界值，细胞的比耗氧速率保持恒定；在临界氧浓度以下，微生物的呼吸速率随溶解氧浓度降低而显著下降，细胞处于半厌氧状态，代谢活动受到阻碍。培养液中维持微生物呼吸和代谢所需的氧保持供氧与耗氧的平衡，才能满足微生物对氧的利用。由此可知，只有使溶解氧浓度大于其临界氧浓度时，才能维持微生物的最大比耗氧速率，以使微生物得到最大的合成量。但由于培养的目的是得到培养的产物，因此，由氧饥饿而引起的细胞代谢干扰，可能对形成某些产物是有利的。所以，需氧培养并不是溶解氧越多越好。即使是一些专性好氧菌，过多的溶解氧对生长可能不利。氧的有害作用是通过形成活性氧破坏细胞。有些带巯基的酶对高浓度的氧敏感，好氧微生物具有一些机制，如形成过氧化物酶和超氧化物歧化酶清除活性氧。溶解氧虽有利于微生物生长和产物合成，但过高有时反而抑制产物的形成。为避免培养处于限氧条件下，需要考察每一种培养产物的临界氧浓度和最适氧浓度，并使培养过程保持在最适浓度。最适浓度的大小与微生物和产物合成代谢的特性有关，这是由实验来确定的。培养生产中，供氧的多少应根据不同的藻种、培养条件和培养阶段等具体情况决定。在培养过程中影响微藻需氧量的因素很多，除了和本身的遗传特性有关外，还和下列一些因素有关。①培养基：培养基的成分和浓度对需氧量的影响是显著的。培养基中碳源的种类和浓度对需氧量的影响尤其显著。一般来说，碳源在一定范围内，需氧量随碳源浓度的增加而增加。在补料分批培养过程中，需氧量随补入的碳源浓度而变化，一般补料后，摄氧率均呈现不同程度的增大。②藻龄及细胞浓度：不同的生产菌种，其需氧量各异。同一菌种的不同生长阶段，其需氧量也不同。通常微生物处于对数生长阶段的呼吸强度较高，生长阶段的摄氧率大于产物合成期的摄氧率。在分批培养过程中，摄氧率在对数期后期达到最大值。因此认为培养液的摄氧率达最高时，表明培养液中微生物浓度达到了最大值。③培养液中溶解氧浓度的影响：在培养过程中，培养液中的溶解氧浓度（C_L）高于微生物生长的临界氧浓度（$C_{临}$）时，呼吸就不受影响，各种代谢活动不受干扰；如果培养液中的 C_L 低于 $C_{临}$ 时，多种生化代谢就要受到影响，严重时会产生不可逆的抑制微生物生长和产物合成的现象。④培养条件：若干实验表明，微生物呼吸强度的临界值除受到培养基组成的影响外，还与培养液的pH、温度等培养条件相关。通常温度越高，营养成分越丰富，其呼吸强度的临界值也相应增高。⑤有毒产物的形成及积累：在培养过程中，有时会产生一些对微生物生长有毒性的代谢产物如 CO_2 等，若不能及时从培养液中排出，势必影响呼吸，进而影响代谢活动。⑥挥发性中间产物的损失：在糖代谢过程中，有时会产生一些挥发性的有机酸，它们随着大量通气而损失，从而影响呼吸代谢。

在需氧培养过程中，气态氧必须先溶解于培养基中，然后才可能传递至细胞表面，再经过简单的扩散作用进入细胞内被利用，参与藻体内的氧化等生物化学反应。氧的这一系列传递过程需要克服供氧方面和需氧方面的各种阻力才能完成。微生物培养中，通入发酵罐内的空气中含有的氧不断溶解于培养液中，以供藻体细胞代谢之需。氧从气相传递到液相，是气-液相间氧的传递过程，在这一传递过程中，气液界面的阻力 $1/K_I$ 可以忽略，液体主流中的传递阻力 $1/K_{LB}$ 很小也可忽略，此时主要的传递阻力存在于气膜和液膜中。对于这种传递过程的描述，应用最广的是双膜理论（图2-13）。这个理论假定在气泡和包围着气泡的液体之间存在着界面，在界面的气泡一侧存在着一层气膜，在界面液体一侧存在着一层液膜，气膜内的气体分子与液膜中的液体分子都处于层流状态，分子之间无对流运动，因此氧分子只能以扩散方式，即借助于浓度差而透过双膜，另外，气泡内除气膜以外的气体分子处于对流状态，称为气流主体，在空气主流空间的任一点氧分子的浓度相同，液流主体也如此。

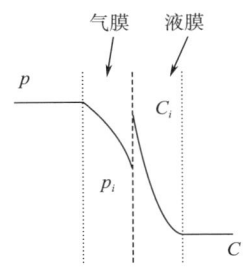

图2-13 双膜理论示意图

$$N = K_g(p - p_i) = K_L(C_i - C) \tag{2-14}$$

式中　N——传氧速率，$kmol/(m^2 \cdot h)$；

　　K_g——气膜传质系数，$kmol/(m^2 \cdot h \cdot kPa)$；

　　K_L——液膜传质系数，m/h；

　　p——气相主体分压，kPa；

　　p_i——相界面处分压，kPa；

　　C——发酵液溶解氧浓度，$kmol/m^3$；

　　C_i——相界面溶解氧浓度，$kmol/m^3$。

$C^* = pH$，H 为溶解系数 $[kmol/(m^3 \cdot cotm)]$，表示与气相中氧分压相平衡的液体中氧的浓度，此时

$$N = K_L(C^* - C) \tag{2-15}$$

式中　K_L——以氧浓度为推动力的总传递系数，m/h；

　　C^*——平衡时液相界面处的溶解氧浓度，$kmol/m^3$。

假定单位体积的液体中所具有的氧的传递面积为 a（m^2/m^3），此时

$$N_a = K_{La}(C^* - C) \tag{2-16}$$

式中　N_a——体积传氧速率，$kmol/(m^3 \cdot h)$；

　　K_{La}——以 $(C^* - C)$ 为推动力的体积溶解氧系数。

C 有一定的工艺要求，所以可以通过 K_{La} 和 C^* 来调节，调节 K_{La} 是最常用的方法，K_{La} 反映了设备的供氧能力。

通过在培养液中引入一种新的液相,以减少气液传氧阻力,从而提高传氧效率。这种液相一般具有比水更高的溶氧能力,且与培养液互不相溶,称为氧载体。通常使用的氧载体主要有液态烷烃、油酸、甲苯、豆油等。

要想增加氧传递的推动力(C^*-C),就必须设法提高C^*或降低C。提高饱和溶解氧浓度C^*的方法有三种:一是降低温度;二是改变溶液的性质,一般来说,培养液中溶质含量越高,氧的溶解度越小;三是增加氧分压,在系统总压力<0.5MPa时,氧在溶液中的溶解度只与氧的分压成直线关系。气相中氧浓度增加,溶液中氧浓度也增加。想提高C^*必须降低培养温度或降低培养基中营养物质的含量,或提高发酵罐内的氧分压(即提高罐压)。这几种方法的实施均有较大的局限性。已知培养基的组成和培养浓度是依据生产藻种的生理特性和生物合成代谢产物的需要而确定的,不可任意改动。但有时分批培养的中后期,由于培养液黏度太大,补入部分无菌水来降低培养液的表观黏度,改善通气效果。采用提高氧分压的方法,一是提高发酵罐压力,二是向培养液通入纯氧气。提高罐压会减小气泡体积,减少了气-液接触面积,影响氧的传递速率,降低氧的溶解度。影响藻体的呼吸强度,同时增加设备负担。通入纯氧能显著提高C,但此类方法既不经济又不安全,同时易出现氧中毒现象。降低培养液中的C,可采取减少通气量或降低搅拌转速等方式来降低K_{La},使培养液中的C降低。但是,培养过程中培养液中的C不能低于$C_临$,否则就会影响呼吸。目前培养所采用的设备,其供氧能力已成为限制许多产物合成的主要因素之一。经过长时间的研究和生产实践证实,影响培养设备的K_{La}的主要因素有搅拌效率、空气流速、培养液的物理化学性质、泡沫状态、空气分布器形状和发酵罐的结构等。实验测出的K_{La}与搅拌效率、通气速度、培养液理化性质等的关系可用下述的经验式表示:

$$K_{La} = K[(P/V)^{\alpha}(v_S)^{\beta}(\eta_{app})^{-\omega}] \tag{2-17}$$

式中　P/V——单位体积培养液实际消耗的功率(指通气情况下),kW/m³;
　　　　v_S——空气直线速度,m/h;
　　　　η_{app}——培养液表观黏度,Pa·s;
　α、β、ω——指数,与搅拌器和空气分布器的形式等有关;
　　　　K——经验常数。

搅拌效率对K_{La}有重要影响,影响搅拌功率的因素可用以下公式表示:

$$P = Kd^5 n^3 \rho \tag{2-18}$$

式中　d——搅拌器直径,m;
　　　　n——搅拌器转速,r/min;
　　　　ρ——培养液密度,kg/m³;
　　　　P——搅拌功率,kW;
　　　　K——经验常数,由实验测定。

发酵罐内装配搅拌器的作用有:①使发酵罐内的温度和营养物质浓度均一,使组成培养液的三相系统充分混合;②把引入培养液中的空气分散成小气泡,增加了气-液接触面积,提高K_{La}值;③强化培养液的湍流程度,降低气泡周围的液膜厚度和湍流中的流体阻力,从而提高氧的转移速率;④减少细胞结团,降低细胞壁周围的液膜阻力,有利于藻体对氧的吸收,同时可尽快排除细胞代谢产生的"废气"和"废物",有利于细胞的代谢活动;⑤尽量延长空气在发酵罐中的停留时间,增加氧的溶解量。应提出的是,如果搅拌速度快,由于剪切速度增大,细胞会受到损伤，影响细胞的正常代谢，同时浪费能源。

K_{La} 随空气流速的增加而增加，指数 β 为 0.4~0.72，随搅拌器形式而异。空气流速须适量，过小会导致产生的废气不能及时排出，影响氧的传递，过大不利于空气在发酵罐中的分散与停留，导致培养液浓缩，搅拌器就出现"气泛"现象，K_{La} 不再增加。"气泛"现象指的是在特定条件下，通入发酵罐内的空气流速达某一值时，由于空气流量过大，通入的空气不经过搅拌桨的分散，而沿着搅拌轴形成空气通道，直接溢出培养液，使搅拌功率下降，当空气流速再增加时，搅拌功率不再下降，此时的空气流速称为"气泛点"(flooding point)。带搅拌器的发酵罐的气泛点，主要与搅拌叶的形式、搅拌器的直径和转速、空气线速度等相关。对一定设备而言，空气流速与空气流量之间呈正相关性。空气流量的改变必然引起空气流速的变化。已知空气流速的变化会引起 K_{La} 的改变，当空气流速达气泛点时，K_{La} 不再增加。这样，空气流量的变化也会改变 K_{La}，当空气流量达某一值时，K_{La} 也不再增加。

K_{La} 与培养液的表观黏度 η_{app} 成反比，说明培养液的流变学性质是影响 K_{La} 的主要因素之一。培养液是由营养物质、生长的藻体细胞和代谢产物组成的。由于微藻的生长和多种代谢作用使培养液的组成不断地发生变化，营养物质的消耗、藻体浓度、藻体形态和某些代谢产物的合成都能引起培养液黏度的变化，致使培养过程中的培养液呈现多种流变学性质。牛顿型培养液比较稀薄，影响较小，而黏稠的非牛顿型培养液对 K_{La} 影响较大。

由于通气和搅拌而引起培养液出现泡沫。如果在较稠厚的培养液中形成流态性泡沫，是难以消除的，其中的气体就很难得到及时的更新，直接影响呼吸。如果搅拌叶轮处于泡沫的包围之中，就会影响气液体的充分混合，降低氧的传递速率。用消泡剂可以消除泡沫，改善气液体混合效果，提高氧的传递速率，但过多的消泡剂会聚集于细胞表面，阻碍微生物对氧和营养物质的吸收，同时消泡剂可能对藻细胞有毒性，因此，消泡剂的种类与用量应控制。

除用搅拌将空气分散成小气泡外，还可用鼓泡器来分散空气、提高通气效率。研究指出，大型环状鼓泡器的直径大于搅拌器直径时，大量的空气未经搅拌器的分散而沿罐壁逸出液面，其空气分散效果很差，所以环状鼓泡器的直径一定要小于搅拌器的直径。关于多孔环状鼓泡器和单孔式鼓泡器的通气效果，有的实验表明，当空气流量达到一定值时，单孔式鼓泡器的效果不比多孔环状鼓泡器的效果差。因为在装配有搅拌器的发酵罐中，空气的分散主要依靠搅拌的作用。所以当空气流量增大时，单孔式鼓泡器能增强培养液的湍流程度。当前的生产实践，发酵罐内空气分布器绝大多数采用多孔环状鼓泡器。为了弥补一般空气搅拌罐通气效率的不足，有人在设备上做出相应的改进，增加发酵罐的高度，即增加发酵罐的高径比，以求增加气-液接触时间，提高氧的溶解度。有研究表明，增加 K_{La} 可显著提高裂殖壶藻 (S. sp. S31) 的生物质与脂肪酸产量，在分批补料培养使用甘油与酵母提取物作为碳氮源，K_{La} 为 180 2/h 时，DHA 浓度、产率以及产量分别达到了 28.93g/L、301mg/(L·h) 与 (0.44±0.02) g/g。保持体积溶解氧系数恒定是培养放大中常用的方式，比如裂殖壶藻 CCTCC M209059 培养生产 DHA 从 10L 经 50L、1500L、7000L 逐级放大时维持 K_{La} 在 88.9/h，DHA 产量在每级放大条件下均约在 14g/L，最大的 DHA 产量 19.72g/L 在 7000L 时获得。有研究表明，裂殖壶藻 ATCC 20888 脂肪酸的合成不依赖于氧气，细胞内含有一种氧气不依赖的类似聚酮合酶的脂肪酸合成机制，因此低溶解氧水平可促进 PUFA 的合成，但低溶解氧水平也限制了微藻生物质产率，生产中可采用两步培养方法，高溶解氧水平下积累生物质，然后低溶解氧水平促进 PUFA 的合成。通过两步培养法，破囊壶菌 (*Aurantiochytrium* sp.) 脂肪酸含量从氧气充足时的 29% 提升至氧气限制下的 54%。

(四)温度

温度对培养的影响及其调节控制是影响有机体生长繁殖的重要因素之一,因为任何生物化学酶促反应的效率均与温度有关。温度对培养的影响是多方面且错综复杂的,主要表现在对细胞生长、产物合成、培养液的物理性质和生物合成方向等方面。根据细胞膜的液体镶嵌模型,细胞在正常生理条件下,膜中的脂类成分应保持液晶状态,只有当细胞膜处于液晶状态,才能维持细胞的正常生理功能,使细胞处于最佳生长状态,生长温度与细胞膜的液晶温度范围相一致。有研究表明,较高的温度有利于饱和脂肪酸的积累,而较低的温度促进不饱和脂肪酸的积累,当裂殖壶藻的培养温度从10℃上升至40℃时,细胞内的脂肪酸组成发生明显改变,但在总脂肪酸含量上没有显著差异,不饱和脂肪酸/饱和脂肪酸的比例从1.13上升至1.45。极微小球藻(*C. minutissima* UTEX 2341)在20℃下培养时获得最高的油脂含量,在15~25℃培养时生物质产量上没有显著差异。原始小球藻在15℃培养时磷脂的不饱和度增加,EPA含量增加,但培养温度为23℃时获得了最佳的生物质产量。原始小球藻在28℃培养时生物质产量与叶黄素产量达到最高,分别达到10.7g/L与74.29mg/L,在35℃培养时细胞内叶黄素含量达到最高水平4.59mg/g。

培养过程的反应速率实际是酶反应速率,酶反应有一个最适温度。每种微生物对温度的要求可用最适温度、最高温度、最低温度来表征。在最适温度下,微生物生长迅速;超过最高温度微生物即受到抑制或死亡;在最低温度范围内微生物尚能生长,但生长速率非常缓慢,世代时间无限延长。在最低和最高温度之间,生长速率随温度升高而增加,超过最适温度后,随温度升高,生长速率下降,最后停止生长,引起死亡。随着温度的上升,细胞的生长繁殖加快,这是由于生长代谢以及繁殖都是酶参与的。根据酶促反应的动力学来看,温度升高,反应速率加快,呼吸强度增加,最终导致细胞生长繁殖加快。但随着温度的上升,酶失活的速率也增大,使衰老提前,培养周期缩短,这对生产是极为不利的。温度除了影响培养过程中各种反应速率外,还可以通过改变培养液的物理性质间接影响微藻生物合成。温度对氧在培养液中的溶解度有很大影响,随着温度的升高,气体在溶液中的溶解度减小,氧的传递速率也会改变。另外,温度还影响基质的分解速率。

发酵热是引起培养过程温度变化的原因。所谓发酵热就是培养过程中释放出来的净热量。在培养过程中产生菌分解基质产生热量,机械搅拌产生热量,而罐壁散热、水分蒸发、空气排气带走热量。这种产生的热量和各种散失的热量的代数和就称作净热量。发酵热引起发酵液的温度上升。发酵热大,温度上升快,发酵热小,温度上升慢。

发酵热由细胞代谢产生的生物热、叶轮搅拌导致的搅拌热、培养液蒸发导致的蒸发热以及培养液与环境温度差导致的红外辐射热四个因素共同决定,关系由下列公式表示:

$$Q_{发酵} = Q_{生物} + Q_{搅拌} - Q_{蒸发} - Q_{辐射} \tag{2-19}$$

式中 $Q_{发酵}$——发酵热;

$Q_{生物}$——生物热;

$Q_{搅拌}$——搅拌热;

$Q_{蒸发}$——蒸发热;

$Q_{辐射}$——辐射热。

培养过程中,微生物不断利用培养基中的营养物质,将其分解氧化而产生能量,其中一部分用于合成高能化合物(如ATP)提供细胞合成和代谢产物合成需要的能量,其余一部分以热的形式散发出来,散发出来的热就称作生物热。生物热的大小与菌种遗传特性、菌龄有关,还与营养基质有关。在相同条件下,培养基成分越丰富,产生的生物热也就越大。1mol 葡萄糖彻底氧化成 CO_2 和水,产生 287.2kJ 热量,其中 183kJ 转变为高能化合物,104.2kJ 以热的形式释放。培养过程中生物热的产生具有强烈的时间性。生物热的大小与呼吸作用强弱有关,在培养初期,微生物处于适应期,细胞数少,呼吸作用缓慢,产生热量较少。微生物在对数生长期时,繁殖迅速,呼吸作用激烈,微生物也较多,所以产生的热量多,温度上升快,必须注意控制温度。培养后期,微生物已基本上停止繁殖,主要靠微生物内的酶系进行代谢作用,产生热量不多,温度变化不大,且逐渐减弱。如果培养前期温度上升缓慢,说明微生物代谢缓慢,培养不正常。如果培养前期温度上升剧烈,有可能染菌,此外培养基营养越丰富,生物热也越大。

在机械搅拌通气发酵罐中,由于机械搅拌带动发酵液做机械运动,造成液体之间、液体与搅拌器等设备之间的摩擦,产生可观的热量。搅拌热与搅拌轴功率有关,可用下式计算:

$$Q_{搅拌} = P \times 860 \times 4186.8 \text{ (J/h)} \tag{2-20}$$

式中 P——搅拌轴功率;

4186.8——机械能转变为热能的热功当量。

$$P = \sqrt{3}EI\cos\varphi \tag{2-21}$$

式中 E——额定电压;

I——额定电流;

$\cos\varphi$——功率因素,$1kW \cdot h = 860 \times 4186.8J$。

通气时,引起培养液的水分蒸发,水分蒸发所需的热量称作蒸发热。此外,排气也会带走部分热量,称作显热($Q_{显热}$),显热很小,一般可以忽略不计。通入发酵罐的空气,其温度和湿度随季节及控制条件的不同而有所变化。空气进入发酵罐后,就和培养液广泛接触进行热交换。同时必然会引起水分的蒸发;蒸发所需的热量即为蒸发热。

蒸发热的计算:

$$Q_{蒸发} = G(I_2 - I_1) \tag{2-22}$$

式中 G——空气流量,按干重计算,kg/h;

I_1、I_2——进出发酵罐的空气的热焓量,J/kg(干空气)。

由于发酵罐内外温度差,通过罐体向外辐射热量。辐射热可通过罐内外的温差求得,一般不超过发酵热的 5%。辐射热的大小取决于罐内外的温差,受环境温度变化的影响,冬季影响大一些,夏季影响小一些。

测定发酵热可通过测量一定时间冷却水的流量和冷却水的进、出口温度,由下式计算:

$$Q_{发酵} = Gc_W(t_2 - t_1)V \tag{2-23}$$

式中 G——冷却水的流量,kg/h;

c_W——水的比热容,kJ/(kg·℃);

t_2、t_1——分别为冷却水的进、出口温度,℃;

V——培养液的体积,m^3。

测定发酵热也可通过发酵罐温度的自动控制功能获得,先使罐温达到恒定,再关闭自动控制装置,测定温度随时间上升的速率,按下式计算:

$$Q_{发酵} = (m_1c_1 + m_2c_2)S \tag{2-24}$$

式中 m_1——系统中发酵液的质量,kg;

m_2——发酵罐的质量,kg;

c_1——发酵液的比热容，kJ/（kg·℃）；

c_2——发酵罐材料的比热容，kJ/（kg·℃）；

S——温度上升速率，℃/h。

最适培养温度是指在该温度下最适于微生物生长或产物的生成。选择最适培养温度应该考虑微生物生长的最适温度和产物合成的最适温度。最适培养温度与菌种、培养基成分、培养条件和微生物生长阶段有关。最适培养温度的选择实际上是相对的，还应根据其他培养条件进行合理的调整，需要考虑的因素包括微生物种类、培养基成分和浓度、微生物生长阶段和培养条件等。例如，溶解氧浓度是受温度影响的，其溶解度随温度的下降而增加。因此当通气条件较差时，可以适当降低温度以增加溶解氧浓度。在较低的温度下，既可使氧的溶解度相应大一些，又能降低生长速率，减少氧的消耗量，这样可以弥补较差的通气条件造成的代谢异常。最适培养温度的选择还应考虑培养基成分和浓度的不同，在使用浓度较稀或较易利用的培养基时，过高的培养温度会使营养物质过早耗竭，而导致微生物过早自溶，使产物合成提前终止，产量下降。因此，在各种培养过程中，各个培养阶段最适温度的选择是从各方面综合考虑确定的。工业上使用大体积发酵罐的培养过程，一般不需要加热，因为释放的发酵热常常超过最适培养温度，所以需要冷却的情况较多。生产中发酵罐温度控制通常采用夹套（10m³以下罐体）或盘管（蛇管，10m³以上罐体）。

（五）pH

培养液的pH通过影响细胞膜的电位与有机物的跨膜转运进而改变细胞内的pH水平，对代谢过程产生显著影响。例如，寇氏隐甲藻ATCC 30556在pH 5.5~9培养时均生长良好，pH 7.2时脂肪酸含量最高，达到56.8%，但pH低于5或高于10时生物质产量会显著降低。裂殖壶藻S31在pH 7时生物质产量最高，油脂与DHA含量分别为40%与13%，pH 5~6时生物质产量降低，在pH 8时生长完全被抑制。极微小球藻UTEX 2341在pH 4~8生长比较旺盛，但pH高于9之后生物质与油脂含量显著降低，pH 7时生物质产量最高，达到8.67g/L，而pH 6时油脂含量最高，达到1.16g/L。原始小球藻在pH 5~8生长比较旺盛，叶黄素积累水平均较高，pH 6.6时生物质产量、叶黄素含量与叶黄素产量均达到最高，分别为18.2g/L、4.75mg/g与77.92mg/L。培养液的pH是微生物在一定环境条件下代谢活动的综合指标，对生长和产品的积累有很大的影响。因此，必须掌握培养过程中pH的变化规律，及时监测并加以控制，使它处于最佳的状态。尽管多数微生物能在3~4个pH单位的范围内生长，但是在培养工艺中，为了达到高生长速率和形成最佳产物，必须使pH在很窄的范围内保持恒定。

培养过程中pH的变化是细胞代谢活动的综合反映，其变化的根源取决于培养基的成分和微藻代谢特性。有研究表明，培养开始时培养液pH的影响是不大的，因为在代谢过程中，迅速改变培养基pH的能力十分惊人。引起这种波动的原因除了取决于微生物自身的代谢外，还与培养基的成分有极大的关系。一般来说，有机氮源和某些无机氮源的代谢起到提高pH的作用，如氨基酸的氧化和硝酸钠的还原、玉米浆中的乳酸被氧化等，这类物质被微生物利用后，可使pH上升，这些物质被称为生理碱性物质，如有机氮源、硝酸盐、有机酸等。而碳源的代谢则往往起到降低pH的作用，例如，糖类氧化不完全时产生的有机酸，脂肪不完全氧化产生的脂肪酸，铵盐氧化后产生的硫酸等，这类物质称为生理酸性物质。此外通气条件的变化，微生物自溶或杂菌污染都可能引起培养液pH的改变，所以确定最适pH以及采取最适有效的控制措施，是使微生物发挥最大生产能力的保证。

选择最适 pH 的原则是既有利于微生物生长繁殖，又可以获得高生物质产量。通常最适 pH 是由实验确定的。将培养基调节成不同的起始 pH，在培养过程中定时测定并不断调节 pH，以维持其起始 pH，或利用缓冲剂来维持培养液的 pH。同时观察生长情况，生长达到最大值的 pH 即为微生物生长的最适 pH。产物形成的最适 pH 也可以如此测得。

微生物生长最适 pH 与产物形成最适 pH 存在四种相互关系。第一种情况是比生长速率（μ）和产物的比生产速率（Q_p）都有一个相似的并且较宽的最适 pH 范围；第二种是 Q_p（或 μ）的最适 pH 范围很窄，而 μ（或 Q_p）的范围较宽；第三种是 μ 和 Q_p 有相同的最适 pH 范围，但范围很窄，即对 pH 的变化敏感；第四种是 μ 和 Q_p 都有各自的最适 pH 范围。属于第一种情况的培养过程比较易于控制，第二、第三种情况的培养 pH 需要严格控制，最后一种情况应该分别严格控制各自的最适 pH。在测定了培养过程中不同阶段的最适 pH 要求后，便可采用各种方法来控制。工业生产中，调节 pH 的方法并不是仅仅采用酸碱中和，因为酸碱中和虽然可以中和培养基中当时存在的过量碱，但是不能阻止代谢过程中连续不断发生的酸碱变化。即使连续不断地进行测定和调节，也是徒劳无益的，因为这没有根本改善代谢状况。培养过程中引起 pH 变化的根本原因是微生物代谢营养物质的结果，所以调节控制 pH 的根本措施主要应该考虑培养基中生理酸性物质与生理碱性物质的配比，然后通过中间补料进一步加以控制。

补料不是只靠加入酸碱来控制，还需要用生理酸性物质和生理碱性物质来控制，这些物质不仅可以调节 pH，还可以补充氮源。当 pH 和氨基氮含量低时，加入氨水；当 pH 高、氨基氮含量低时，加入硫酸铵。补糖是根据 pH 的变化来决定补糖速率，恒速补糖则通过加入酸碱来控制 pH。

（六）渗透压

培养液中各种离子与溶剂水分子相互影响，离子浓度的不同造成水分子浓度差导致水势能的不同，直接影响细胞内水分的平衡与各种代谢过程。生活环境必须具有与其细胞大致相等的渗透压，超过一定限度或突然改变渗透压，会抑制生命活动，甚至会引起死亡。在高渗透压溶液中微生物细胞脱水，原生质收缩，细胞质变稠，引起质壁分离。在低渗透压溶液中，水分向细胞内渗透，细胞吸水膨胀，甚至破坏。在等渗溶液中，代谢活动最好，细胞既不收缩，也不膨胀，保持原形不变。通常而言，海洋微藻可适应的盐度范围较广，盐度减少或增加的幅度超出其适应盐度时才会出现生理胁迫，而淡水藻类在培养液中盐离子浓度升高导致渗透压改变时会导致细胞结构与生理受到显著影响。盐胁迫会导致细胞膜流动性改变，离子透过性受到干扰，破坏离子势能导致 Na^+ 与 Cl^- 细胞毒性。不同微藻对盐浓度的耐受能力差异巨大，改变培养液的盐浓度经常被用来促进某些代谢产物的积累，如雨生红球藻培养中增加盐浓度提高虾青素的积累水平。原始小球藻在氯化钠浓度为 30g/L 培养液中产生盐胁迫，油脂含量升高至 41.2%。原始小球藻（C. protothecoides 249）可耐受 35g/L 的氯化钠浓度，轻微改变培养液的盐浓度后细胞内油脂含量的水平没有显著变化，但在氯化钠浓度由 17.5g/L 升高至 35g/L 时油脂含量有轻微的升高趋势。极微小球藻对高盐浓度的耐受比较差，在氯化钠浓度为 20g/L 时生长便被完全抑制，有研究先使用无盐胁迫下积累生物质后再使用 40g/L 的氯化钠施加盐胁迫来诱导油脂的积累，油脂含量与产量分别达到了 31.82% 与 2.38g/L。原始小球菱形藻对盐浓度较为敏感，在 10g/L 的氯化钠的条件下生长便完全被抑制，在盐浓度由 10g/L 升至 20g/L 时其细胞内的极性与中性不饱和脂类比例降低，但总脂肪酸与 EPA 含量均在氯化钠 20g/L 时达到最高水平。菱形藻在盐胁迫下积累的磷脂与不饱和极性脂，有助于其在胁迫环境消除后快速合成细胞质膜等结构，从而加速恢复生长。裂殖壶藻培养中氯化钠由 36g/L 降至 9g/L 时饱和脂肪酸含量由 59% 降至 53%。

（七）二氧化碳

溶解氧的大小受到许多因素的影响，如呼吸强度、培养液流变学特性、通气搅拌程度、外界压力、设备规模等。CO_2 的溶解度随压力增加而增大，排出不畅时在罐底形成碳酸，进而影响呼吸和产物的合成。为了控制 CO_2 的影响，必须考虑 CO_2 在培养液中的溶解度、温度和通气情况。在培养过程中，如遇到泡沫上升而引起"逃液"时，采用增加罐压的方法来消泡。但这样会增加 CO_2 的溶解度，对微生物生长是不利的。CO_2 浓度的控制应根据对培养的影响而定。如果 CO_2 对产物合成有抑制作用，则应设法降低其浓度；若有促进作用，则应提高其浓度。通气和搅拌速率的大小，不但能调节培养液中的溶解氧，还能调节 CO_2 的溶解度，在发酵罐中不断通入空气，既可保持溶解氧在临界点以上，又可随废气排出 CO_2，使之低于能产生抑制作用的浓度。因而通气搅拌是控制 CO_2 浓度的一种方法，降低通气量和搅拌速率，有利于增加 CO_2 在培养液中的浓度；反之，就会减小 CO_2 浓度。

（八）泡沫

在培养过程中，由于培养基中有蛋白质类表面活性剂存在，在通气条件下，培养液中就形成了泡沫。泡沫是气体被分解在少量液体中的胶体体系，气液之间被一层液膜隔开，彼此不相连通。形成的泡沫有两种类型：一种是培养液液面上的泡沫，气相所占的比例特别大，与液体有较明显的界限，如培养前期的泡沫；另一种是培养液中的泡沫，又称流态泡沫（fluid foam），分散在培养液中，比较稳定，与液体之间无明显的界限。

培养过程产生少量的泡沫是正常的。泡沫的多少一方面与搅拌、通风有关；另一方面，与培养基性质有关。蛋白质原料如蛋白胨、玉米浆、黄豆粉、酵母粉等是主要的发泡剂。糊精含量多也引起泡沫的形成。培养过程中，泡沫的形成有一定的规律性。培养时起泡的方式被认为有 5 种：①整个培养过程中，泡沫保持恒定的水平；②培养早期，起泡后稳定地下降，以后保持恒定；③培养前期，泡沫稍微降低后又开始回升；④培养开始起泡能力低，以后上升；⑤以上类型的综合方式。这些方式的出现与基质的种类、通气搅拌强度和灭菌条件等因素有关，其中基质中的有机氮源是起泡的主要因素。当感染杂菌和噬菌体时，泡沫异常多。起泡会带来许多不利因素，如发酵罐的装料系数减少、氧传递系统减小等。泡沫过多时，影响更为严重，造成大量逃液，培养液从排气管路或轴封逃出而增加染菌机会等，严重时通气搅拌也无法进行，微生物呼吸受到阻碍，导致代谢异常或微生物自溶。所以，控制泡沫是保证正常培养的基本条件。

泡沫的控制，可以采用两种途径：①调整培养基中的成分（如少加或缓加易起泡的原材料）、改变某些物理化学参数（如 pH、温度、通气和搅拌）或改变培养工艺（如采用分次投料），以减少泡沫形成的机会。但这些方法的效果有一定的限度；②采用机械消泡或消泡剂消泡来消除已形成的泡沫。还可以采用菌种选育的方法，筛选不产生流态泡沫的菌种，来消除起泡的内在因素。

对于已形成的泡沫，工业上可以采用机械消泡和消泡剂消泡或二者同时使用。

（1）机械消泡　是一种物理消泡的方法，利用机械强烈振动或压力变化而使泡沫破裂。有罐内消泡和罐外消泡两种方法。前者是靠罐内消泡桨转动打碎泡沫；后者是将泡沫引出罐外，通过喷嘴的加速作用或利用离心力来消除泡沫。该法的优点是：节省原料，减少染菌机会。但消泡效果不理想，仅可作为消泡的辅助方法。

(2) 消泡剂消泡　是利用外界加入消泡剂，使泡沫破裂的方法。使用消泡剂须避免对微生物细胞产生毒性，同时也须考虑对下游产品质量或分离提取过程的影响。当泡沫的表层存在着由极性的表面活性物质形成的双电层时，可以加入另一种具有相反电荷的表面活性剂，以降低泡沫的机械强度或加入某些具有强极性的物质与发泡剂争夺液膜上的空间，降低液膜强度，使泡沫破裂。当泡沫的液膜具有较大的表面黏度时，可以加入某些分子内聚力较小的物质，以降低液膜的表面黏度，使液膜的液体流失，导致泡沫破裂。消泡剂的作用，或是降低泡沫液膜的机械强度，或是降低液膜的表面黏度，或兼有二者的作用，达到破裂泡沫的目的。消泡剂都是表面活性剂，具有较低的表面张力，如聚氧乙烯氧丙烯甘油（GPE）等。作为生物工业理想的消泡剂，应具备下列条件：①应该在气-液界面上具有足够大的铺展系数，才能迅速发挥消泡作用，这就要求消泡剂有一定的亲水性；②应该在低浓度时具有消泡活性；③应该具有持久的消泡或抑泡性能，以防止形成新的泡沫；④应该对微生物、人类和动物无毒性；⑤应该对产物的提取不产生任何影响；⑥不会在使用、运输中引起任何危害；⑦来源方便，成本低；⑧应该对氧传递不产生影响；⑨能耐高温灭菌。

常用的消泡剂主要有天然油脂类、脂肪酸和酯类油酯类、聚醚类及硅酮类 4 类。其中以天然油脂类和聚醚类在培养中最为常用。天然油脂类中有豆油、玉米油、棉籽油、菜籽油和猪油等。油不仅用作消泡剂，还可作为碳源和控制的手段，它们的消泡能力和对产物合成的影响也不相同。油的质量还会影响消泡效果，碘值（表示油分子结构中含有不饱和键的多少）或酸值高的油脂，消泡能力差并产生不良的影响。所以，要控制油的质量，并要进行培养试验检验。油的新鲜程度也有影响，油越新鲜，所含的天然抗氧化剂越多，形成过氧化物的机会少，酸值也低，消泡能力强，副作用也小。植物油与铁离子接触能与氧形成过氧化物，故要注意油的贮存保管。聚醚类消泡剂的品种很多，它们是氧化丙烯或氧化丙烯和环氧乙烷与甘油聚合而成的聚合物。氧化丙烯与甘油聚合而成的，称为聚氧丙烯甘油（简称 GP 型）；氧化丙烯、环氧乙烷与甘油聚合而成的，称为聚氧乙烯氧丙烯甘油（简称 GPE 型），又称泡敌。GP 的亲水性差，在发泡介质中的溶解度小，所以用于稀薄培养液中要比用于黏稠培养液中的效果好。其抑泡性能比消泡性能好，适宜用于基础培养基中，以抑制泡沫的产生。GPE 的亲水性好，在发泡介质中易铺展，消泡能力强，作用又快，而溶解度相应也大，所以消泡活性维持时间短。因此，用于黏稠培养液的效果比用于稀薄的好。应结合具体产品发酵试验，验证上述各种消泡剂的消泡效果，以获得良好的消泡作用。消泡剂多数是溶解度小、分散性不十分好的高（大）分子化合物，所以在使用时，要考虑如何降低它的黏度和提高它的分散性，来增强它们的消泡效果。使用的增效方法有：①加载体增效，即用惰性载体（如矿物油、植物油等）使消泡剂溶解分散，达到增效的目的；②消泡剂并用增效，取各种消泡剂的优点进行互补，达到增效；③乳化消泡剂增效，用乳化剂（或分散剂）将消泡剂制成乳剂，以提高分散能力，增强消泡效力，一般只适用于亲水性差的消泡剂。在生产过程中，消泡的效果除了与消泡剂种类、性质、分子质量大小、消泡剂亲油亲水基团等密切相关外，还和消泡剂使用时加入方法、使用浓度、温度等有很大的关系。消泡剂的选择和实际使用还有许多问题，应结合生产实际加以注意和解决。

二、微藻异养生长特征

表 2-1 列出了已报道的一些微藻异养培养的生长动力学与化学计量速率数据。需注意的是，比生长速率较慢的微藻是否具有商业化潜力，最终决定因素是培养成本，比生长速率低，获得一定量的生物质需要更长的培养周期，培养周期的延长会给能耗、人工等成本造成较大影响。表中最大比生长速率 μ_{max} 高于 0.09/h 的异养生长快速的藻株有普通小球藻 *C. vulgaris*、菱形藻 *Nitzschia lba* 与左氏原孢囊藻 *Prototheca zopfii*。嗜硫原始红藻 *Galdieria sutphuraria*、纤细裸藻 *Euglena gracilis*、尖细栅藻 *Scenedesmus acturs* 以及裂殖壶藻 *Schizochytrium sp.* 的比生长速率稍慢，对应的细胞分裂时间 7~15h。以葡萄糖为碳源时，小球藻因藻种与培养条件如温度、pH 与溶解氧水平等的不同，比生长速率明显不同。眼点拟微绿球藻与盐生杜氏藻虽然可异养培养，但比生长速率过慢而不具实际应用价值。

三、搅拌式发酵罐微藻培养

目前，用微藻异养培养的商业化生产中使用的培养装置为与细菌或真菌生产类似的发酵罐。传统发酵罐除了没有光照外，结构上类似搅拌式光生物反应器，在罐体底部安装监测溶解氧、pH 以及温度的电极，同时配有动态调整以上三个参数的管路，可查阅《发酵工程设备》等教材中讲解发酵罐结构的章节进一步学习。微藻在不锈钢搅拌式发酵罐中培养，摆脱了开放式或半开放式培养对太阳光的依赖，即培养过程不受气候的限制。因培养密度较高，培养周期缩短，生产效率大幅提高，降低了采收成本。微藻异养培养相比开放式培养大幅降低了对土地的需求，且厂房内生产，容易满足 GMP 等生产规范的要求。发酵罐内培养液能够实现完全灭菌。微藻异养培养的藻种须为纯种，且须具有一定的流体或机械剪切力耐受能力。发酵罐与搅拌式光生物反应器的差别主要在于较为复杂的补料系统、空气净化以及蒸汽灭菌系统等，使得发酵罐的制造成本高于搅拌式光生物反应器。高密度培养有时会导致培养液黏度增加造成流变学方面的障碍。有些代谢物分泌到胞外会在培养液中积累，抑制微藻细胞的生长，有些代谢物还会导致微藻细胞聚集与黏附于管壁、叶轮等部位。此外微藻异养培养液中含有高含量的糖、蛋白胨、维生素、氨基酸等有机物，发酵过程须严格控制以防染菌导致培养失败。获得微藻纯系培养物，即培养液中除目标藻细胞外不含其他种类的微生物，对于成功进行微藻的异养培养至关重要。获取纯系藻株的方法较多，如离心法、抗生素法等，藻类的纯种分离方法将在后续章节中单独介绍。微藻的元素组成比例通常是以雷德菲尔德化学计量比（Red field ratio）为基础，即 $C_{106}N_{16}P_1$。异养普通小球藻的元素比例为 $C_{3.96}H_{7.9}O_{1.875}N_{0.685}P_{0.0539}K_{0.036}Mg_{0.012}$，这个比例与以获取最大生物质产量为目的的优化实验获得的培养液矿质元素的比例接近。微藻细胞内蛋白质、脂类与碳水化合物等大分子均以碳原子为基本骨架，与氧原子、氢原子及氮原子按比例组成。通常能够保证微藻异养生长良好的培养液中以上元素的含量远高于微藻细胞化学计量含量。微藻异养培养中葡萄糖与乙酸可为微藻提供足够的碳骨架与能量。葡萄糖用于微藻异养生产高附加值化合物，其过程需要具有可重复性，以获得药品生产的潜在监管批准。硝酸根、铵根或尿素是微藻异养培养中常用的氮源，蛋白胨、甘氨酸或酵母提取物也是非常有效的有机氮源。

表 2-1　一些微藻异养培养的生长动力学与化学计量速率数据

藻种	类型	μ_{max}/(/h)	$Y_{x/s}$/(gCDW/g)	T/℃	pH	碳源	S_{inhib}	产物
普通小球藻 C. vulgaris	P/H	0.180	0.55~0.69	36	6.0~7.5	葡萄糖（乙酸，谷氨酸，乳酸）	NA	细胞生物质
寇氏隐甲藻 Crypthecodinium cohnii	H	0.089	0.56	25	7.2	葡萄糖（乙酸），乙酸，乳酸	>20	DHA
杜氏藻 Dunaliella sp.	P/H	<0.01	NA	26	7.5~8.3	葡萄糖，谷氨酸，甘油	NA	生物质，β-胡萝卜素
纤细裸藻 Euglena gracilis	P/H	0.045	0.43	25	2.8~3.5	葡萄糖（乙酸，丙氨酸，天冬氨酸，天冬酰胺，乙醇，谷氨酸）	NA	生物质，α-生育酚，β-1,3-葡聚糖
嗜硫原始红藻 Galdieria sulphuraria	P/H	0.045~0.048	0.48~0.50	42	2	甜菜糖蜜（果糖，蔗糖），葡萄糖	>200 >350	藻青蛋白
眼点拟微绿球藻 Nannochloropsis oculata	P/H	<0.007	NA	26	7.5~8.3	葡萄糖（乙醇）	NA	生物质，EPA
菱形藻 Nitzschia alba	H	0.106	NA	30	NA	乳酸，琥珀酸，葡萄糖，谷氨酸	NA	生物质，EPA

续表

藻种	类型	μ_{max}/(/h)	$Y_{x/s}$/(gCDW/g)	T/℃	pH	碳源	S_{inhib}	产物
菱形藻 Nitzschia laevis	H	0.017	0.44	20	8.2	乙酸,葡萄糖	NA	EPA
左氏原孢囊藻 Prototheca zopfii	H	0.330	0.81	21	7.2	葡萄糖(乙酸)	NA	抗坏血酸
尖细栅藻 Scenedesmus actus	P/H	0.040	NA	30	6	葡萄糖	>1	生物质
裂殖壶藻 Schizochytrium sp.	H	0.071	0.42	27	7	葡萄糖	>200	PUFA (DHA, GLA)
四引藻 Tetraselmis sueica	P/H	0.028	0.41	25	7.5	乙酸(葡萄糖,谷氨酸,乳酸)	NA	脂类,PUFA n−3HUFA

注:μ_{max} 为最大比生长速率;$Y_{x/s}$ 为给定温度下分批培养的生物质产量与碳源之比(单位碳源生产的细胞干重,gCDW/g);S_{inhib} 为比生长速率或生物质产量开始降低时的底物浓度;H 为异养培养,P 为光自养培养,NA 为无相关数据。

资料来源:Khan M. Recent Advances in Microalgal Biotechnology. OMICS Group eBooks. 2016, 1−17。

四、微藻异养培养中常用的有机碳氮源

微藻对有机碳氮源的利用依赖于细胞膜上须存在转运特定有机物分子进入细胞的转运蛋白，且须具有较高的转运效率。如莱茵衣藻的葡萄糖转运蛋白在 5mg/L 的葡萄糖结合位点便被饱和，因此，尽管许多微藻基因组中存在糖转运蛋白，但基因的表达水平也是一个限制因素，过低的表达水平或不完整的代谢途径不足以支持有机碳源的快速利用和微藻细胞的快速生长繁殖；或这些基因由于选择压力在进化中失去了表达能力，因为光合生长下无需能量便可获取可自由扩散跨膜的二氧化碳，而吸收利用有机碳源则需要消耗 ATP。甘油是唯一可以通过扩散进入细胞的有机碳源，甘油在海洋或盐湖生长的盐藻细胞内起到调节渗透压的作用。对于多数微藻而言，葡萄糖通常是最佳的有机碳源。利用葡萄糖的 EMP 一直处于表达状态，并与糖异生以及淀粉合成途径相关联，有研究表明，微藻培养液中葡萄糖存在时会抑制其他糖类的吸收，外源葡萄糖经转运蛋白进入细胞后被磷酸化，后进入 EMP 途径或磷酸戊糖途径或 ED 途径。微藻对葡萄糖的利用机制相对复杂，如莱茵衣藻中 EMP 途径的酶分别处于不同的区间中，葡萄糖转化为三磷酸甘油醛的酶催化步骤位于质体中，而磷酸甘油醛转化为丙酮酸的催化反应位于细胞质中，此步反应产生的 ATP 可以直接为鞭毛运动提供能量。磷酸戊糖途径与卡尔文循环的酶类均位于质体中，可为核酸与脂肪酸合成提供前体物。EMP 途径主要在有光存在的情况下转化葡萄糖，磷酸戊糖途径在有光环境时活性较低，而在无光环境中 EMP 途径关键酶活性降低，磷酸戊糖途径主要起到转化葡萄糖的作用。磷酸甘油醛等糖的衍生物在细胞内不同区间的转运依赖于质体膜上存在的转运蛋白或离子通道等。丙酮酸的下游分配取决于细胞的氧化还原势能，在有氧环境下，葡萄糖经 EMP 途径、丙酮酸氧化、三羧酸循环与氧化磷酸化产生 ATP；在无氧环境下，丙酮酸主要被氧化为乙酸。乙酸也是微藻异养培养与混合营养培养中常使用的有机碳源。乙酸主要通过需要 ATP 的一元羧酸或质子转运蛋白进行跨膜转运，进入细胞后转化为乙酰辅酶 A。乙酰辅酶 A 合成酶存在于细胞质、叶绿体与线粒体中，磷酸转乙酰酶/乙酸激酶可催化乙酸与乙酰辅酶 A 相互转化，通过调控乙酰辅酶 A 的水平控制脂肪酸的合成。乙酰辅酶 A 也可通过位于细胞质的乙醛酸循环或进入线粒体参与三羧酸循环与氧化磷酸化过程。乙醛酸循环对外源碳源的利用更加高效，降低二氧化碳的释放，产生琥珀酸、延胡索酸、苹果酸以及草酰乙酸。草酰乙酸可被转化为磷酸烯醇式丙酮酸，通过糖异生途径合成葡萄糖。随着生物柴油产业的发展，作为副产物的甘油大量产生。甘油可通过被动扩散跨越细胞质膜的阻碍，随后在甘油激酶的催化下生成三磷酸甘油醛或甘油酸，而后进入 EMP 途径后进一步生成丙酮酸进入 TCA 循环。

五、微藻异养培养优点与发展

在微藻异养具有高生物质产量的情况下，微藻异养相比光合自养或混合营养具有明显的优势。微藻异养可直接使用传统微生物发酵工业使用的发酵设备，可根据需要配备光照等部件。传统的发酵装置已经有很长的使用历史，技术上比较成熟，供应商多采购方便，配套的 PLC 控制系统与软件资源丰富，操作成本相比光生物反应器也较低。采用异养培养的另一个显著优势在于大幅降低微藻细胞的采收成本。在光合自养培养中生物质含量低，通常需要使用沉降与离心方式去除大量的培养液，过程中消耗大量的电能与人力，导致采收成本能占到总生产成本的约 30%。微藻异养培养的生物质产量通常是光合自养培养的几十至上百倍，大幅提高了采收效率，降低采收成本。微藻异养培养的优点总结如下：

①较高的生长速率，培养周期大幅缩短，微藻细胞密度较高，生物质产量较高。
②异养培养下碳源充足，相比光合自养培养，异养培养下微藻油脂含量通常较高。
③土地占用相比光合自养培养大幅降低，节约土地资源，降低建设成本。
④微藻异养培养使用的培养装置技术相对成熟，相比光生物反应器具有较低的价格。
⑤培养放大理论参考数据较多，放大实验更易达到培养目标。
⑥通过控制培养基的组成影响微藻细胞的营养组成更容易达到，代谢途径的干预更加可控。
⑦可使用食品或其他工业产生的高有机废水，达到资源回收、节约成本以及保护环境的目的。

目前，可进行高效异养培养的微藻依然较少，如盐生杜氏藻与雨生红球藻等色素生产藻类，未来使用基因编辑等技术改造微藻代谢途径提高其异养营养效率，或使用合成生物学手段在微藻底盘细胞基础上构建生产特定目标产物的高效异养营养藻株，为微藻异养培养生产提供了前景。近十年，微生物技术取得了一些进步，许多微藻的基因组已经测序完成，基因组操作与遗传工程技术在一些种类的微藻中也已有报道，如通过遗传工程手段在三角褐指藻细胞内表达使人红细胞己糖转运蛋白后具有了吸收利用外源葡萄糖进行异养营养的能力。也有研究将凯氏小球藻（C. kessleri）的己糖转运蛋白 hup1 基因在莱茵衣藻细胞中表达，而使得莱茵衣藻具备了黑暗中利用葡萄糖进行异养营养的能力。微藻异养营养需要转运蛋白与高效糖代谢途径的存在。目前已经在多种微藻中鉴定到了糖转运蛋白，为异养营养基因工程藻株构建创造了条件。微藻异养培养需要对培养液进行高压蒸汽灭菌，异养培养的培养液经常含有酵母粉等有机氮源，以上两个方面是造成异养培养成本上升的主要原因。因培养液中含有高浓度的有机碳氮源，异养培养过程控制，尤其是对外源微生物污染风险的控制比光合自养培养要严格许多，要求更加严谨的生产过程。过量的有机碳氮源容易抑制微藻细胞的生长。在传统发酵罐中异养培养微藻通常无光照存在，因此对于一些需要光的诱导才能合成的代谢物，由于微藻异养培养浓度一般较高，限制了光在培养液中的传递，通常采用两步法，即首先在无光异养培养发酵罐中获得高浓度的生物质，然后稀释细胞后施加光源诱导目标代谢物的合成积累。

六、常见的微藻异养培养产品

微藻培养主要目的是扩增微藻细胞获得生物质，或使细胞合成积累目标代谢物。微藻可用于多个工农业领域，如可用于食品、化妆品、动物饲料或水生动物饵料领域，也用于农作物肥料、环境治理以及生物柴油等领域。目前，微藻培养主要以获得微藻细胞生物质或油脂、碳水化合物及色素等代谢物为目的。

（一）油脂

基于油脂功能的不同，微藻细胞内的油脂可分为两类，一类是组成细胞结构的油脂，可称为结构性油脂；另一类是细胞储存的碳源能量，可称为储存性油脂。结构性油脂中含量最丰富的为磷脂，约占总结构性油脂的20%，存在于除叶绿体膜外的细胞器膜结构中，是细胞质膜等的主要油脂种类。结构性油脂的另一主要类别为糖脂，糖脂是叶绿体膜的主要组成部分。甜菜碱与鲨烯是某些微藻细胞中存在的结构性油脂。储存性油脂是可再生能源微藻柴油开发中主要关注的油脂。储存性油脂主要为一些非极性糖脂或中性脂。甘油三酯是微藻细胞内最常见的中性脂，经常在微藻受到环境胁迫时在细胞内合成积累，以备环境条件好转后快速为细胞器的合成提供能量与结构性油脂。产油微藻通常不积累碳水化合物,多是眼点藻纲(Eustigmatophyceae)与硅藻纲微藻,多是海洋藻类。绿藻中的海洋藻类也多积累油脂,如拟微球藻、海洋小球藻、盐藻、紫球藻、等鞭金藻、扁藻、三角褐指藻与裂殖壶菌藻,油脂含量通常在20%~50%,相比黄豆(油脂含量约20%)等经济作物,微藻含有较高水平的油脂含量,目前生产效率与生产成本是微藻生产油脂可行性的主要限制因素,开发微藻的低成本高密度培养技术与低成本细胞采收技术是微藻油脂生产必须解决的技术与经济问题。油脂与碳水化合物的合成具有相同的前体,目前对微藻细胞内油脂与碳水化合物之间的代谢流通路的调控机制了解还比较少。淀粉是微藻最初级的储存性产物,可来自光合作用或吸收同化的有机碳源,光合作用产生的淀粉主要储存于叶绿体中,为微藻生长与黑暗环境中维持细胞活性提供能量。产油微藻在营养缺乏胁迫的初期也是先积累淀粉后转入油脂的合成积累。营养缺乏主要是指氮源缺乏,直接抑制微藻细胞蛋白质的合成进而阻止细胞分裂,细胞同化的碳源除转化为能量维持代谢活动外,其他全部转化为储存性油脂等,以备在营养条件向好时为细胞分裂等代谢活动提供足够的能量与碳骨架。油脂是有机大分子中碳原子还原程度最高的,油脂合成需要的能量也是最高的,一分子碳进入油脂需要的能量高出进入碳水化合物的53%,油脂分解时释放的能量也高于碳水化合物,因此许多微藻更倾向于合成能量密度大的油脂分子。小球藻属的微藻是异养培养生产油脂的主要藻株。原始小球藻已经实现了 $11m^3$ 发酵罐规模的培养,生物质产量达到了14.2g/L,油脂含量达到了44.3%。表2-2列出了微藻异养培养生产油脂的报道数据。

不饱和脂肪酸是目前微藻异养培养生产中商业化成功的案例。微藻中脂肪酸碳链的长度与不饱和键数目即不饱和度相比高等植物的脂肪酸往往较高,主要是由微藻的生长环境导致的。因包括人类在内的高等动物细胞没有合成α-亚麻酸或顺式亚麻酸的相关酶,不能合成ω-3与ω-6多不饱和脂肪酸等,须从食物中摄取此类不饱和脂肪酸,人类自身转化α-亚麻酸(ALA)或顺式亚麻酸(LA)生成多不饱和脂肪酸的效率非常低,男性转化α-亚麻酸生成EPA的效率约在8%,而女性转化α-亚麻酸生成EPA的效率约在21%,用来满足婴儿乳汁中多不饱和脂肪酸的供应。一些食品如婴幼儿乳粉中通常加入ALA、EPA或DHA等不饱和脂肪酸作为营养强化剂,每天建议最低摄入量为250mg。必需脂肪酸是类花生酸类物质等信号分子的前体分子,类花生酸类物质包括血栓素、前列腺素与环前列腺素等,参与机体平衡与炎症反应等生理过程。补充DHA等多不饱和脂肪酸对于预防心血管疾病,降低血液胆固醇,对低度系统炎症如冠心病、脑卒中、糖尿病、高血压、肿瘤、抑郁症、精神分裂症以及阿尔茨海默病有一定缓解作用。DHA对于婴儿神经与大脑发育非常重要,因此DHA是幼儿乳粉与孕妇健康饮品的常见营养强化剂。许多植物油脂,如大豆油、芥子油、葵花籽油以及一些坚果如核桃与葵花籽,全谷类,蛋类与禽肉是日常必需脂肪酸的主要来源。目前,市场上的不饱和脂肪酸主要来自深海鱼油或微藻。微藻多不饱和脂肪酸具有没有汞元素等重金属污染风险且不会导致过度捕捞等优点而得到越来越多的使用。一些海洋微藻可合成积累高水平的多不饱和脂肪酸(表2-3),合成积累多不饱和脂肪酸的海洋微藻主要是破囊壶菌纲微藻,包括裂殖壶藻、破囊壶藻,可以积累50%以上的油脂,油脂中可达90%以上为多不饱和脂肪酸组成。破囊壶藻在进化中通过内共生过程,即胞吞作用摄入了光合微生物,形成叶绿体结构,后又在进化中丢失了光合作用相关结构,留存了一个没有光合能力,但保留了不饱和脂肪酸合成能力的叶绿体。目前,微藻DHA商业化生产中主要采用的是破囊壶藻纲裂殖壶藻属的微藻。裂殖壶藻属微藻异养培养细胞密度高;多不饱和脂肪占总脂肪酸的比例高；脂肪酸主要存储于甘油三酯储存性油脂中，而不是细胞质中磷脂分子中；对发酵罐中机械或气体产生的剪切力不敏感；因其为海洋微藻，故可耐受一定的盐度。除裂殖壶藻外，微藻 DHA 商业生产中常使用的微藻还有隐甲藻属的微藻，如寇氏隐甲藻。

表 2-2　　　　　　　　　　　　　　微藻异养培养生产油脂

微藻	培养模式/碳源	油脂含量	油脂产率
富油新绿藻 Neochloris oleoabundans UTEX 1185	分批补料，氮限制，葡萄糖	53.8%	1.9g/(L·d)
原始小球藻 C. protothecoides UTEX 25	分批补料，纯甘油	36%	1.18g/(L·d)
	半连续，纯甘油	50%	4.3g/(L·d)
原始小球藻 C. protothecoides UTEX 256	分批，无蛋白乳清	42%	
	分批补料，无蛋白乳清	20%	
	同步糖化发酵，无蛋白乳清	50%	
原始小球藻 C. protothecoides	分批补料，甘蔗渣水解液	53%	
	分批，甜高粱汁	52.5%	0.59g/(L·d)
原始小球藻 C. protothecoides sp. 0710	分批补料，同步糖化发酵，木薯淀粉	54.6%	
嗜糖小球藻 C. saccharophila UTEX 247	分批，葡萄糖	54%	
原始小球藻 C. protothecoides UTEX 256	分批补料，纯甘油	23g/L	2.8g/(L·d)
	分批补料，生物柴油产粗甘油	24.6g/L	2.99g/(L·d)
	分批，洋姜水解物	46%	1.6g/(L·d)
原始小球藻 C. protothecoides	分批，糖蜜水解物	57.6%	
	分批，葡萄糖	57.8%	
	分批，玉米粉水解物	55%	
普通小球藻 C. vulgaris NIES-227	分批，葡萄糖，氮源不足	89%	0.13g/(L·d)
普通小球藻 C. vulgaris CCTCC M209256	分批，提取过油脂的微藻残渣水解液	35%	0.12g/(L·d)
小球藻 C. sp.	分批，糖蜜水解物，提取过油脂的微藻残渣水解液	45%	0.34g/(L·d)
原始小球藻 C. protothecoides	分批补料，甘蔗渣水解物	34%	1.19g/(L·d)
斜生栅藻 Scenedesmus obliquus NIES-2280	分批，乙酸，氮源不足	47%	56mg/(L·d)
普通小球藻 C. vulgaris NIES-227	分批，乙酸，氮源不足	56%	66mg/(L·d)
普通小球藻 C. vulgaris #259	分批，乙酸，氮源不足	36%	29mg/(L·d)
	分批，葡萄糖	23%	35mg/(L·d)
	分批，甘油	34%	31mg/(L·d)

续表

微藻	培养模式/碳源	油脂含量	油脂产率
克氏小球藻 C. kessleri CGMCC No.4917	分批，甘油	47.67%	
单针藻 Monoraphidium sp. QLY-1	分批，葡萄糖，氯化钠，甜菜碱	48.54%	

资料来源：Nagarajan D. Green Energy and Technology. Springer, 2018：117-160。

表2-3　　　　　　　　　　　微藻异养培养生产不饱和脂肪酸

微藻	培养模式/碳源	不饱和脂肪酸含量	不饱和脂肪酸产率
纹状破囊壶藻 Thraustochytrium striatum KF9	分批，60g/L 葡萄糖 分批，10g/L 豆粕水解液	EPA 23.3% EPA 1.7% TFA	
吾肯氏壶藻 Ulkenia sp. KF13	分批，60g/L 葡萄糖 分批，10g/L 豆粕水解液	EPA 1.7% TFA EPA 1.3% TFA	
单胞藻 Monodus subterraneus UTEX 151	分批，60g/L 葡萄糖	EPA 3.8% TFA	96.3mg/L
三角褐指藻 Phaeodactylum tricornutum UTEX 642	分批，60g/L 葡萄糖	EPA 2.2% TFA	43.4mg/L
极微小球藻 C. minutissima UTEX 2341	分批，60g/L 葡萄糖	EPA 3.7% TFA	36.7mg/L
紫球藻 Porphyridium cruentum UTEX 161	分批，60g/L 葡萄糖	EPA 1.9% TFA	17.9mg/L
微拟球藻 Nannochloropsis sp.	分批，30mmol/L 葡萄糖 分批，30mmol/L 乙醇	EPA 3.1% TFA EPA 3.8% TFA	10.1mg/L 10.1mg/L
盐生微拟球藻 Nannochloropsis salina	分批，8g/L 葡萄糖，1.46g/L 乙酸钠	30.54%	
菱形藻 Nitzschia laevis 2047	分批，10g/L 葡萄糖 灌流，50g/L 葡萄糖	EPA 1.7% TFA EPA 2.84%TFA	0.017g/g DW
寇氏隐甲藻 Crypthecodinium cohnii ATCC 30772	分批，7%菜粕水解物，1%~9%糖蜜 分批补料，50%葡萄糖 分批补料，50%乙酸	DHA 22%~34%	8.72mg/L 1.7g/L 8g/L
寇氏隐甲藻 Crypthecodinium cohnii CCMP 316	分批补料，角豆树浆糖浆	DHA，4.4% TFA	1.9g/L
裂殖壶藻 Schizochytrium sp. KH105	分批，80g/L 葡萄糖，酒厂废水 2g/L 总氮		3.4g/L
红树林裂殖壶藻 Schizochytrium mangrovei Sk-02	分批，60g/L 葡萄糖，椰汁	DHA，20.7% TFA	5.7g/L

续表

微藻	培养模式/碳源	不饱和脂肪酸含量	不饱和脂肪酸产率
黏液裂殖壶藻 Schizochytrium limacinum SR21	连续，90g/L 粗甘油，5g/L 玉米浆	148.2mg/g 生物质	90g/L
裂殖壶藻 Schizochytrium sp. CCTCC M209059	分批，40g/L 葡萄糖	DHA，42.1% TFA	0.12g/g
裂殖壶藻 Schizochytrium sp. HX-308 M，mutant	分批，40g/L 葡萄糖	DHA，58.25% TFA	0.23g/g
破囊壶藻 Thraustochytriidae sp. AS4-A1	分批，食品工业废液（薯条与啤酒加工废液），补充氮源	DHA，10%~24% TFA	（2698±132）mg/L
裂殖壶藻 Aurantiochytrium sp. KRS101	分批补料，60g/L 葡萄糖，10g/L 玉米浆	DHA，40% TFA	8.8g/L
裂殖壶藻	分批，葡萄糖	DHA，50% TFA	1.12g/L
Aurantiochytrium sp. SW1	分批，60g/L 葡萄糖	DHA，47.87% TFA	4.5g/L
破囊壶藻 Thraustochytrium sp. ONCT18	分批，5g/L 葡萄糖	DHA 31.4%生物质	4.6g/L

资料来源：Nagarajan D. Green Energy and Technology. Springer，2018：117-160。

（二）碳水化合物

微藻细胞中碳水化合物分为两类，一类是细胞壁结构性成分细胞壁，多数由纤维素与半纤维素组成，微藻细胞壁缺乏高等植物中的木质素成分；另一类是储存性碳水化合物，如淀粉与糖原等。不像大型藻类中含有的葡聚糖或硫酸基多糖，如大型绿藻含有的石莼聚糖，红藻含有的琼脂、琼脂糖、琼脂胶、卡拉胶，大型褐藻含有的海带多糖、岩藻多糖、甘露醇以及海藻酸等，微藻细胞内的碳水化合物主要是淀粉或糖原。微藻中的一些绿藻可积累20%~70%的碳水化合物。微藻中碳水化合物的积累通常需要营养缺乏等逆境条件的诱导，硫元素的缺乏对微藻碳水化合物积累的诱导效率较高。产油微藻富油新绿藻（*Neochloris oleoabundans* UTEX 1185）在葡萄糖作为碳源异养培养时，在氮缺乏时与较高的碳氮比时主要积累油脂，油脂含量达到52%，而在同样的碳氮比，间断补充氮源的培养条件下则主要积累碳水化合物，淀粉含量达细胞干重的54%。有报道表明，普通小球藻与索罗金小球藻在葡萄糖为碳源，与植物生长促进菌巴西固氮螺菌（*Azospirillum brasilense*）共培养时可积累高含量的淀粉。在异养培养条件下一些微藻会分泌胞外多糖，主要保护微藻细胞免受不利环境伤害。

（三）色素

除油脂外，色素是微藻细胞另一种具有特殊商业价值的代谢物。色素是光合系统的组成部分，光合作用中发挥主要功能的色素为叶绿素，普遍存在于藻类与高等植物光合系统中。除叶绿素外的色素通常称为辅助色素，如类胡萝卜素等，主要起到捕获光能或避免光能过剩与光抑制现象的功能。类胡萝卜素是一类40碳四萜类亲脂性化合物，带有延伸的共轭双键与末端π电子，发挥光能吸收与抗氧化功能。类胡萝卜素的多样性主要由共轭双键的位置与数目、碳骨架上氧原子的存在位置以及碳链末端环化结构决定。不含氧原子的类胡萝卜素称为胡萝卜素类，存在氧原子的类胡萝卜素称为叶黄素类。类胡萝卜素对于动物的健康非常重要，但动物自身不具备合成类胡萝卜素的能力，完全依赖于食物摄入。因此，类胡萝卜素也是一种重要的营养补充剂，具有抗氧化、抗衰老、抗炎等功能。微藻来源的类胡萝卜素是市场上最受欢迎的类胡萝卜素来源，相比化学合成色素，微藻来源的天然色素具有构型上的优势，如化学合成的多为反式结构，而微藻来源的类胡萝卜素多为抗氧化还原能力较强的顺式结构。目前，微藻色素产品主要有来源于雨生红球藻的虾青素与来源于盐生杜氏藻的 β-胡萝卜素。虾青素是重要的水产饵料与人类食品营养强化剂，有助于鱼类与虾类的粉红色泽形成与人体健康。使用乙酸等有机物作为碳源进行雨生红球藻的异养培养生产虾青素的工业规模生产已出现。佐芬根小球藻是另一种有希望用作虾青素生产的微藻。叶黄素与玉米黄质对于动物眼睛的健康非常重要，保护眼睛免受蓝光损害，提高视觉灵敏度。有研究表明，膳食中添加叶黄素可延缓老年黄斑变性。万寿菊是天然叶黄素的一大来源，但万寿菊花瓣产量较低且采收与加工过程需大量人力。一些小球藻属的微藻异养培养在生产叶黄素方面展现了良好前景。光合色素主要作为微藻细胞的一种抗逆反应，达到使微藻细胞免受过量光照等环境因子损害的目的，因此异养培养中通常需要使用一些色素合成诱导剂等代替强光照达到促进微藻细胞色素合成与积累的目的。如雨生红球藻发酵生产虾青素，常使用亚铁离子诱导雨生红球藻细胞积累虾青素。色素合成诱导剂通常是一些产生氧化胁迫的分子，如亚铁离子可通过芬顿（Fentons）反应生成活性氧自由基，次氯酸钠、过氧化氢、过氧亚硝基以及硝基氯均可产生活性氧分子或活性氮分子，甲基紫精与盐胁迫也有被用作微藻色素诱导的报道。

藻青蛋白是一类存在于蓝藻与红藻光合系统中的蛋白质，在生物医疗领域用作定量分析生化试剂。藻青蛋白因可吸收 620nm 波长附近的橙光与红光，释放 650nm 波长的荧光而主要用于免疫分析中。目前，从蓝藻中的螺旋藻中分离纯化是藻青蛋白的主要来源。温泉红藻 *Galdieria sulphuraria* 细胞膜上具有多达 30 种的糖类或糖醇类转运蛋白，展现了非常有潜力的异养培养生产藻青蛋白前景。表 2-4 列出了微藻异养培养生产色素的报道数据。

表 2-4　　　　　　　　　　　　微藻异养培养生产色素

微藻	色素种类	培养模式/碳源	色素含量
原始小球藻 *C. protothecoides* CS-41	叶黄素	分批，基础培养基，9g/L 葡萄糖	16mg/L，4.6mg/g
		分批，Kuhl 培养基，6g/L 葡萄糖	14.8mg/L，4.4mg/g
		分批，基础培养基，36g/L 葡萄糖	66.3mg/L，4.9mg/g
		分批，40g/L 葡萄糖，尿素 1.7g/L	4.58mg/g，83.81g/L
		分批补料，40g/L 葡萄糖，3.6g/L 尿素	5.35mg/g，209mg/L
蛋白核小球藻 *C. pyrenoidosa* 15-2070	叶黄素	分批补料，初始 10g/L 葡萄糖，400g/L 葡萄糖补料	178mg/L
		分批，40g/L 葡萄糖	2.5mg/g
原始小球藻 *C. protothecoides* UTEX 29	叶黄素	分批，葡萄糖，次氯酸钠、过氧化氢、亚铁离子诱导	1.98mg/g，31.4mg/L

续表

微藻	色素种类	培养模式/碳源	色素含量
雨生红球藻 Haematococcus pluvialis Flotow NIES-144	虾青素	分批，NaCl 胁迫，45mmol/L 乙酸	30pg/细胞（9 μg/mL）
佐根芬色绿球藻 C. zofingiensis ATCC 30412	虾青素	分批，50g/L 葡萄糖	10.3mg/L
		分批，30g/L 葡萄糖，10mmol/L H_2O_2，0.5mmol/L NaClO	12.58mg/L
		分批，30g/L 葡萄糖，1mmol/L 过氧亚硝基	11.78mg/L
		分批，30g/L 葡萄糖，硝酰氯	10.99mg/L
		分批，30g/L 糖蜜	1mg/g
佐根芬色绿球藻 C. zofingensis Mutant E17	虾青素	分批，20g/L 葡萄糖	1.21mg/g
		分批，20g/L 果糖	1.17mg/g
		分批，20g/L 蔗糖	1.23mg/g
		分批，20g/L 混合糖	1.18mg/g
绿球藻 Chlorococcum sp.	虾青素	分批，44g/L 葡萄糖，0.1mmol/L H_2O_2	1.8mg/g
红藻 Galdieria sulphuraria 074G	藻蓝素	分批，7.5g/L 糖蜜，44g/L 葡萄糖	11.2mg/g
		甜菜糖蜜蔗糖 50g/L，总糖 750g/L	350mg/L
		分批，葡萄糖，果糖，甘油 5g/L	2~4mg/g
		分批，葡萄糖，果糖，甘油 5g/L，碳源不足，氮源充足	8~12mg/g
		分批，葡萄糖 5g/L	18mg/g
		分批，厨余垃圾，葡萄糖 5g/L	20mg/g
		分批，烘烤店废液，葡萄糖 5g/L	21.8mg/g

资料来源：Nagarajan D. Green Energy and Technology. Springer，2018：117-160。

第四节 微藻的采收技术

在现实的微藻生物质生产与加工过程中依然存在许多问题，尤其是经济成本问题。微藻生物质生产与加工主要包括培养、生物质采收、产物分离提取以及产品加工生产等过程。微藻生物质采收是将微藻细胞从培养液中分离浓缩的过程。采收方法在很大程度上取决于微藻细胞形态、微藻细胞密度和大小、最终产品规格以及培养基的可重用性。在传统的光自养微藻培养中，因微藻光自养极低的培养密度，通常微藻细胞干物质 0.2~0.5g/L，微藻细胞体积较小，通常小于30μm，一些微藻细胞与培养基的密度差异较小，微藻细胞表面的负电荷导致的静电排斥（ζ电位），均使得采收过程成为微藻培养生产中比较重要的一环。在传统的光自养培养中，粗略估计微藻采收成本可占总生产成本的30%左右，生物质采收与脱水干燥设备成本可占到总成本的90%以上。因此，开发经济高效的微藻采收技术是微藻柴油等技术发展的关键因素之一。

目前，微藻采收主要有基于机械、化学、生物和电荷的技术，包括重力沉降、絮凝、浮选、离心、过滤或以上几种技术的组合。重力沉降法是最简单与成本最低的采收方法，但采收效率低，沉降过程时间长，容易导致生物质降解，限制了其使用范围。絮凝可显著提高微藻细胞的采收效率，但絮凝过程会因为絮凝剂的引入，降低微藻生物质质量与增加采收成本。使用浮选采收微藻存在工艺不稳定的问题，降低了微藻生物质的回收比例。采用机械方法采收微藻细胞是最可靠和最常用的方法，最常见的机械采收方法为采用高速离心机采收微藻细胞。微藻离心采收效率高，使用管道，降低了人力需求，提高了采收效率，但缺点是耗能大，设备成本高。过滤采收对于丝状微藻，如螺旋藻等的采收效果最好，膜过滤用于单细胞微藻的采收效率较低，主要原因为过滤效率低，膜容易堵塞积垢污染。因此微藻采收应根据微藻种类、培养方式、目标产物等多个因素综合评价后选用一种或几种组合的最适采收方法。此外，还需综合考虑采收成本、采收效率、产品种类等多种因素。大多数情况下，离心和过滤之前会进行混凝和絮凝，以提高采收效率和降低成本。通常应用于微藻采收的两种方法是两步法和一步法。在两步法过程中，培养液首先被浓缩至总悬浮固体2%~7%的藻浆，然后在第二步中将藻浆脱水至总悬浮固体的15%~25%，此过程需要消耗较多的热能。常用采收效率（recovery efficiency，RE）和浓缩系数（concentration factor，CF）来表征微藻采收效率。RE和CF值从回收微藻生物量的质量和体积上反映了采收工艺的分离效率。RE和CF的定义如下：

$$RE = \frac{m_s}{m_c} \times 100 \tag{2-25}$$

$$CF = \frac{X_s}{X_c} \tag{2-26}$$

式中　m_s——采收的藻泥中的细胞生物质的量；

　　　m_c——采收前培养液中细胞生物质的量；

　　　X_s——藻泥中藻细胞的密度；

　　　X_c——采收前培养中藻细胞的密度。

微藻生物质或细胞密度可通过测定叶绿素含量、微藻细胞数、吸光度（光密度）、干重和无灰分干重、总悬浮固体（total suspended solids，TSS）以及浊度等来表征微藻细胞的质量和浓度。一个有效的微藻技术必须具备较高的采收效率与浓缩系数，此外也需要考虑处理量、细胞采收成本、采收过程时间、采收后含水量、采收后的藻细胞生物质对下游产品加工过程及产品品质有无不利影响等因素。微藻采收方式是否适用于大规模微藻细胞采收非常重要，因为开放式培养中微藻细胞密度极低，为获得大量微藻细胞生物质常需要处理大量培养液，同时设备使用成本与能耗不能太高，以避免造成生产成本大幅升高，微藻生物质生产经济可行性受到影响。采收后的微藻生物质中的水分即含水量对于下游加工过程与能耗影响巨大，尤其对于下游产品需要脱水处理的产品种类。不同的采收方式获得的微藻生物质含量差异巨大，如沉降获得的生物质含量要远高于离心采收的生物质含量。微藻采收方法也应尽量物化条件温和，如避免极端温度等影响终端产品的应用，如作为食品与饲料使用的微藻产品，要求采收过程无外源污染进入且不能影响细胞的完整性。除从微藻细胞生物质中分离提取特定代谢物外，一般需避免向微藻生物质中加入化学添加剂等以避免影响产品质量及对下游分离提取过程造成分离难度与成本的增加。因此，微藻采收需考虑微藻种类的多样性，综合考虑微藻细胞形态结构、电荷性质、运动能力、生长阶段等因素，针对具体微藻种类开发有针对性的微藻采收技术。微藻采收后会产生大量富营养的培养液，需给予适当的处理以避免对环境产生不良影响，提高营养基质与淡水资源的利用率。

一、微藻采收影响因素

在培养过程中微藻细胞通常均匀稳定地分散在培养基质中，微藻采收即是将均匀分散的细胞快速高效地从培养基质中脱离浓缩的过程。微藻在培养基质中的稳定分散状态首先是由于微藻细胞较小而导致其与培养液的浓度差小，其次是微藻细胞表面电荷的排斥作用。微藻细胞表面主要存在负电荷基团，如羟基、羧基与氨基等，培养液pH与离子强度均会影响细胞表面基团的电离情况，在低pH时发生质子化，反之，在高pH时发生去质子化，在零电荷点质子化与去质子化达到平衡状态，此时细胞表面不带电荷。微藻培养液多数为中性或碱性，因此微藻细胞常因去质子化过程而带有负电荷，细胞表面的主导电位测定可使用ζ电位（zeta potential，ZP）分析，高ZP值导致细胞之间存在排斥力，在排斥力大于范德华力时便会导致细胞以悬浮为主，反之，在ZP值较小时范德华力大于细胞之间的排斥力，容易导致细胞聚集。微藻细胞的ZP值通常在$-10\sim48mV$，因此微藻细胞倾向悬浮于培养液中生长。改变ZP值可通过改变培养液的pH与离子强度来实现，微藻絮凝或沉降过程可利用ZP值改变导致微藻细胞悬浮性改变的特点，开发高效的微藻采收方法。如有人研究了pH对链带藻（*Desmodesmus* sp. F51）的ZP值与絮凝沉降性质的影响，结果表明pH 3时链带藻细胞表面轻微质子化，ZP值约7.12mV，絮凝率大约79%，pH 10时ZP值增加至$-18.95mV$，微藻细胞悬浮性良好，絮凝率减低至25%左右。如上所述，微藻细胞的形状、大小与细胞密度均会影响细胞的沉降系数，进而直接影响微藻细胞的采收效率。微藻细胞形态多样，如圆形、柱形、环形等，并且有单细胞、群落与丝状等不同细胞间形态，细胞的运动能力也差异巨大，导致细胞与培养液之间的流体力学规律多种多样，沉降性质也差异巨大。以上这些差异导致微藻采收效率的不同，如有研究使用磁力分离技术采收单细胞椭圆小球藻（*C. ellipsoidea*）与群落型微藻布朗葡萄藻过程中发现，磁力分离技术对单细胞椭圆小球藻的采收效率要优于群落型微藻布朗葡萄藻，原因可能是单细胞微藻具有更大的比表面积，采收群落型微藻布朗葡萄藻过程中需使用更大浓度的磁性离子才能获得同等的采收效率。微藻细胞通常较小，直径通常在几个微米到几十个微米，培养液浮力与流动均会显著影响细胞的沉降过程，使得通过过滤等手段采收微藻较为困难，加上光自养大规模培养微藻细胞生物量往往极低，细胞密度与培养液密度差异极小，均导致微藻细胞的沉降效率较低。微藻细胞大小和密度与沉降速率之间的关系可用斯托克斯定律（Stokes' Law）表征：

$$v = \frac{2}{9} \cdot g \frac{r^2}{\eta}(\rho_s - \rho_1) \tag{2-27}$$

式中 g——重力加速度，9.81m/s²；

r——细胞半径，m；

η——流体黏度，N·s/m²；

ρ_s、ρ_1——藻细胞（固相）与培养液（液相）的密度，kg/m。

微藻细胞密度并不是一个恒定的数值，而是随着微藻细胞生长周期的不同呈现不同的大小。因此，微藻细胞的沉降性质与培养周期紧密相关，不同培养周期下培养液的 pH、细胞大小与形态、ZP 值均会不同，进而呈现出不同的沉降性质。光合作用活性强弱与培养基质如无机碳的消耗均会影响培养液的 pH 与离子强度，通常随着培养时间的延长 pH 往往升高，细胞逐渐进入稳定期，代谢活动减弱，细胞形态发生变化，如一些微藻细胞会增加并凝聚。

二、常见的微藻采收技术

目前，常用的微藻浓缩与脱水方法概括如图 2-14 所示。这些采收方法基于的物理化学原理不同，具有不同的采收效率、处理量、成本以及能耗。基于浓缩系数（CF），絮凝、浮选与重力沉降微藻采收技术被列入浓缩方法，可使得培养液浓缩 100~200 倍，总悬浮固体（TSS）比例在 2%~7%；而离心与过滤采收方法，采收后的藻泥具有较高的总悬浮固体比例，达到 15%~25%，浓缩系数在 2~10。通常微藻细胞含水量约 80%，总悬浮物固体质量达到 20% 左右时，生物质中基本全部是胞内水分，细胞紧密拥挤，因此这两种采收方法通常被归入脱水方法。在实际的微藻采收过程中，通常使用先浓缩后脱水的采收方式，使用多种微藻采收技术来提高微藻采收效率。各种微藻采收技术的优缺点见表 2-5。

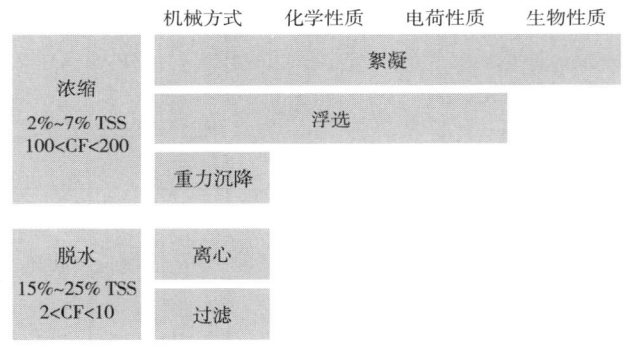

图 2-14 常用的微藻浓缩与脱水方法

表 2-5 各种微藻采收技术的优缺点

采收方法	优点	缺点	应用场景
重力沉降	操作简单 设备投入少，运行成本低 能耗低，<0.1kWh/m³ 无化学物质添加	回收效率低（<30%，藻泥生物质密度低，TSS 约 2%） 时间长 生物质容易腐败变质	低附加值产品，如生物柴油
絮凝	较高的回收效率（RE 60%~90%，藻泥生物质密度较高，TSS 3%~15%） 操作简单，成本低廉（自絮凝与生物絮凝） 低能耗（0.35kWh/m³） 培养液处理量大 适应藻种广（对于化学絮凝与电絮凝几乎适用于任何藻种） 生物絮凝剂可被降解，无毒	化学絮凝剂成本较高 采收过程依赖于培养液 pH 与离子强度 自絮凝与微生物絮凝存在微藻种特异性 化学物质与微生物可能污染生物质 水分回收受限制	低附加值产品，如生物柴油

续表

采收方法	优点	缺点	应用场景
浮选	简单快速 适应藻种广（几乎适用于所有微藻，直径<500μm）	回收率中等（50%~90%，TSS约7%） 能耗高（7.6kWh/m³） 设备与运行成本高 处理量较低 需使用表面活性剂等化学试剂	低附加值产品，如生物柴油
离心	回收率高（90%以上），藻泥密度高（TSS 2%~25%） 采收效率高 处理量大 藻种适应广 不使用化学试剂	能耗高（0.53~20kWh/m³） 运行与维护成本高 可能破坏微藻细胞完整度	高附加值产品，如化妆品、药品、保健品等原料
过滤	高回收率（70%~90%，TSS 5%~18%） 设备成本低（泵与膜替换除外） 能耗低（重力与压力过滤0.1~0.9kWh/m³） 微藻生物质保存较好 不使用化学试剂 水可回收	处理时间长（需要压力或真空） 过滤膜容易积垢 频繁换膜或周期性清理 能耗高（0.1~5.9kWh/m³） 处理量有限 小细胞微藻过滤不稳定	中等附加值微藻产品，如普通食品与动物饲料

注：1kWh=3600kJ。

资料来源：Esteves AF. Handbook of Microalgae-Based Processes and Products, Academic Press, 2020: 225-281。

（一）重力沉降

重力沉降被认为是微藻采收技术中最简单的方式，也是最节能与经济的方式。除了简单的沉降槽或斜板沉降器，或称为薄板沉降槽，因斜板沉降池具有较大的沉降面积，而在实际生产中使用最普遍。重力沉降采收的主要缺点为采收效率较低，采收时间较长，容易导致采收效率降低及微藻细胞生物质品质受到影响，如细胞活性降低，目标产物降解，有害产物积累与细胞裂解等。有研究评价了尖针杆藻 Synedra acus、针状菱形藻（Nitzschia acicularis）与金珠菱形藻（Nitzschia fruticosa）、颗粒直链藻（Aulacoseira granulate）、星杆藻（Asterionella sp.）、颤藻（Oscillatoria sp.）、席藻（Phormidium sp.）、栅藻（Scenedesmus sp.）与纤维藻（Ankistrodesmus sp.）的重力沉降速率，表明以上微藻中细胞较大的微藻的沉降速率在0.1~2.6cm/h，细胞较小的微藻沉降速率在1cm/h以下，在大型培养设施中，以上微藻的重力沉降往往需要几十个小时，对于食品或饲料用微藻生物质而言，微藻细胞活力会显著受到抑制，产品的品质无法得到有效保证。但对于一些细胞体积较大的微藻或丝状微藻，如螺旋藻（Arthrospira sp.），或对于一些倾向于聚集的微藻，重力沉降速度较快，如同样是单细胞微藻，二形栅藻（S. dimorphus）细胞间容易聚集，其重力沉降效果要明显优于不倾向聚集的普通小球藻。在实际生产中，鉴于直接使用重力沉降方法采收微藻需要消耗大量的时间且对微藻细胞活力与品质产生不利影响，通常在重力沉降前使用絮凝步骤使微藻细胞聚集成细胞群，增大沉降速率，减少沉降时间。有人研究了小球藻 C. sp. UKM2、星空藻 Coelastrella sp. UKM4、衣藻 Chlamydomonas sp. UKM6 的重力沉降采收，直接使用重力沉降采收时，以上微藻的 RE 值均在 25% 左右，但在先使用硫酸铝絮凝后，以上微藻的 RE 值提高至约 80%，采收效率大幅提高。

（二）絮凝

絮凝技术最初是一种用在饮用水或废水中胶质颗粒物清除工艺中的技术。由于絮凝过程成本低廉，因此后被用在微藻采收过程中。微藻采收絮凝过程包括两步，首先使微藻细胞聚集结块，然后为重力沉降过程。絮凝采收的微藻含水量依然很高，需使用离心或过滤手段进一步脱水。微藻细胞表面带负电荷，密度接近生长介质，呈分散状态，藻细胞与培养液形成相对稳定的系统，导致重力沉降过程非常缓慢。絮凝过程即是通过使用一种名为絮凝剂的化学物质，中和微藻细胞表面的负电荷而使微藻细胞凝聚。理想的化学絮凝剂应该是可持续和可再生的，不会造成生物质污染，培养基可重复使用，价格便宜、无毒、低剂量有效，并且来源于可再生资源。根据化学性质，絮凝剂可以是无机、有机/聚电解质絮凝剂。

无机絮凝剂通常是多价阳离子，如硫酸铝、氯化铁和硫酸铁，它们在微藻培养液 pH 下形成多羟基络合物，从而中和减少微藻细胞上的负表面电荷导致微藻细胞聚集结块。这些多价盐的有效性取决于它们的电负性和溶解性。电负性离子越多，凝结速度越快，溶解度较低的盐絮凝更有效。虽然金属絮凝剂很容易实现絮凝，但它们在环保方面并不理想，存在污染微藻生物质与培养液的问题，阻碍采收的微藻生物质在生物燃料或动物饲料方面的应用。从效率角度而言，铝盐的絮凝效果要优于铁盐。有机絮凝剂或聚电解质（聚丙烯酰胺或聚乙烯亚胺）可以是阳离子、阴离子或非离子型。阳离子聚合物引起微藻细胞絮凝的原理是它们将微藻细胞连接在一起，而阴离子或非离子聚合物由于电排斥作用无法形成微藻絮体。聚电解质的絮凝能力取决于微藻表面的电荷和官能团、培养液 pH 和培养液密度等。有研究表明，阳离子聚电解质比金属盐更有效，可实现高达 35 倍的浓缩率。具有高电荷密度的阳离子聚电解质是采收微藻最为有效的絮凝剂，絮凝剂的有效使用剂量随着絮凝剂分子质量的增加而减少。

虽然许多分子或微生物可使微藻发生絮凝作用，但往往需要的絮凝剂添加量较大，使这种方法对于大规模采收成本过高。絮凝剂对 pH 的高度敏感性、收获的生物质受到絮凝剂污染及其再循环利用的问题，限制了其在下游食品或饲料中的适用性，并可能使其在商业用途上不够经济。絮凝剂的离子强度、pH、分子质量和电荷密度也会影响絮凝效率。同样，培养液的差异性（即磷和氮、碱度、氨、溶解有机质、微藻种类和培养温度）也会影响最佳絮凝剂剂量。聚合物投加量对絮凝效率有显著影响，由于微藻生长周期中许多变量的波动，很难达到最佳聚合物投加量。低剂量导致弱架桥和松散絮体，而高剂量导致静电阻碍，导致架桥电位降低。在固定生长阶段，低 ζ 电位和低代谢活性以及高细胞间相互作用被视为有利于微藻生物质采收的因素。絮凝通常与其他采收技术结合使用，以实现微藻采收的经济性。经过多年的发展，已开发出多种微藻絮凝技术，如基于微藻生物学基础的自絮凝技术；基于传统饮用水或废水处理中使用的絮凝剂开发的絮凝技术；基于生态学基础开发的生物絮凝技术；基于微藻与其他微生物相互作用的微生物絮凝技术；基于新兴技术开发的物理絮凝技术等。

1. 自絮凝

自絮凝（autoflocculation），即自身絮凝的意思，在 20 世纪 70 年代由 Golueke 与 Oswald 提出，描述微藻在特定的生长阶段会分泌一些具有絮凝性质的代谢物，导致自身发生絮凝沉降的现象。微藻可以在不添加补充化学品的情况下自然发生絮凝，以应对氮、pH 和溶解氧等环境胁迫条件。培养液 pH 的升高常会导致微藻细胞的絮凝，随后在重力的作用下发生沉降。有研究表明，当 pH 增加到 10 以上时，海水中钙镁离子便会形成氢氧化物沉淀。由于 pH 增加而产生的磷酸钙沉淀会中和微藻细胞表面的负电荷。通过将 pH 提高到 10.6，淡水和海洋微藻的生物量回收率均超过 90%。如使用 NaOH、KOH 或 Ca(OH)$_2$ 将 pH 提高至 10.8，在 30min 内实现了 98% 的生物量回收，而使用 Mg(OH)$_2$ 在 pH 9.7 时的生物量回收率为 98%。在 pH 10.5 时使用 Mg(OH)$_2$ 收获小球藻，30min 内回收率 >95%。在高 pH 下微藻细胞絮凝后形成的结块较低 pH 时的结块要疏松，更容易重新悬浮于培养液中。降低 pH 至 4，可在 60min 内收获 95% 的生物质。在 pH 4 的条件下，在 15min 内收获雪绿球藻、椭圆绿球藻和栅藻，收获效率均超过 90%。微藻自絮凝的潜在机制依然需要更多的研究，自絮凝过程可能是由多种因素共同作用的结果，如高 pH 诱导的金属离子的共沉淀，微藻细胞在受到环境胁迫往细胞外分泌的胞外聚合物（extracellular polymeric substances，EPS），以及细胞间的相互作用等因素。培养液中二氧化碳的消耗会导致 pH 的升高，自絮凝也可能因藻细胞与钙镁离子形成的氢氧化盐或磷酸根盐发生共沉淀，钙镁离子均是微藻培养中不可缺少的常量元素。微藻培养液中自发的碱性絮凝在 pH 升高至 9 以上时便可能发生。培养液 pH 的升高会影响絮凝块中微藻细胞的数量，即絮凝块的承载量，也会影响培养液中金属离子的存在形式。在某些培养条件下，pH 的改变会影响无机离子的沉淀，引发负载中和导致碱性絮凝现象。在高 pH 时自絮凝可能因光合作用进行二氧化碳的耗尽或培养液的碱化而发生，培养液中碳酸盐与培养液中存在的钙镁离子共沉淀均加速了这种沉降过程。可通过加入碱性化合物，如 NaOH、KOH、Ca(OH)$_2$ 或 Mg(OH)$_2$ 的方式，人为提高培养液的 pH 加速自絮凝的发生。有研究表明，使用 NaOH 调节小球藻培养液至 pH 11 时，回收率达 95% 以上，此时采收每克生物质需要的 NaOH 量为 9mg，而使用 Ca(OH)$_2$ 或 KOH 时采收每克生物质需要量分别为 12mg 与 18mg，但该研究也发现，使用碳酸氢钠调节培养液 pH 至 11 不能引起小球藻细胞的絮凝沉降，说明微藻的絮凝并不仅仅受到 pH 一个因素的影响。特氏杜氏藻当通过 NaOH 调节培养液 pH 从 8.6 升高至 10.5 时发生自絮凝，重力沉降后 TSS 约 15g/L。使用培养液碱化诱导微藻细胞自絮凝的采收方法比较快速、成本低且操作相对简单，对采收后的细胞完整性影响也较小，培养液可重复利用，但碱化自絮凝原理尚不清楚，目前仅对少数微藻研究了其碱化絮凝过程，缺少对关键参数如 pH、微藻生物质浓度、微藻细胞释放的多糖浓度的研究，导致此方法在实际使用中存在回收率低与可靠性不高的问题，此外絮凝过程与沉降速度较慢，调节 pH 对碱的消耗等过程的经济性也有待提高，极端碱性 pH 对细胞活性的影响也是限制其在大规模工业生产中应用的主要因素。

  微藻产生 EPS 导致微藻细胞自絮凝的研究也已有报道。普通小球藻 *C. vulgaris* JSC-7、斜生栅藻 AS-6-1、镰形纤维藻（*Ankistrodesmus falcatus* SAG202-9）、绿藻（*Ettlia texensis* SAG79.80）均可在一定培养条件下发生自絮凝现象。普通小球藻 *C. vulgaris* JSC-7、斜生栅藻 AS-6-1 的自絮凝均是由其分泌的胞外多糖导致，纤维藻（*Ettlia texensis* SAG79.80）的自絮凝则是由其分泌的糖蛋白导致。微藻通常在受到环境胁迫或发生细胞裂解时会向培养基质中分泌 EPS，因此基于 EPS 的自絮凝需制造一种环境胁迫条件。胞外多聚物质即 EPS 的功能尚无定论，通常认为是一种逆境反应，可以阻挡细胞干燥失水与致病菌侵袭，也可能作为一种信号分子受体介导微藻细胞之间的通信。微藻分泌的 EPS 可导致细胞表面电荷的中和而造成细胞聚集，有研究表明，光合作用产生的氧气水平决定了 EPS 分子之间的相互作用类型，在高氧气水平下 EPS 相互吸引导致大的聚集块产生，反之，在低氧气水平下 EPS 分子相互排斥。微藻之间的聚集主要受组成 EPS 的单体的种类与性质，而非 EPS 量决定。糖类与蛋白质是组成 EPS 的主要成分，二者的比例是决定微藻表面电荷性质的主要因素，在糖/蛋白质比值高时细胞表面倾向于电荷减少，因为蛋白质是细胞表面主要的负电荷供应分子，对细胞表面的疏水性有重要作用。多种环境胁迫因子会诱导微藻细胞分泌 EPS，如高温、高光与营养缺乏等，如鱼腥藻在光照强度从 345μmol/（m²·s）升高至 460μmol/（m²·s）时 EPS 分泌量提高了 4 倍以上，紫球藻 *Porphyridium cruentum* 受到强光照射后也会导致 EPS 分泌量的增加。微藻在自然环境中温度通常不会超过 35℃，在培养液温度过低时代谢活动减弱，抑制 EPS 的分泌。如鱼腥藻在 30~35℃时 EPS 的分泌量极低，在培养液温度超过 40℃时 EPS 分泌量最高。微藻光自养生长对二氧化碳的消耗速率是其他营养成分的 6.6~100 倍，二氧化碳的浓度水平显著影响微藻细胞 EPS 的分泌，有研究表明，随着二氧化碳输入的增加，斜生栅藻（*S. obliquus*）的 EPS 分泌量同步增加，EPS 分泌量与斜生栅藻的生长状态相关，在二氧化碳水平较高的条件下（4%，体积分数），微藻细胞生长与 EPS 分泌均达到最高，二氧化碳水平降低后 EPS 的分泌量也降低。某些微藻的自絮凝过程使得采收成本降低、环境友好、节能且培养液可重新使用，但 EPS 引起的微藻自絮凝主要存在的问题是 EPS 分泌速度较低，采收效率较低且仅适用于少数几种微藻。

2. 化学絮凝

化学絮凝在工业过程中比较常见，具有絮凝活性的化合物被加入培养液中，形成絮凝块。化学絮凝剂可分为无机絮凝剂与有机絮凝剂或阳离子絮凝剂与阴离子絮凝剂两大类。阳离子絮凝剂的使用最广泛，可促进细胞表面负电荷的中和，使细胞自发形成结块发生沉降。铝离子或铁离子的多价盐如 $Al_2(SO_4)_3$、$Fe_2(SO_4)_3$ 与 $FeCl_3$ 被广泛用于微藻细胞的絮凝采收。阳离子絮凝剂在培养液中解离出阳离子，进而与细胞表面的羟基或羧基基团结合而中和细胞表面的负电荷，减少细胞表面的静电排斥，促进细胞聚集。金属离子强度对于絮凝效率起主要作用，相比二价阳离子，三价阳离子对微藻细胞的絮凝效果更好。阳离子多聚物作为阳离子絮凝剂也同样使用广泛，但价格往往比金属离子絮凝剂要高。有人研究了 12 种金属离子对极微小球藻采收的效果，絮凝效率大于 80% 时的硫酸盐浓度为 0.75g/L，氯盐浓度为 0.5g/L，不同絮凝剂所需要的絮凝时间不同，如 $Fe_2(SO_4)_2$ 需要 4h，而 $Al_2(SO_4)_3$ 仅需要 2h 便可达到 80% 采收效率，使用氯盐可进一步缩短絮凝时间，因此氯盐的絮凝效果明显优于硫酸盐，较低的盐浓度与较短的絮凝时间使得采收效率大幅提高。使用氯化铝絮凝等鞭金藻（*Isochrysis galbana*）时采收过程加以搅拌混合对采收效率有很大影响，100~200r/min 搅拌 2~3min 可使絮凝效率达到最优。有人研究了微藻生物质浓度、培养液 pH 及絮凝剂 $Al_2(SO_4)_3$ 与 $FeCl_3$ 浓度三个因素对眼点微绿球藻（*N. oculata*）絮凝采收效率的影响，根据获得的多项式方程计算出的最佳采收条件为微藻初始生物质浓度为 1.7g/L，pH 8.3，$Al_2(SO_4)_3$ 383.5μmol/L，采收效率为 94.4%，微藻初始生物质浓度为 2.2g/L，pH 7.9，$FeCl_3$ 438.1μmol/L，采收效率为 87.9%。$Al_2(SO_4)_3$ 对栅藻 *S. rubescens* 与特氏杜氏藻 *Dunaliella. tertiolecta* 的絮凝效果均比较理想，达到 99% 以上，$FeCl_3$ 对栅藻与杜氏藻的絮凝效果差异较大，对栅藻的絮凝效率仅约 20%，而对于杜氏藻的采收效率约 93%，因此不同絮凝剂的絮凝效率与微藻种类也紧密相关。又如 25mg/L 的 $FeCl_3$ 絮凝采收斯蒂格小球藻（*C. stigmatophora*）的采收效率约 90%，但对于水华鱼腥藻与美丽星杆藻（*Asterionella formosa*）需要提高浓度至 58mg/L，采收效率分别约为 63% 与 74%。$FeCl_3$ 同样对盐生杜氏藻（*Dunaliella salina*）的絮凝效率也达到了 90%~97%，在培养液重复利用与絮凝剂使用量方面，$FeCl_3$ 是盐生杜氏藻最有前景的微藻采收絮凝剂。高分子金属盐也同样是一种有效的絮凝剂，适应培养液的 pH 更广，如聚合硫酸铁是一种预聚合的盐类，絮凝采收水华鱼腥藻与美丽星杆藻（*Asterionella formosa*）的采收效率均达 95% 以上。铝离子因为是三价金属离子且溶解性较好，其絮凝效率要显著优于锌离子与铁离子，铝离子絮凝剂对于小球藻与栅藻絮凝采收效率均可达到 80% 以上。铁离子相比锌离子的絮凝效率更优，可能的原因是铁离子具有更高的化合价与较低的分子质量。虽然铝离子对栅藻与小球藻等微藻的絮凝效率较好，但铝离子絮凝剂会对微藻细胞的活性产生不利影响，活细胞数目较少。铁离子絮凝剂浓度超过 1g/L 时会引起絮凝采收的微藻细胞颜色改变，而锌离子絮凝剂存在导致微藻絮凝块黏附贴壁的问题。氯离子通常比硫酸根盐的絮凝效率要好，可能的原因是后者具有较优的溶解性。化学絮凝剂的絮凝效果也与培养液的性质如电负性与离子强度等因素有关，电负性越高，相应的絮凝效率也越高，培养液的离子强度也会影响絮凝剂的絮凝效率，进而影响絮凝剂的使用量。不同藻类使用的培养液离子强度差别较大，如淡水藻类与海水藻类之间，达到相同采收效率时海水微藻往往需要 5~10 倍以上淡水微藻絮凝剂的使用量。衡量化学絮凝剂一般使用以下 5 条标准：

①须避免污染微藻生物质；
②采收效率能满足生产需要；
③微藻絮凝块沉降速度能满足生产需求；
④培养液可回收后重复使用；
⑤絮凝剂应价格低廉、高效、环境友好与可持续性好。

金属离子絮凝剂虽然通常具有较高的絮凝效率，但较高的使用剂量导致的高成本以及生物质中残留大量金属离子依然是阻碍其广泛使用的主要限制因素。残留于微藻生物质中的金属离子会影响下游目标产物的分离提取操作，如油脂与类胡萝卜素等代谢物的提取，此外，残留于微藻生物质中的金属离子会导致生物质化学成分与蛋白质组成的改变，给微藻生物质在人类食品或动物饲料等领域的应用带来限制。

除了金属离子或高分子金属盐外，人造或天然高分子有机聚合物也是一种非常有效的微藻絮凝剂。带电荷的高分子聚合物可结合于固体颗粒的表面，形成颗粒间搭桥或电荷中和引起颗粒絮凝沉降，如壳聚糖、纤维素、聚丙烯酰胺以及一些人造纤维均可引起颗粒物絮凝。高分子有机聚合物的分子质量、分子装填密度、聚合物使用量、微藻生物质浓度、培养液离子强度与 pH 以及滞留时间等均是影响高分子聚合物絮凝效率的因素。通常而言，分子质量与分子装填密度高的聚合分子电解质是优选的微藻细胞结合剂，具有较强的细胞表面电荷中和能力。分子质量较大的高分子聚合物更容易与微藻细胞形成搭桥结构，形成较大的絮凝聚集块，有的絮凝聚集块甚至可达 100μm，大幅加速微藻絮凝块的沉降速度，同理，培养液中细胞密度越大也越容易形成絮凝块，絮凝块形成速度也明显更快，此外，絮凝过程中提高一定程度的搅拌水平与搅拌时间，促进细胞聚集，也能进一步提高絮凝效率，但过高的搅拌强度与搅拌时间会引起细胞或絮凝块的破碎。一些阳离子聚丙烯酰胺类絮凝剂在 1mg/L 时便可有效絮凝采收四爿藻 *Tetraselmis suecica* 与螺旋藻 *Spirulina platensis* 以及眼点拟微球藻（*Nannochlorop oculata*），采收效率达 70% 以上。高分子质量与高分子装填密度（2~4meq/g）的聚丙烯酰胺在 2~5mg/L 时对斜生栅藻 AS-6-1 与栅藻 *S. subspicatus*、聚球藻 *Synechococcus nidulans* 以及索罗金小球藻的采收效率达 95% 以上。有人比较了阴离子聚苯乙烯、阳离子聚乙烯亚胺、非离子型与阴离子型聚丙烯酰胺对椭圆小球藻的絮凝效率，结果表明阳离子聚乙烯亚胺的絮凝采收效果最好，且随着聚乙烯亚胺分子质量的增加，采收效率也增加。使用聚电解质结晶纳米纤维素在 200mg/L 时絮凝普通小球藻的采收效率可达 90% 以上。合成聚丙烯酰胺是工业领域广泛使用的絮凝剂，但其存在残留毒性丙烯酰胺单体的缺点限制了其在微藻采收领域的应用。高分子有机多聚物对于海洋与嗜盐微藻的絮凝采收效率较低，主要限制因素是多聚物分子适应的电导率范围较窄，且在离子强度高的海水或盐水中絮凝作用极弱。相比聚丙烯酰胺等人工合成的高分子聚合物，一些天然的高分子聚合物具有更好的安全性与环境友好性。作为絮凝剂的天然高分子聚合物须带有正电荷，即可中和微藻细胞表面的负电荷，自然界中存在的高分子聚合物多数带有负电荷，带有正电荷的多聚物最常见的是壳聚糖，其是一种乙酰基葡萄糖胺聚合物，通常由甲壳动物与真菌的几丁质脱乙酰基后获得。壳聚糖相比人工合成的高分子聚合物具有的最大优点是其生物可降解性。壳聚糖是地球上除纤维素外最丰富的可用作絮凝剂的天然高分子多聚物分子。相比无机絮凝剂，壳聚糖具有不污染微藻生物质的优点，适用于食品与动物饲料微藻的采收。与合成高分子多聚物类似，壳聚糖对于海洋或嗜盐微藻的采收同样效率较低。微藻种类也同样影响壳聚糖的用量，比如四爿藻 Tetraselmis chuii 与海链藻 Thalassiosira pseudonana 以及等鞭金藻 Isochrysis sp 达到 80%~90% 絮凝效率时的壳聚糖浓度约 40mg/L，而对于牟氏角毛藻（Chaetoceros muelleri）采收效率 95% 时所需的壳聚糖浓度为 150mg/L。脱乙酰壳多糖在 60mg/L 时对拟微球藻的絮凝效率高达 97%。使用壳聚糖絮凝小球藻的最佳条件为 100mg/L，150r/min 转速下搅拌 20min，沉降时间 20min，絮凝效率可达 99% 以上。壳聚糖仅在低 pH 条件下发挥高效的絮凝作用，但多数微藻培养液为碱性 pH，加上壳聚糖较高的用量（通常在 20~150mg/L，相比人工合成的高分子有机聚合物用量要高出两个数量级），导致较高的使用成本，这两个因素成为壳聚糖在大规模微藻采收应用的主要限制因素。淀粉是另一种自然界中大量存在的天然多聚物分子，天然淀粉是两种天然多聚物组成的混合物，一种是直链淀粉，约占淀粉的 25%，另一种为支链淀粉，含量可达淀粉的 75% 以上，二者的含量比例主要取决于淀粉的植物来源。淀粉用作絮凝剂的案例较少，主要是淀粉的不溶性与形成凝胶的倾向性限制了其使用。经化学修饰的淀粉溶解性大幅改善，作为絮凝剂使用的潜力大幅增加，其中最有应用前景的葡萄糖羟基上修饰了季氨基团的阳离子淀粉，季氨基的电荷性质不受培养液 pH 的影响，因此阳离子淀粉可在较宽的 pH 范围内发挥絮凝作用，这是阳离子淀粉絮凝剂优于壳聚糖的一方面，但阳离子淀粉往往需要较壳聚糖更高的絮凝剂浓度。阳离子淀粉絮凝剂具有无毒、可降解及环境友好、成本低廉等优势，因此通过化学修饰继续提高其絮凝效果，降低絮凝剂使用量是一个非常有应用前景的研究方向。有人使用化学修饰的淀粉，或称改性淀粉絮凝微藻，发现改性淀粉可高效率絮凝藻细胞，对淡水微藻拟凯氏小球藻（ParaC. kessleri）与斜生栅藻均具有 80% 以上的采收效率，因受高离子强度的原因，海水微藻三角褐指藻、盐生拟微球藻（N. salina）采收效率较低。变性淀粉对斜生栅藻的采收效率更高，可能的原因是相比小球藻细胞，栅藻的细胞较大而沉降效率更高。变性淀粉对原始小球藻的絮凝效率可达 96% 以上，此时的变性淀粉浓度为 40mg/L，pH 7.7~10 范围内不影响变性淀粉的絮凝效率。除了壳聚糖与淀粉外，因一些植物含有的高分子聚合物具有成本低等优点，也有望被开发成微藻细胞絮凝剂，如有研究使用辣木衍生物絮凝微藻细胞，辣木衍生物中含有较多高分子质量带正电荷的蛋白质，可促进微藻细胞的悬浮，形成微藻结块，与壳聚糖及变性淀粉一样，辣木衍生物具有环境友好、降低采收成本、无毒等优点。有人使用 1g/L 的辣木种子粉絮凝采收小球藻，在 pH 9.2 下沉降时间 2h 后采收效率达到了 89%。菊粉是由果糖和菊糖聚合而成的一种植物储存性多糖，阳离子菊粉也是一种化学改性的絮凝剂，通过与微藻细胞的静电相互作用促进细胞絮凝沉淀。阳离子菊粉同时结合几个细胞促进形成细胞间结块。在 pH 7.4 下 60mg/L 的阳离子菊粉絮凝葡萄藻（*Botryococcus sp.*），沉降 15min 采收效率可达 88.6%。阳离子瓜尔豆胶用于采收小球藻与衣藻也可达到 90% 以上的采收效率。净水马钱子（*Strychnos potatorum*）种子粉 100mg/L 沉降 30min 便可达到 99.68% 的絮凝采收效率。天然高分子聚合物絮凝剂具有无毒、快速与成本低廉的优势，尽管有些天然高分子聚合物需要季氨基修饰，但相比价格较高且安全性低的无机或人工有机化学絮凝剂而言，仍然是一种比较可行的选择。

3. 生物絮凝

前面介绍的微藻细胞自絮凝与化学絮凝依然存在一些技术障碍，如成本高、絮凝剂使用量高以及微藻生物质污染等，生物絮凝技术在一定程度上可以避免以上使用限制，生物絮凝主要基于一些具有絮凝性质的微生物或微生物分泌的多糖或蛋白质等具有絮凝性质的多聚物分子。利用微藻与其他微生物，如微藻、真菌或细菌共培养，利用微生物本身或其分泌的胞外多聚物（EPS）达到微藻絮凝的目的，已有较多研究报道。玛氏骨条藻（*Skeletonema marinoi*）培养液中存在的可溶性提取物可有效絮凝沉淀眼点拟微球藻，沉降 6h 后采收效率达 95% 以上。自絮凝普通小球藻 JSC-7 细胞壁表面存在的多糖分子可絮凝沉降斜生栅藻 FSP，絮凝采收效率达 80% 以上。某些情况下微藻与一些真菌可形成较稳定的共生关系，真菌利用微藻光合作用固碳后形成的糖类或其他代谢物，为微藻的生长提供保护，促进微藻细胞的悬浮以及扩大微藻营养获取范围。丝状真菌在培养液中形成菌丝体会束缚微藻细胞运动，即所谓的"共成团"（co-pelletization）现象，在共成团过程中真菌菌丝与菌丝体含有的多糖带有一些可与带有负电荷的微藻细胞结合的活性位点，促进真菌与微藻细胞的相互作用，与电荷中和进而导致细胞与菌丝的聚集成团而后沉降。真菌介导的微藻絮凝沉降不需要外加化学试剂与能量输入，有研究表明，一些微藻细胞可被真菌高效絮凝采收，如共培养曲霉（*Aspergillus sp.*）孢子与普通小球藻 UMN235，可接近完全絮凝小球藻细胞。刺孢小克银汉霉（*Cunninghamella echinulata*）与普通小球藻共培养 2d，接近 99% 的微藻细胞被有效采收。有研究修饰酵母细胞表面增加正电荷基团，对普通小球藻的絮凝采收效率达到了 90% 以上。细菌促进微藻絮凝沉降的可能原因有几种，如微藻与细菌共培养时细菌分泌的胞外有絮凝活性的代谢物或从细菌胞内提取的有絮凝活性的代谢物。枯草芽孢杆菌合成的聚 γ-谷氨酸用于絮凝微藻细胞展现了较高的采收效率，絮凝采收小球藻、拟微球藻、三角褐指藻等微藻时的采收效率均在 90% 以上，γ-聚谷氨酸的用量约 20mg/L。钙离子可提高细胞表面电荷的中和效率，进一步提高一些生物絮凝剂的沉降效率，使用类芽孢杆菌（*Paenibacillus sp.*）中提取的絮凝剂采收小球藻时加入 6.8mmol/L $CaCl_2$ 后采收效率达到 83%。同样，肺炎克雷伯菌中提取的絮凝剂在钙离子存在时也可有效提高蓝藻细胞的采收效率。共培养微藻与细菌也是一种有效的絮凝采收方法，细菌可与微藻细胞形成 50~800μm 的聚集块。有研究共培养拟微球藻与假单胞菌，调节微藻细胞与假单胞菌的比例至 30∶1，培养 3d 后可有效絮凝微藻细菌。共培养微藻与细菌的絮凝方法主要缺点是需要往培养液中加入有机碳源，间接提高了采收成本，此外大量接种细菌与较长的共培养时间也给微藻培养与采收带来了一定程度上的不确定性。微藻的生物絮凝技术具有不需要外加化学试剂、操作简单、经济可行以及培养液可重复使用等优点，但生物絮凝需要对微生物或其含有的絮凝剂与微藻细胞的作用机制有深入的了解，某些条件下需要对生物絮凝剂进行分离纯化或需往培养基中加入有机质供细菌或真菌利用，均一定程度上限制了其工业规模上的应用。此外，微藻生物质产品作为食品或饲料使用时，絮凝中混入的微生物污染会降低生物质品质，但用作微藻柴油等时，絮凝微生物的存在对微藻细胞的影响则无需考虑，某些情况下，絮凝微生物可增加采收获得生物质油脂的含量。

4. 物理絮凝

絮凝剂的使用会降低微藻生物质的质量并增加采收成本，基于物理因子的絮凝技术可有效避免生物质的污染。常见的物理絮凝技术主要有超声絮凝、电絮凝、磁力絮凝等。

（1）超声絮凝采收　超声波辅助的絮凝采收是由高频低振幅的超声压力使细胞接触絮凝，但对细胞几乎没有损伤，精密控制的声场产生驻波形成最大势能场与最低势能场，在势能场中瞬时推力作用于微藻细胞，引导细胞聚集于势能较低区域，微藻细胞相互作用形成聚集块，声波消除后微藻细胞聚集块在重力的作用下沉降。高频（MHz级别）低幅超声波导致细胞聚集，而低频（kHz级别）高幅超声波会导致细胞裂解。有研究使用2.1MHz的超声波采收单胞藻 *Monodus subterraneus*，流量为4~6L/d连续采收模式下采收效率达90%以上，提高微藻细胞的浓度可提高采收效率。另有研究使用超声絮凝采收铜绿微囊藻同时使用聚氯化铝，将采收效率从35%提高至67%，超声可将铜绿微囊藻细胞中的气泡破裂排出，降低细胞的浮力促进微藻细胞沉降。超声絮凝采收的优点主要是能够保持细胞的完整性，没有移动配件机械强度高，适合连续运行。

（2）电絮凝采收　机械絮凝采收中一种常见的方法为电絮凝采收。电絮凝技术原理与电泳类似，微藻细胞会带有较少的负电荷，带有正电荷的微藻细胞向阴极运动，富集于阴极附近的微藻细胞形成结块而发生絮凝沉降。电絮凝技术用于微藻细胞采收可达到80%~95%的采收效率，电絮凝技术使用的电极可分为消耗型电极和非消耗型电极。消耗型电极上的金属离子会释放进入培养液，发挥絮凝剂的作用，促进微藻细胞的聚集，因此这种情况下的电絮凝同时含有物理与化学絮凝两种絮凝机制，电极释放出的阳离子结合于微藻细胞表面促进微藻细胞向阴极移动，类似于电泳运动。而非消耗型电极则是微藻细胞在细胞表面带有的负电荷，在电场的作用下向电极移动，在微藻细胞结合到电极上后，微藻细胞失去电荷后细胞之间排斥力消失，细胞聚集结块沉降。因此电极的种类对于电絮凝采收的效率与成本等均非常重要，铝电极被认为是最有效的微藻细胞采收电极。电絮凝也受到培养液的pH、离子强度等的影响，海水微藻培养液具有较高的电导率与离子强度，驱动电极释放离子消耗的电能较少，但因海水含有较高的氯离子（19g/L），电极的再生较困难。电絮凝时间会降低微藻细胞的活力，如有研究表明延长电絮凝时间会降低眼点拟微球藻细胞的活力，可能的原因是培养液中活性氯离子积累进一步氧化损害微藻细胞。同时，活性氯离子的积累也会影响培养液的重复利用以及缩短电极的运行寿命。使用铝电极，电压5V，电絮凝600s，对四爿藻 *Tetraselmis* sp. 与绿球藻 *Chloroccum* sp. 的采收效率分别达到93.3%与87.3%。有人对不同种属的多种微藻在100L规模上实验了电絮凝采收的效率，结果表明35min的电絮凝，不同微藻的采收效率在85%~95%，且当电压降低时会导致絮凝采收效率的降低，降低电极的表面积或电极之间的距离可降低絮凝过程的能耗。有报道使用电絮凝技术采收布朗葡萄藻时的采收效率达93.6%。使用两个垂直板铝电极，电压5.2V，电絮凝海水藻四爿藻 *Tetraselmis* sp.，沉降时间60s，采收效率可达95%。使用电絮凝采收盐生杜氏藻比较经济高效，有研究使用90A/m^{2}电流密度，能耗0.621kWh/m^{3}后电絮凝3min采收效率达到97.4%。电絮凝使用铝电极时对铝的消耗比使用铝离子为基础的化学絮凝剂要低很多。电絮凝的能耗也低于离心采收，尤其是对于培养液盐度较高的海洋微藻或盐生微藻。电絮凝的优点包括适用性强、能效高、安全、环境友好、成本效益高等，虽然需要消耗电能，但成本相比于其他技术依然要低，电絮凝采收微藻存在的主要缺点是电极容易腐蚀，微藻细胞化学组成容易受影响，电流会导致培养液温度升高与 pH 改变，微藻生物质可能受到电极金属的污染。

（3）磁力絮凝采收（磁力分离）　磁力分离也是一种很有应用前景的微藻机械采收方式，具有磁场的非破坏性、良好的生物相容性、操作与磁珠再生均比较容易等优点。磁力分离过程中微藻细胞的絮凝与分离同步发生。磁力分离过程包含两个部分，分别是功能性的磁性粒子与外部的磁场。在水相中磁性粒子与微藻细胞表面均带有负电荷，阳离子聚合电解质（阳离子黏合剂）在磁性粒子与微藻细胞充当桥梁作用介导二者的结合。微藻细胞一旦与磁性粒子链接，微藻细胞便可在磁场的作用下聚集絮凝。磁性粒子是裸露的四氧化三铁或硅化包被的磁性核。使用四氧化三铁纳米颗粒分离布朗葡萄藻与椭圆小球藻磁场处理 1min 后微藻细胞生物质采收效率达 98% 以上。磁力絮凝采收效率与培养液的 pH 及组成密切相关，二价与三价离子的存在，如钙离子、磷酸根与镁离子等，会促进微藻细胞与磁性粒子间的相互作用，进而提高微藻的采收效率。磁力絮凝采收主要的优势是采收时间短，磁性粒子的生物兼容性好、无毒性、磁性粒子与培养液均可再生、耗能低等。磁力采收的主要缺点是磁性粒子成本较高，大规模采收中经济可行性较低。

已报道的微藻絮凝采收案例见表 2-6。

表 2-6　　　　　　　　　　微藻絮凝采收案例

絮凝类型	微藻种类	方法	处理体积	关键参数	RE/CF
自絮凝	普通小球藻 C. vulgaris	pH 诱导	100mL	XC：0.5g DW/L；pH：9.7~10.8；CC：5.75mmol/L NaOH/4.00mmol/L Ca(OH)$_2$/8.00mmol/L KOH	95%
	特氏杜氏藻 Dunaliella tertiolecta	pH 诱导	50mL	OM：分批；XC：0.25g DW/L；pH：8.6~10.5；CC：1.0mol/L NaOH	90%
化学絮凝	极微小球藻 C. minutissima	金属离子絮凝剂	20mL	XC：2.20×10^8 细胞/mL；CC：0.75g/L Al$_2$(SO$_4$)$_3$；RT：2h	80%
	极微小球藻 C. minutissima	金属离子絮凝剂	20mL	XC：2.20×10^8 细胞/mL；CC：0.75g/L Fe$_2$(SO$_4$)$_3$；RT：4h	80%
	极微小球藻 C. minutissima	金属离子絮凝剂	20mL	XC：2.20×10^8 细胞/mL；CC：0.5g/L AlCl$_3$；RT：1h	80%
	极微小球藻 C. minutissima	金属离子絮凝剂	20mL	XC：2.20×10^8 细胞/mL；CC：0.75g/L FeCl$_3$；RT：3h	80%
	眼点拟微球藻 Nannochloropsis oculata	金属离子絮凝剂	100mL	XC：1.7g/L；pH：8.3；CC：438.1μmol/L Al$_2$(SO$_4$)$_3$	94%
		金属离子絮凝剂	100mL	XC：2.2g/L；pH：7.9；CC：383.5μmol/L FeCl$_3$	88%

续表

絮凝类型	微藻种类	方法	处理体积	关键参数	RE/CF
化学絮凝	盐生杜氏藻 Dunaliella salina	金属离子絮凝剂	100mL	XC：0.3g DW/L；pH 7.5；CC：1mmol/L $FeCl_3$；RT：30min	90%~97%
	斜生栅藻 Scenedesmus obliquus	高分子聚合物絮凝剂	50mL	XC：6.35g DW/L；CC：2mg/L 聚丙烯酰胺；RT：5min	90%
	朱氏四爿藻 Tetraselmis chuii	壳聚糖	1 L	CC：40mg/L 壳聚糖；pH：5.03	80%
	微拟球藻 Nannochloropsis sp.	壳聚糖纳米粒子		XC：1.33×10^8 细胞/mL；CC：60mg/L 壳聚糖纳米粒子；pH：9	98%
	凯氏拟小球藻 ParaC. kessleri	阳离子淀粉		XC：0.30g/L；CC：20mg/L 阳离子淀粉；pH：10	90%
	斜生栅藻 Scenedesmus obliquus	阳离子淀粉		XC：0.15g/L；CC：10mg/L 阳离子淀粉	80%
	普通小球藻 C. vulgaris	辣木衍生物		FAC：1g/L 辣木种子粉；pH：9.2；RT：120min	89%
	普通小球藻 C. vulgaris	辣木衍生物	600mL	OM：分批；FAC：30mg/L 辣木种子粉；pH：6.9~7.5；RT：20min	95%
	葡萄藻 Botryococcus sp.	阳离子菊粉	200mL	FAC：60mg/L；pH：7.4；RT：15min	88.6%
	衣藻 Chlamydomonas sp.	阳离子瓜尔胶	200mL	XC：0.89mg/L；FAC：100mg/L；pH：7.3；RT：15min	92.1%
	普通小球藻 C. vulgaris	净水马钱子种子粉	50mL	FAC：100mg/L；pH：7.0；RT：30min	99.7%
生物絮凝	普通小球藻 C. vulgaris	γ-聚谷氨酸	150mL	XC：0.60g/L；FAC：19.82mg/L γ-PGA；pH：7.8；RT：2h	91%/20.5
	原始小球藻 C. protothecoides	聚谷氨酸	150mL	XC：0.60g/L；FAC：19.82mg/L γ-PGA；pH：7.8；RT：2h	98%/29.8
	布朗葡萄藻 Botryococcus braunii	Pestalotiopsis sp. KCTC 8637P 来源的絮凝剂	50mL	FAC：100mg/L 絮凝剂；pH：11	90%
	普通小球藻 C. vulgaris	共培养 Aspergillus niger		XC：2.55×10^9 细胞/L；FIC：8.50×10^6 孢子/L；pH：7.1	90%

续表

絮凝类型	微藻种类	方法	处理体积	关键参数	RE/CF
生物絮凝	四爿藻 Tetraselmis suecica	共培养 Aspergillus fumigatus	250mL	XC：$7\sim12\times10^8$ 细胞/mL；FIC：$(1.5\sim2.0)\times10^7$ 孢子/L；RT：24h	90%
	原始小球藻 C. protothecoides	共培养 Aspergillus fumigatus	250mL	XC：$(1\sim3)\times10^9$ 细胞/mL；FIC：$1.5\sim2.0\times10^7$ 孢子/L；RT：24h	90%
	普通小球藻 C. vulgaris	共培养 Aspergillus nomius	1 L	XC：0.4g/L；F/M：4∶1（质量比）；pH：7.0；RT：4h	97%
	拟微球藻 Nannochloropsis sp.	共培养 Aspergillus nomius	1 L	XC：0.4g/L；F/M：4∶1（质量比）；pH：6.0；RT：3h	94%
	普通小球藻 C. vulgaris CNW11	共培养 C. vulgaris JSC-7		FAC：0.5mg/L 细胞壁多糖；pH：7；RT：1h	80%
	斜生栅藻 Scenedesmus obliquus	共培养 Scenedesmus obliquus AS-6-1		XC：6×10^6 细胞/mL；FAC：0.6mg/L 絮凝剂；pH：7；RT：30min	88%
物理絮凝	单胞藻 Monodus subterraneus	超声	流量 $4\sim6$L/d	XC：3.3×10^8 细胞/mL；PI：4W	90%/11
	四爿藻 Tetraselmis sp.	电絮凝	150mL	XC：1.36×10^6 细胞/mL；RT：60s；El：铝；U：5.2 V；pH：8.4	95%
	海洋微拟球藻 Nannochloropsis maritima	磁力絮凝	100mL	XC：$0.1\sim2$g/L；CC：120mg/L Fe_3O_4 纳米粒；pH：8	97%

注：XC 表示培养液藻细胞密度；CC 表示化合物浓度；OM 表示运行模式；RT 表示停留时间；FAC 表示絮凝剂浓度；FIC 表示真菌接种密度；F/M 表示真菌菌丝与微藻生物质比例；PI 表示能量输入；El 表示电极；U 表示电压；DW/L 表示每升干重；RE 表示采收效率；CF 表示浓缩系数。

(三) 浮选

浮选是一种浮力分离过程，利用气泡吸附直径通常<500μm 悬浮粒子，空气或气泡将悬浮物带到液体表面的顶部，然后通过撇沫过程收集悬浮物。悬浮粒子的直径、碰撞与黏附倾向是影响气泡与粒子吸附结合的主要因素。疏水粒子被气泡捕获后浮向表面导致疏水与亲水颗粒被分离。

微藻密度低，具有自浮特性，与沉降作用相比，该方法相对快速且更有效。浮选分离对淡水和海洋微藻均是有效的采收方法。悬浮颗粒与空气或气泡的附着取决于许多因素，包括悬浮颗粒的大小、碰撞和黏附的概率。其主要优点是操作时间短、空间要求低、适合规模化生产和灵活性高、初始成本低以及耗能低等。浮选过程中可以加入聚集剂，提高微藻细胞的疏水性，促进细胞与气泡的聚集，聚集剂一般是表面活性剂或絮凝剂，可分成阳离子型、非离子型、硫代化合物与阴离子型。表面活性剂增加了气泡和悬浮颗粒黏附的可能性。由于浮选采收主要受到微藻细胞的疏水性以及细胞与气泡之间的相互作用的影响，浮选效率主要受到聚集剂的种类（表面活性剂或絮凝剂）、培养液 pH 和离子强度、气泡形成类型与大小、再循环率、气罐压力、水力停留时间和颗粒漂浮率等因素的影响。聚集剂影响凝集块形成过程与电荷密度，产生大小不同的凝集块。培养液的 pH 影响聚集剂的吸附能力与微藻细胞表面的电荷性质，因此对于浮选效率影响巨大，当培养液为碱性时细胞表面主要为负电荷，而在培养液酸性时微藻细胞表面为中性或带正电荷。在合适的培养液 pH 下聚集剂与微藻细胞的静电作用最强，如阳离子聚集剂在碱性培养液中有助于浮选效率的提高，而阴离子聚集剂在酸性培养液中浮选效果较好。培养液的离子强度与存在的惰性盐浓度有关，培养液离子强度升高时 ZP 值降低，气泡与微藻细胞之间的静电作用变弱，浮选效率降低，惰性盐浓度高时形成的气泡较大而易于破裂，不利于浮选过程的进行，浮选效率降低。气泡直径越小浮选效率越高，原因在于较小的气泡具有更高的表面积与体积比且具有较低的浮升速度而具有较长的停留时间。根据气泡生成的方式，浮选采收可分为不同的类型，如溶气浮选（dissolved air flotation，DAF）、曝气浮选（dispersed air flotation，DiAF）、电解浮选与曝气臭氧浮选。已报道的微藻浮选采收案例见表 2-7。

表 2-7　　　　　　　　　　　　　微藻浮选采收案例

浮选类型	微藻	处理体积	运行条件	RE
溶气浮选	小球藻 Chlorella 与栅藻 Scenedesmus 共培养	1.2 L	OM：分批；EC：0.76 Wh/L；CC：C-floc 60	84.9%
	二形栅藻 Scenedesmus-dimorphus		RT：10min；CC：45.6mg/L Mg^{2+}	85%
	微拟球藻 Nannochloropsis sp.		RT：10min；CC：1330mg/L Mg^{2+}	92%
	小球藻 C. sp. XJ-445		OM：分批；RT：15min；CC：40mg/g Al^{3+}+60mg/g CTAB；GFR：50mL/min	98.7%
			RT：20min；XC：7.4×10^4 细胞/mg；CC：10mg/L Triton X-100；GFR：114mL/min	<10%
曝气浮选	四尾栅藻 Scenedesmus quadricauda		RT：20min；XC：7.4×10^4 细胞/mg；CC：10mg/L CTAB；GFR：114mL/min	50%
			RT：20min；XC：7.4×10^4 细胞/mg；CC：40mg/L CTAB；GFR：114mL/min	90%

续表

浮选类型	微藻	处理体积	运行条件	RE
曝气浮选	四爿藻 Tetraselmis sp. M8		RT：15min；CC：25mg/L DAH；GFR：10L/min	97%
			RT：15min；CC：15mg/L DPC；GFR：10L/min	99%
	普通小球藻 C. vulgaris；斜生栅藻 Scenedesmus obliquus		RT：20min；CC：20mg/L 皂角苷 + 5mg/L 壳聚糖	>93%
电解浮选	混合微藻		OM：分批；RT：140min	95%~99%
			OM：分批；RT：40min	75%~88%
	索罗金小球藻 C. sorokiniana		OM：分批；EC：4kWh/kg；CC：0mg/L NaCl；I：1A；U：6.6V；El：碳	66%
			OM：分批；EC：1.6kWh/kg；CC：6mg/L NaCl；I：1A；U：3.7V；El：碳	95%
	破囊壶藻 Aurantiochytrium sp. KRS101		OM：分批；RT：15min；EC：0.125kWh/kg；I：17.2mA/cm^2；El：铝	55.6%
	小球藻 Chlorella sp.		EC：0.43kWh/kg；CC：15mg/L 壳聚糖；GFR：1000L/h；I：5.9 A；U：4V；El：碳	90%
曝气臭氧浮选	普通小球藻 C. vulgaris		OM：分批；GC：0.024~0.05mg O$_3$/mg；GFR：0.6L/min	98%
	斜生栅藻 Scenedesmus obliquus FSP-3		OM：分批；RT：4min；GC：0.2~0.52mg O$_3$/mg；GFR：0.6L/min	95%
	混合微藻		OM：分批；RT：5min；GC：45mg O$_3$/L；GFR：0.4L/min	79.6%

注：OM 表示运行模式；RT 表示停留时间；EC 表示能耗；XC 表示培养液藻细胞密度；CC 表示化合物浓度；GC 表示气体量；GFR 表示气体流量；I 表示电流密度；U 表示电压；El 表示电极。

资料来源：Esteves AF. Handbook of Microalgae-Based Processes and Products，Academic Press，2020：225-281。

1. 溶气浮选

溶气浮选的原理是高压浓缩空气溶解于培养液后膨胀成气泡，上浮过程中气泡与微藻细胞结合，带动微藻细胞聚集上浮。高压空气溶解于培养液中形成的气泡直径在 10~100μm，气泡直径是影响气浮效率的主要因素，除此之外还有饱和器的压力、培养液的 pH、水力滞留时间，溶气水回流比也对气浮效率影响较大。为了提高聚集块的形成效率，增加微藻颗粒尺寸，进而提高气浮采收效率，通常也会像絮凝采收一样使用聚集剂。溶气浮选通常比曝气浮选的采收效果好，相比曝气浮选，溶气浮选产生的气泡较小，对微藻细胞的吸附过程时间长且温和，有报道称使用溶气浮选同时使用氢氧化钠作为表面活化剂情况下采收盐生杜氏藻时的采收效率在90%以上。溶气浮选的缺陷主要是采收成本较高，高压空气的生成通常需要借助空压机等耗能设备。不同的聚集剂对溶气浮选的采收效率影响较大，如有研究表明使用三价铁离子作为聚集剂时溶气浮选索罗金小球藻的效果最好，达到了90%以上。不同藻种最适的聚集剂不同，如镁离子对拟微球藻的聚集效果较好，因培养液中含有较高的镁离子，无需外加镁离子的情况下溶气浮选采收10min后采收效率便已达92%以上。除了常规的溶气浮选，还有一种通过在饱和器中加入溶剂使气泡带有正电荷的溶气浮选方法，大幅提高了溶气浮选采收的效率，常用的溶剂有表面活性剂、聚集剂或具有亲水或疏水基团的聚合物，促进细胞与气泡的结合。

2. 曝气浮选

曝气浮选与溶气浮选的区别在于曝气浮选注射入培养液的空气没有经过压缩，产生的气泡较大，直径在700~1500μm。气泡通常由两种方式产生，一种是空气高速通过多孔材料或机械搅拌器，另一种是通过表面活性剂生成气泡。曝气浮选更加适用于规模化微藻细胞的采收。曝气浮选的优点主要是相对节能，缺点是所需设备价格相对较高。曝气浮选一般也需要配合使用聚集剂，如有研究曝气浮选采收四尾栅藻时使用40mg/L的十六烷基三甲基溴化铵（CTAB）可提高采收效率达92%，而不使用聚集剂情况下的采收效率不足10%。

3. 电解浮选

电解浮选是使用电能解离水分子生成氢气产生气泡，电极或絮凝剂可使用活性金属阳极。电解浮选的最大优势是成本可靠性及对所有微藻种的适应性，但此种采收方法存在阴极污染与能耗较高的缺陷。有人研究了使用电解浮选采收微藻，表明随着处理时间的延长采收效率逐渐升高，处理40min时采收效率约75%，处理70min时采收效率达93%，处理时间达到140min时采收效率达99%。有研究使用15mg/L的壳聚糖配合使用电解浮选采收效率达90%以上。因海水的电导能力更强，因此相对比淡水微藻的采收，电解浮选技术更适用于海水微藻的采收，研究表明氯化钠可以增加电化学反应效率，使用电解浮选采收索罗金小球藻时，加入6g/L的氯化钠后采收效率从无添加时的66%提升至95%，且采收单位藻细胞的能耗从4kWh降低至1.6kWh。

4. 曝气臭氧浮选

曝气臭氧浮选与曝气浮选的区别主要在于使用臭氧产生带有电荷的气泡。臭氧可氧化可溶性化合物分子，提高气泡与微藻细胞之间的交联，加上臭氧会诱导部分微藻细胞裂解，释放一些生物大分子，起到絮凝剂或聚集剂的作用，提高微藻细胞采收效率。但曝气臭氧浮选因需要配备臭氧产生设备而导致采收成本较高。影响曝气臭氧浮选的主要因素有臭氧浮选时间、臭氧浓度以及流量。

（四）离心

离心采收是工厂化微藻培养中最常见也是最快速的采收方式。微藻细胞在离心机的作用下从培养液中沉降出来，无需借助化学试剂，几乎适用于所有微藻种类，且采收效率接近100%。离心采收的主要缺点是耗能较大，离心机也较昂贵，因此通常使用于采收附加值较高的微藻细胞。工业上使用的离心机有多种，如碟片式离心机、沉降式离心机、过滤离心机等。选用何种离心机采收微藻细胞需综合考虑采收效率、细胞特性、采收成本等因素。离心机构造不同会导致细胞受到的向心力与剪切力显著不同，对细胞结构产生不同程度的危害。培养液处理量与流量也是一个重要考虑因素，直接关系到采收能耗成本与设备损耗成本等，过高的培养液处理量与流量显著降低离心机的采收效率。高流量时为了避免部分培养液不经离心便通过离心机腔体而降低采收效率，因此为保证采收效率通常需延长培养液在腔体内的保留时间而增加采收能耗。当培养液的流量较低时需适当调整保留时间与输入功率以降低能耗。影响离心采收效率与能耗的因素除了培养液流量之外还有离子大小与培养液与微藻细胞密度的差异，通常微藻细胞粒径越大，培养液与微藻细胞密度差异越大，采收效率越高，能耗越低。

$$t = \frac{18\eta s}{\omega^2 R \Delta \rho D_p^2} \tag{2-28}$$

式中　t——沉降细胞所需的时间，s；

　　　η——培养液的黏度，$N \cdot s/m^2$，$1N \cdot s/m^2 = 1000 mPa \cdot s$；

　　　s——沉降路径，m；

　　　ω——转速，s^{-1}；

　　　R——起始于离心轴至边缘的离心半径，m；

　　　$\Delta \rho$——培养液与细胞密度差，kg/m^3；

　　　D_p——微藻细胞的直径，m。

因离心采收的高效与不使用絮凝剂等化学试剂，能更好地满足食品卫生标准，离心采收是单细胞微藻如小球藻、纤细裸藻、拟微球藻与雨生红球藻等工厂化培养中主要采用的方式。使用离心采收时考虑的主要因素是采收成本占总成本的比例，离心中产生的热量对微藻细胞与活性产物的影响以及对食品安全方面的影响。已报道的实验室规模微藻离心采收效率见表2-8。

表2-8　　　　　　　　　　实验室规模微藻离心采收效率

微藻	处理体积	运行条件	RE
钙氏角毛藻 Chaetoceros calcitrans		OM：分批；v：1300×g	48%
牟勒氏角毛藻 Chaetoceros muelleri		M：分批；v：1300×g	15%
小球藻 C. sp.	600mL	OM：分批；RT：30min；v：4000r/min；XC：4.86×10^9 细胞/mL	99%
等鞭金藻 Isochrysis sp.		OM：分批；v：1300×g	54%
眼点拟微球藻 Nannochloropsis oculata		OM：分批；v：1300×g	67%
路氏巴夫藻 Pavlova lutheri		OM：分批；v：1300×g	66%
三角褐指藻 Phaeodactylum tricornutum		OM：分批；v：1300×g	56%
斜生栅藻 Scenedesmus obliquus		OM：分批；RT：10min；v：8000r/min	100%
多棘栅藻 Scenedesmus spinosus	300mL	OM：分批；RT：15min；v：1500r/min；XC：0.4g/L	95.2%
多棘栅藻 Scenedesmus spinosus	300mL	OM：分批；RT：15min；v：1800r/min；XC：0.4g/L	95.2%

续表

微藻	处理体积	运行条件	RE
多棘栅藻 Scenedesmus spinosus	300mL	OM：分批；RT：15min；v：2200r/min；XC：0.4g/L	96.0%
中肋骨条藻 Skeletonema costatum		OM：分批；v：1300×g	39%
朱氏四爿藻 Tetraselmis chuii		OM：分批；v：1300×g	5%
伪矮海链藻 Thalassiosira pseudonana		OM：分批；v：1300×g	57%

注：RE 表示采收效率；OM 表示运行模式；RT 表示停留时间；XC 表示培养液藻细胞密度；v 表示转速。

资料来源：Esteves AF. Handbook of Microalgae-Based Processes and Products, Academic Press, 2020: 225-281。

有研究报道，使用 4000r/min 离心 10min 小球藻细胞的采收效率可达 99% 以上，使用 8000r/min 离心 10min 采收效栅藻的采收效率达到 100%，通常转速在 500×g 以上时离心 2～5min 采收效率便可达 80%～90%。工业规模使用的离心机主要是碟片式、管式、多室离心机与卧螺离心机等，其中碟片式离心机因容易实现连续操作、节省人力以及分离迅速等优点而成为微藻采收中最常见的离心机，但需注意的是碟片式离心机离心过程中产生的剪切力较强，对于一些柔性较强与细胞较大的微藻可能会有采收率低的问题。管式离心机与多室离心机对细胞的损伤较小而具有较高的采收率，但需要定期清理微藻细胞而不能实现连续操作。卧螺离心机可连续操作，比较适合采收固体物含量较高，通常在 10%～50% 的培养液。旋流器比较适合连续采收体积量较大的微藻培养液，但旋流器采收的能耗较高。有研究使用卧螺离心机采收栅藻，流速控制在 $2m^3/h$ 与 9500r/min 下获得了含水量在 80%～85% 的藻泥；使用碟片式离心机采收栅藻与空星藻获得了 TSS 约 12% 的藻泥，浓缩系数达到了 120，改换使用喷嘴压料离心机采收获得的藻泥 TSS 在 2%～15%，浓缩系数在 20～150，而采用卧螺离心机时 TSS 达到 22%，浓缩系数达到 11。而采用旋流器采收空星藻获得的藻泥含水量较高，TSS 仅为 0.4，浓缩系数为 4。为降低离心采收培养液规模，降低能耗成本，有研究使用两步分离的方式对微藻进行采收，首先使用絮凝等方法对微藻细胞进行初步浓缩，可使培养液体积减小 65% 以上，大幅减少离心采收的时间与能耗。已报道的工业规模微藻离心采收效率见表 2-9。

表 2-9　工业规模微藻离心采收效率

微藻	设备种类	处理体积	运行条件	RE/CF
长鼻空星藻 Coelastrum proboscideum	旋流器		OM：连续；EC：$0.3kWh/m^3$	CF：4
长鼻空星藻 Coelastrum proboscideum，栅藻 Scenedesmus sp.	碟片		OM：连续；EC：$1kWh/m^3$	CF：120
长鼻空星藻 Coelastrum proboscideum，栅藻 Scenedesmus sp.	喷嘴压料		OM：连续；EC：$0.9kWh/m^3$	CF：20～150
长鼻空星藻 Coelastrum proboscideum，栅藻 Scenedesmus sp.	卧螺		OM：连续；EC：$8kWh/m^3$	CF：11

续表

微藻	设备种类	处理体积	运行条件	RE/CF
微绿球藻 Nannochloris sp.	碟片	0.94L/min	OM：连续；RT：10min；v：3000×g；EC：20kWh/m^3；XC：100mg/L	RE：94%
微绿球藻 Nannochloris sp.	碟片	23.2L/min	OM：连续；RT：10min；v：3000×g；EC：0.80kWh/m^3；XC：100mg/L	RE：17%
梅里亚栅藻 Scenedesmus almeriensis	卧螺	2m^3/h	OM：连续；RT：10min；v：9500r/min；EC：2.75kWh/m^3；XC：0.7~2.0g/L	CF：≈135
多棘栅藻 Scenedesmus spinosus	喷嘴压料	14L/min	OM：连续；RT：10min；v：5500r/min；XC：0.4g/L	RE：82.1%

注：RE 表示采收效率；CF 表示浓缩系数；FR 表示流速；OM 表示运行模式；RT 表示停留时间；XC 表示培养液藻细胞密度；v 表示转速；EC 表示能耗。

资料来源：Esteves AF. Handbook of Microalgae-Based Processes and Products，Academic Press，2020：225-281。

（五）过滤

过滤在丝状微藻的采收中比较常见，如螺旋藻与发状念珠藻等。培养液在外部力量的驱动下通过特定的过滤器而实现微藻细胞截留采收的目的。过滤材料可为膜、滤布等，外部力量可为地球重力、外部压力或抽真空导致的大气压力等。膜过滤获得藻泥的含水量通常约95%。

根据膜的孔径大小、液流方向、压力类型，过滤技术可细分成不同种类（图2-15）。粗孔过滤的滤膜孔径通常在10μm 以上，主要用于采收直径较大的微藻细胞，如螺旋藻等丝状微藻。微孔过滤的滤膜孔径 0.1~10μm，可用于采收大多数微藻。而超细过滤滤膜孔径在 0.02~0.2μm，可用于截留蛋白质或多糖等大分子聚合物。因微孔过滤与超细过滤的滤膜在满载之后需要较高的压力才能使培养液通过，容易造成滤膜使用寿命减短与能耗巨幅增加，因此较少用于微藻细胞采收，而是主要应用于其他工业过程中除杂等用途。依据过滤中培养液的流向，过滤又可分为终端过滤或称为横流式过滤与切向流过滤，终端过滤是指培养液垂直通过滤膜，细胞沉积于滤膜上，在细胞密度较高的情况下快速引起滤膜的堵塞。切向流过滤则是培养液流向与滤膜平行，滤液同样垂直通过滤膜，滤膜表面形成的细胞滤饼被液流冲击流出，可在很大程度上避免滤膜的污染与堵塞。因此切向流过滤更加适合体积较小的微藻细胞的采收，并且切向流采收能更好地保持细胞活性与获得较高的回收率。真空过滤与压力过滤通常被用于体积较大的细胞的采收，如丝状微藻螺旋藻与念珠藻等。压力过滤通常采用板框压滤机或带有过滤器的压力容器。板框压滤机是一连串堆叠放置的方形平板，每个平板上均覆盖有滤布，培养液被泵入平板之间的空腔中，在压力的挤迫下培养液通过滤布流出，而细胞沉积于滤布上。压力容器结构有多种，如箱式压滤机、圆筒筛与滤篮等。真空过滤是在滤膜一侧施加吸力，最常用于微藻采收的真空过滤装置是真空转鼓吸滤机、吸滤器与带式过滤机。

如表2-10所示，目前已有一些微藻过滤采收案例的研究报道。例如，使用微孔过滤膜

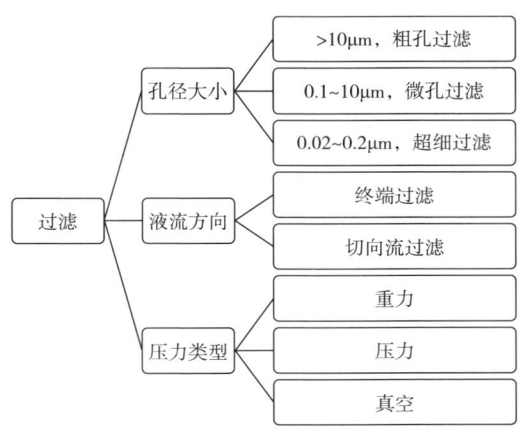

图 2-15 过滤技术的主要种类

进行切向流过滤采收小球藻获得了 98% 以上的采收率。随着材料科学的发展，越来越多的新型膜材料被应用于微藻采收过程，如聚醚砜-聚乙烯吡咯烷酮（PES-PVP）、聚偏氟乙烯（PVDF）、聚氯乙烯（PVC）、聚丙烯腈（PAN）、聚酰砜（PES）、聚四氟乙烯（PTFE）、聚对苯二甲酸乙二醇酯（PET）等材料；膜结构也是多样，如螺旋盘绕、管状膜、平板状、纤维状等，不同结构的过滤膜在成本与耐腐蚀等方面各不相同。过滤膜的效率随着干物质含量的增高逐渐降低，干物质积累会导致过滤膜的堵塞与浓度极化。滤膜具有一定的疏水性，通常缓解滤膜堵塞与极化问题，疏水性材料可降低微藻细胞与滤膜的接触，滤膜上覆盖一层疏水聚乙烯醇（PVA）高分子聚合材料可降低滤膜的堵塞与极化现象。有研究使用切向流 PET 滤膜采收小球藻，使用 PVA 疏水材料覆盖后采收效率提高了 36%。具有不同孔径的筛网也可用于微藻细胞的采收，培养液通过筛网孔而直径大于网孔的颗粒物被截留。用于微藻采收的筛网通常有两类，一类是微滤器，另一类是振动筛过滤器。微滤器中的旋转过滤器由精细筛网制成，培养液连续回流后可截留直径较大的颗粒，对于直径较小的微藻细胞需要滤筛的孔径更小，造成流速降低与采收成本升高。振动筛是一种在食品与造纸等领域比较常见的分离设备，使用振动筛采收空星藻 TSS 在 5%~8%。总之微滤器与振动筛过滤均比较适合细胞直径较大或丝状微藻细胞，如振动筛过滤是工业规模采收螺旋藻的主要设备，而对于细胞直径较小的细胞则适用性较差，此外由于滤网表面容易形成微藻细胞膜，定期的清理维护对于设备的正常运转与延长使用寿命也比较重要。

表 2-10 微藻过滤采收案例

形式	微藻	工艺方式	处理体积	运行条件	RE/CF
过滤	长鼻空星藻 *Coelastrum proboscideum*	压力过滤；箱式压滤		OM：分批，一步；EC：0.88kWh/m³	CF：245
	长鼻空星藻 *Coelastrum proboscideum*	压力过滤；真空过滤		OM：分批	CF：160

续表

形式	微藻	工艺方式	处理体积	运行条件	RE/CF
过滤	长鼻空星藻 *Coelastrum proboscideum*	真空过滤		OM：分批，一步；EC：0.1kWh/m³	CF：80
	长鼻空星藻 *Coelastrum proboscideum*	真空过滤；带式过滤器		OM：连续；EC：0.45kWh/m³	CF：95
	小球藻 *C.* sp.	微滤；切向流		OM：连续；RT：6h	RE：98%
	眼点拟微球藻 *Nannochloropsis oculata*	超滤；切向流		RT：30min；XC：3.38×10⁶ 细胞/mL	RE：79.5%
	橙黄壶藻 *Aurantiochytrium sp. KRS*101	微滤；0.2μm PVDF 膜	FR：8L/min	RT：240min	RE：97.3%
	橙黄壶藻 *Aurantiochytrium sp. KRS*101	超滤；PVDF 膜 150kDa	FR：8L/min	RT：180min	RE：99.8%
	橙黄壶藻 *Aurantiochytrium sp. KRS*101	超滤；PES 膜 150kDa	FR：8L/min	RT：240min	RE：99.9%
	普通小球藻 *C. vulgaris*	浸入式微滤；PVDF-9	FR：38.3L/(m²·h)	EC：0.27kWh/m³；XC：0.41g/L	RE：98%
	三角褐指藻 *Phaeodactylum tricornutum*	浸入式微滤；PVDF-9	FR：42.5L/(m²·h)	EC：0.25kWh/m³；XC：0.23g/L	RE：70%
	三角褐指藻 *Phaeodactylum tricornutum*	浸入式微滤；PVDF-12		XC：0.23g/L	RE：77%
	三角褐指藻 *Phaeodactylum tricornutum*	浸入式微滤；PVDF-15		XC：0.23g/L	RE：90%
	四尾栅藻 *Scenedesmus quadricauda*	超滤；PVC 膜 50kDa		OM：分批；v：0.17m/s；XC：1.0gL	CF：150
脱水筛	长鼻空星藻 *Coelastrum proboscideum*	脱水筛		OM：连续	CF：≈110

续表

形式	微藻	工艺方式	处理体积	运行条件	RE/CF
脱水筛	长鼻空星藻 *Coelastrum proboscideum*	脱水筛		OM：分批	CF：≈110
微过滤	长鼻空星藻 *Coelastrum proboscideum*	微过滤		EC：$0.2kWh/m^3$	CF：≈30

注：RE 表示采收效率；CF 表示浓缩系数；FR 表示液体流速；OM 表示运行模式；RT 表示停留时间；XC 表示培养液藻细胞密度；v 表示液体过膜流速；EC 表示能耗。

资料来源：Esteves AF. Handbook of Microalgae-Based Processes and Products，Academic Press，2020：225-281。

三、微藻采收技术的选择

采用何种微藻细胞的采收方式受许多因素的影响，如采收效率与浓度系数、微藻细胞的用途、设备费用、培养液规模与采收时间、采收成本等。其中，微藻细胞的用途是需要考虑的主要因素，直接关系到产品的品质能否满足国家相关标准要求。加上微藻细胞本身的多样性，因此难以找到一个普遍适用的采收方法。微藻采收方式的选择通常是两方面的考量，首先是确定优先考虑的参数，其次是明确对于每个参数效果最好的采收方法。有研究设定微藻生物质品质与生物质量、成本、采收时间、毒性及是否适合大规模采收作为主要考虑参数，微藻生物质主要用作生物燃料生产、人类食品与动物饲料以及高附加值化合物的生产。因此首先基于最终用途列出各参数的优先级别，然后根据每种采收方法对每个参数的满足水平，最终选择出每种应用目的最合适的采收方法。基于微藻燃料最重要的特征，即成本低廉的特点，生物质量、成本与采收时间被认为是微藻燃料生产最重要的参数。对于以人类食品与动物饲料为应用目的的采收，生物质品质、毒性以及大规模采收适用性被认为是最重要的采收参数。毒性、生物质品质与生物质量被认为是高附加值化合物生产中最重要的参数。不同用途的采收方法需要特别考量的参数概括为图 2-16。

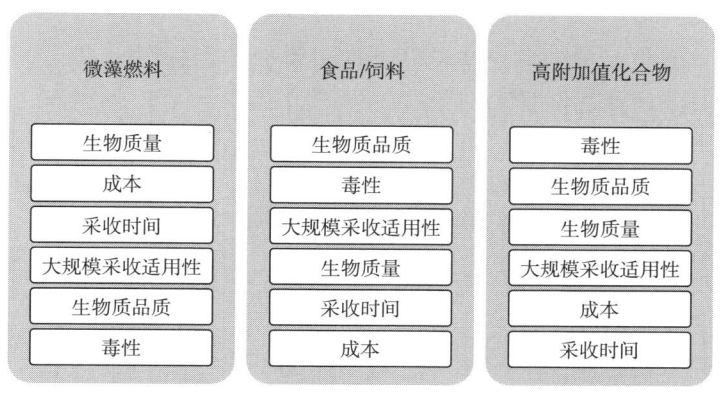

图 2-16 不同用途的采收方法需要特别考量的参数

总体来看，离心采收在生物质量、采收时间与大规模采收适用性方面均有较大优势，而过滤采收在微藻生物质品质方面具有较大优势。重力沉降的采收成本最低，而在毒性方面重力沉降、离心与过滤采收最优。重力沉降、絮凝与气浮采收的采收成本较低且适用于大规模微藻培养过程，比较适于微藻燃料的生产。过滤采收对微藻生物质品质影响最小，对于食品与动物饲料比较合适，而离心采收因具有较高的能耗，对于高附加值化合物如含有虾青素的雨生红球藻的生产比较适合。通过组合使用多个采收方法，可进一步提高采收效率与降低采收成本，比如组合使用重力沉降与过滤或离心采收方法，可大幅降低培养液的处理量，重力沉降过程可对培养液起到初步浓缩作用，通常 TSS 为 0.05% 的藻液经重力沉降后可浓缩 100~200 倍，TSS 达到 2%~7%，在随后的脱水过程中微藻生物质进一步被浓缩，浓缩系数通常在 2~10，微藻生物质的浓度在 15~20，此时的水分基本全为胞内水分，生物质基本流动性较低。因此综合多种采收方法具有显著增加沉降速率与减少采收时间的优点，此外初步对微藻细胞进行浓缩还可以降低离心转速等，从而降低剪切力，减少对微藻细胞的损伤而导致采收效率降低，最终采收效果通常可达到单独使用离心采收的采收效率，但采收能耗大幅降低。不同采收方式对不同参数的满足程度见表 2-11。

表 2-11 不同采收方式对不同参数的满足程度

满足程度	参数					
	生物质量	生物质品质	成本	采收时间	毒性	大规模采收适用性
差	重力沉降	重力沉降	离心	重力沉降	絮凝/浮选	重力沉降/絮凝/浮选
良	絮凝/浮选/过滤	絮凝/浮选/离心	絮凝/浮选/过滤	絮凝/浮选/过滤		过滤
优	离心	过滤	重力沉降	离心	重力沉降/离心/过滤	离心

资料来源：Esteves AF. Handbook of Microalgae-Based Processes and Products, Academic Press, 2020: 225-281。

思考题

1. 试用雷诺系数解释跑道池液深度是如何影响湍流形成的？
2. 跑道池中导流板的作用主要体现在哪两个方面？
3. 试从光照射表面积与光生物反应器体积的比 α_{light} 的角度分析反应器直径是如何影响单位时间单位体积微藻生物质产量 P_V 的？
4. 试分析丝状微藻比较适合哪种采收方法？

第三章

微藻的应用

CHAPTER 3

[学习目标]

1. 了解在不同领域中已经得到应用的微藻种类。
2. 了解微藻技术对发展大食物观、碳中和、能源安全相关技术与生态文明建设的意义。
3. 了解微藻活性代谢物的种类及其应用潜力。

第一节 微藻在食品中的应用

一、微藻在食品中的应用历史

据统计，世界上每 9 人中就有 1 人会受到饥饿的影响。无论是从受影响人数还是从致死率来看，这主要是由于能量和蛋白质摄入不足，进而导致蛋白质-能量营养不良。随着世界人口的不断增加，该问题有可能不断升级，并将对蛋白质供应带来更大挑战。

据联合国预计，到 2050 年，世界人口将达到 97 亿，但目前尚缺乏有效方案解决对蛋白质的预期需求。美国国家科学院预计粮食产量将受到气候变化的严重影响，总体平衡将会被打破，粮食供应问题严峻，海洋资源过度捕捞、可耕地减少及突发流行疾病和地缘政治冲突也将会加剧这一问题。由此可见，人类需要提出新的可持续发展方案，满足人口增长对粮食等的需求，同时减轻海洋、森林的淡水供应负担。面对以上严峻考验，在党的二十大报告中，指出粮食供应与安全问题在国家重大发展战略中具有举足轻重的地位，并提出"树立大食物观"的明确要求。该项要求是基于保障国家粮食安全、顺应人民对美好生活向往，结合世情国情粮情新变化、把握未来食物发展新趋势作出的重大战略部署。

微藻是古老的光合自养生物，其个体小、生长速度快，广泛生存于海水及淡水环境中。其环境适应能力强，是生态系统中重要的初级生产者。人类食用微藻的历史也非常悠久，在几千年前就已开始食用螺旋藻。在 1500 年前的晋代，荆州（今湖北）人民就食用一种俗称

"葛仙米"的蓝藻,并被葛洪用作中药。从1959年到20世纪90年代,微藻生物产业在我国进入初创时期。尤其是自1959年以来的六十余年间,微藻生物技术研究带动螺旋藻、小球藻、雨生红球藻产业发展,年产量分别突破约1万t、2000t和400t干粉,杜氏盐藻、葛仙米(*Nostoc sphaeroids* Kütz)和裸藻的产量也实现突破。目前,我国已成为世界上规模最大的微藻生产国家,微藻生物经济雏形正在孕育。

虽然我国食用微藻的历史很悠久,但微藻被正式批准为新食品原料(2013年以前称为新资源食品)却是在21世纪以后。2004年,我国国家卫生和计划生育委员会发布第17号文件,批准钝顶螺旋藻和极大螺旋藻可作为普通食品食用,这是我国第1个正式获批的微藻原料资源食品。随着对微藻研究的不断深入,更多的微藻获得新资源食品认可:2009年,盐藻及提取物获得了新资源食品认可;2010年,我国批准DHA藻油和雨生红球藻作为新资源食品,微藻在食品领域的应用越来越广。

二、微藻的营养组成

微藻含有丰富的营养成分,且不同藻类差异巨大。即便是同一物种,其营养成分也受培养基成分、温度以及光照强度等环境因素影响。微藻主要营养成分包括蛋白质和氨基酸、不饱和脂肪酸和维生素等。

(一)蛋白质和氨基酸

氨基酸通过肽键连接形成肽链,经过加工折叠后形成蛋白质。蛋白质是人体所需的大量营养素之一,也是人类饮食中不可缺少的物质。氨基酸分为两类,即必需氨基酸和非必需氨基酸。必需氨基酸是指人体自身不能合成的,需要在饮食中补充的氨基酸,包括组氨酸、异亮氨酸、亮氨酸、赖氨酸、甲硫氨酸、苯丙氨酸、苏氨酸、色氨酸和缬氨酸。此外,还有一些氨基酸在某些条件下无法在体内合成,被称为条件必需氨基酸,包括精氨酸、半胱氨酸、谷氨酰胺、甘氨酸、脯氨酸和酪氨酸。非必需氨基酸是指生物体可以自身合成的,不需要从外部补充的氨基酸。现阶段研究表明,微藻中含有大量、多种类型的氨基酸和蛋白质,其对人类的营养价值尚待研究。某些藻种的蛋白质含量超过其干生物量的50%,这具有很大的应用潜力。

相比于其他食物源蛋白质,微藻蛋白质含量和组成均具有较大优势。如表3-1所示,牛肉等肉类中蛋白质含量约17%,大豆粉等植物中蛋白质含量约36%。相比之下,微藻蛋白质含量高达70%,且氨基酸谱均衡,与其他常规来源蛋白质相似(如鸡蛋和大豆等)。

表3-1　　　　　　　　不同食物源蛋白质含量的比较(以干物质计)　　　　　　　单位:%

食物源	蛋白质含量	食物源	蛋白质含量
牛肉	17.4	脱脂牛乳	36
鱼肉	19.2~20.6	大豆粉	36
鸡肉	19~24	啤酒酵母	45
花生	26	全蛋	47
小麦胚芽	27	小球藻属	50~60
帕尔马干酪	36	螺旋藻属	60~70

资料来源:Koyande AK. Food Sci. and Hum. Wellness. 2019, 8(1):16-24。

与其他来源的蛋白质相比,采用微藻生产蛋白质具有明显的优势,比如:①与动物性蛋白质相比,土地面积需求量低;②相比用于食品和饲料的其他植物性蛋白质,如豆粕、豌豆蛋白粕等,对土地面积要求低;③不占耕地面积;④淡水消耗量很低;⑤与大豆来源蛋白质相比,微藻来源蛋白质具有可持续性。同时,微藻蛋白质产量较高,可达到 4~15 t/(ha·y),这高于小麦、豆类和大豆的蛋白质产量[分别为 1.1 t/(ha·y)、1~2 t/(ha·y) 和 0.6~1.2 t/(ha·y)]。由此可见,微藻有望成为新的蛋白质来源。

微藻种类繁多,其蛋白质和氨基酸含量等差异较大。螺旋藻富含藻蓝蛋白、藻多糖和多种维生素,且矿物质和微量元素含量也相当高,尤其是 K、P、Ca、Mg、Fe 等。螺旋藻蛋白质具有很强的水溶性,其消化系数可达 95%,吸收率可达 75%。小球藻中氨基酸种类多达 18 种,必需氨基酸占氨基酸总含量的 42%,达细胞干重的 20% 以上,以谷氨酸、天冬氨酸、亮氨酸含量最高。微藻蛋白质中以藻胆蛋白相关研究居多,其在微藻蛋白质中占比较大。藻胆蛋白是一类由藻胆色素与脱辅基蛋白中半胱氨酸巯基残基以硫醚键共价结合而成的色素蛋白。在原核蓝藻和真核红藻中,不同的藻胆蛋白组成高度有序的超分子复合物——藻胆体,由"锚蛋白"将其"锚"在类囊体膜上,作为光合作用的捕光色素系统。在不同培养条件下,藻胆体通常由 10~20 个蛋白质组成,其中以藻胆蛋白含量最高,达细胞干重的 40%。藻胆蛋白因容易分离,成为具有重要商业价值的天然色素。现阶段,大量研究表明藻胆蛋白具有促进人体健康的功能。其具有摩尔吸收系数高、荧光量子产量高、斯托克位移大、低聚物稳定性高等化学特征,使其具有高能量和荧光敏感性,可用作生物检测或诊断试剂。商业化藻胆蛋白大多来自蓝藻(如 *Arthrospira*)和红藻(如 *Porphyridium*),主要用作食用色素。日本生产的 Lina blue 藻胆蛋白,已作为食品添加剂,被添加到口香糖、冰淇淋、冰棒、糖果、饮料和乳制品等食品中。据估计,藻胆蛋白基的天然色素每毫克价格在 3~25 美元,全球市场销售额约在 5000 万美元。除以上提及的微藻外,小球藻等因具有较高蛋白质含量和营养价值,也已广泛应用于食品生产。总之,微藻因其出色的蛋白质含量和营养价值及其便捷高效的培养方法,已成为非常有潜力的优质蛋白质源。

(二)不饱和脂肪酸

不饱和脂肪酸是指含有不饱和双键的脂肪酸。除鱼油外,所有动物油的主要成分均为饱和脂肪酸。不饱和脂肪酸是人体不可或缺的,根据双键个数的不同,可分为单不饱和脂肪酸和多不饱和脂肪酸。在食物源脂肪酸中,单不饱和脂肪酸包括油酸等;多不饱和脂肪酸包括亚油酸、亚麻酸、花生四烯酸等。图 3-1 是不饱和脂肪酸的基本结构。其中,α-亚麻酸和亚油酸等,需从膳食中补充。研究表明,不饱和脂肪酸在预防心脏病、促进大脑发育、减缓衰老、维持机体健康等方面至关重要。联合国粮农组织建议摄入 0.25~0.5g/d 的 ω-3 多不饱和脂肪酸以补充人体所需的营养。有证据表明,多不饱和脂肪酸在预防心血管疾病、癌症和 2 型糖尿病、凝血、高血压、黄斑病变、类风湿性关节炎、骨质疏松症、抗炎、促进大脑发育和视力保护等方面起着重要作用。

微藻是水环境中的主要初级生产者,是鱼类体内亚油酸、亚麻酸等的主要来源。与鱼油和植物油等不饱和脂肪酸相比,微藻油更具有竞争力。不同食物源不饱和脂肪性质比较见表 3-2。某些藻类可积累较高水平的脂类,如原球藻中脂类在干生物量占比高达 70%。三角褐指藻等积累的二十碳五烯酸(EPA),可占总脂肪酸的 30%~40%。二十二碳六烯酸(DHA)和 EPA 的传统来源是冷水鱼及海鲜;鱼类之所以富含这些 ω-3 脂肪酸,是因为它们以浮游生物和藻类为食物,正是这些藻类产生了长链多不饱和脂肪酸(PUFAs)。因此,藻类可作为鱼油补充剂的有效替代品,提供人类所需的健康脂肪酸,同时避免对鱼类资源的过度捕捞,更利于可持续发展。

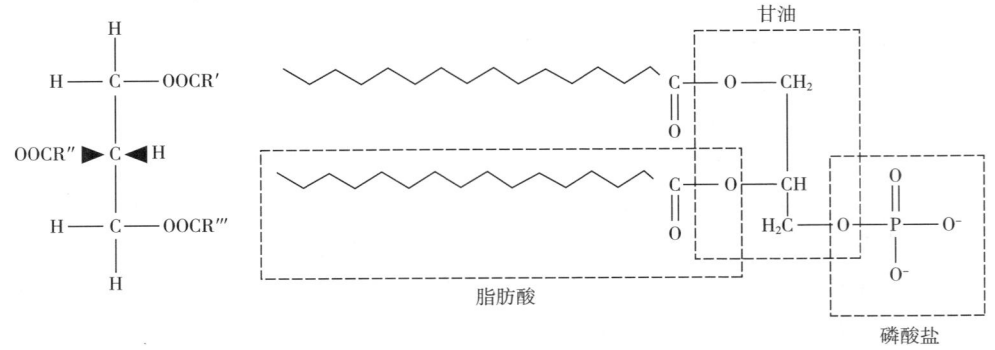

图 3-1 不饱和脂肪酸的基本结构

相比于高等植物,微藻具有更高的光合效率。特定培养条件下,富油微藻不饱和脂肪酸积累量可达到生物量的 20%~50%。微藻源多不饱和脂肪酸在食品中应用较为广泛,如 EPA、DHA、油酸、亚油酸等作为营养和膳食补充剂的研究已经有几十年历史,从上游藻种培育到下游目标产物提取已实现了工业化生产。

表 3-2 不同食物源不饱和脂肪性质比较

项目	藻油 EPA	鱼油	磷虾油
产量	藻类成长周期短,用地要求低,易大规模复制生产	每年的增速受到捕捞限制,无法满足日益增长的市场需求	
生物利用度	藻油为极性脂类,5h 吸收效率高出磷虾油 50%,高出乙酰酯型鱼油 4 倍	甘油三酯以及乙酯型鱼油在人体肠道内吸收率一般	磷脂型油脂吸收率较高
重金属污染	微藻是 EPA 的直接来源,基本不含重金属	鱼类通过食用藻类、虾类获得 EPA,存在重金属富集作用,鱼类重金属富集较多	虾类通过食用藻类富集 EPA,存在重金属富集作用
工艺难度	微藻细胞内只含有 EPA,制作 EPA 保健品、原料药等工艺难度和成本较低	从鱼油、磷虾油中分离纯化 EPA 的工艺昂贵且复杂	
气味	基本无鱼腥味	鱼腥味强烈	较少的腥味
变应原	不属于主要变应原名录,几乎适合所有人食用	对鱼或海产品过敏的人无法食用	虾是主要变应原之一,对海产品过敏的人无法食用

1. 二十碳五烯酸(EPA)

二十碳五烯酸(EPA)在人体内有减少或预防血脂异常、调节血压、调节葡萄糖代谢、协助减肥等方面的功能。其主要源于海洋生物，目前深海鱼油是其主要来源，而深海鱼体内的 EPA 主要是通过捕食海藻富集。但全球深海鱼的过度捕捞，已导致其资源量持续下降，EPA 产量缺口较大。同时，鱼油不适合素食主义者，其气味也不受欢迎，限制了鱼油的使用范围。现阶段，科学家正在积极探索可替代鱼类的 EPA 源头，已发现细菌、真菌、微藻及植物等可作为生产来源。其中，拟微球藻干物质中 EPA 含量显著高于其他藻类，可达到细胞干重的 3%~8%（不含 DHA）。微藻油中 EPA 含量占油脂总量的 15%~25%，可以满足食品营养补充剂的添加需求；高纯度 EPA 乙酯微藻油中，EPA 含量达到 96% 以上，可以满足药用需求。图 3-2 为拟微球藻的显微照片。

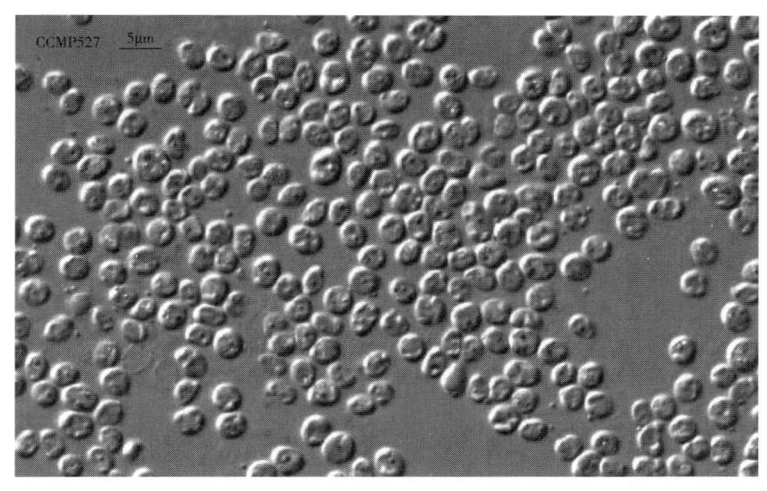

彩图 3-2

图 3-2　拟微球藻 *N. gaditana* 菌珠 CCMP527 显微照片

2. 二十二碳六烯酸（DHA）

DHA 是一种重要的 ω-3 多不饱和脂肪酸，在人体内具有重要生理活性，如预防动脉硬化、冠心病，维护脑功能及延缓脑衰老；维护视功能以及抑制肿瘤生长；在医药、保健品、功能性食品等方面有广泛应用。

陆地植物和动物的油脂成分中几乎不含 DHA，但在海产鱼的鱼油中却能检测到，市场上绝大多数 DHA 产品可追溯到深海鱼油。但从鱼油中提取的 DHA 不仅胆固醇含量较高，且带有腥味等；鱼种类不同也会引起 DHA 结构、含量的差异，且不同季节和地理位置会造成极显著差异。可见，以鱼油为原料提取 DHA 极不稳定，其含有的腥味较难去除，这限制了鱼油 DHA 在食品添加剂中的应用。更为严重的是，海水有机污染物会在鱼体内累积，导致鱼油中含有较高比例的污染物。Jacobs 等发现 44 个不同品牌的鱼油样品中都含污染物，还检测出二噁英和毒杀芬等高毒性的有机污染物。除此之外，鱼油 DHA 纯化工艺复杂且产品得率低，无法满足日益增长的需求。

鉴于从鱼类中提取 DHA 存在较大缺陷，人们已把目光转向微藻 DHA。到目前为止，已成功鉴定出的产 DHA 微藻品种达到上百个。与鱼类相比，以微藻作为原料生产 DHA 具有以下几个优势。

①不受季节、气候、产地的限制，可以全年进行生产；

②微藻胆固醇比鱼油中含量低，产品的特性更易维持稳定；

③没有鱼腥味，可用作食品添加剂，且没有重金属离子和有机污染物；

④脂肪酸组成简单，便于提纯；多不饱和脂肪酸的含量较高，便于富集，生产成本也随之较低；

⑤可用生物工程手段来选育 DHA 高产菌株。

（三）维生素

维生素是辅酶因子的前体，在催化人体重要的生物化学反应中发挥重要作用。人体只能内源性合成维生素 D 和烟酸两种维生素，剩余的 11 种维生素需要从食物中补充，包括维生素 A、B 族维生素（硫胺素、核黄素、泛酸、吡哆醇、生物素、叶酸和钴胺素）、维生素 C、维生素 E 和维生素 K。微藻含有这 11 种维生素，可作为必需维生素来源，且可用于治疗维生素缺乏症。

1. 维生素 A

微藻不能合成维生素 A，但可以合成维生素 A 的前体胡萝卜素。如每克螺旋藻生物质中，含有 0.9mg 全反式 β-胡萝卜素。研究表明，β-胡萝卜素可被转化利用，成人对维生素 A 的转换系数为 4.5:1。定期摄入螺旋藻作为补充剂，可以增加血清视黄醇（维生素 A_1）水平。视黄醇有助于预防夜盲症，且可抑制肿瘤生长。

杜氏藻中，β-胡萝卜素约占细胞干重的 13.8%，远高于螺旋藻，被广泛用于食用色素等。研究表明，不同的培养和采收条件均会影响藻 β-胡萝卜素原含量。如在光:暗=12h:12h 条件下，其小球藻 β-胡萝卜素产量是全光照条件下的两倍。同时，对数生长期细胞的 β-胡萝卜素含量是生长末期细胞的 50%。采用含氮培养基时，细胞可产生更多的 β-胡萝卜素。图 3-3 为维生素 A 分子结构式。

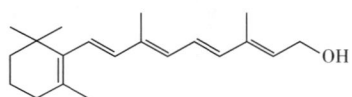

图 3-3　维生素 A 分子结构式

2. B 族维生素

（1）维生素 B_1（硫胺素）　在人体内，维生素 B_1 参与葡萄糖代谢和维持正常神经功能，对人体健康有着非常重要的意义。四爿藻 Tetraselmis sp. 含有大量的维生素 B_1，且其含量远高于胡萝卜和牛肝等富含维生素 B_1 的传统食物。然而，并非所有的微藻都能产生维生素 B_1，这仅限于含有维生素 B_1 代谢相关基因的微藻（如莱茵衣藻等）。

藻类维生素 B_1 生物合成过程中，首先需要分别合成噻唑环和嘧啶环，然后通过亚甲基桥连接成维生素 B_1。维生素 B_1 营养缺陷型微藻因缺失相关基因无法合成内源性维生素 B_1，它们需要通过共生等获取外源维生素 B_1。藻类与细菌（如大肠杆菌）共存条件下，细菌为藻类提供维生素 B_1，藻类为细菌提供光合产物。在培育微藻时，需确定其是否为维生素 B_1 营养缺陷型，以决定是否需要外源添加。值得注意的是，由于不同藻类对维生素 B_1 需求具有差异性，这种"额外添加成分"不一定是维生素 B_1。比如，有些微藻可利用噻唑环或嘧啶环来满足其硫胺素需求，而赫氏颗石藻（Emiliania huxleyi）等可利用硫胺类似物 4-氨基-5-羟甲基-2-甲基嘧啶（HMP）合成自身所需硫胺素。

（2）维生素 B_2（核黄素）　维生素 B_2 在人体内参与碳水化合物、蛋白质和脂肪的分解代谢，为人体提供能量。Pavlova pinguis 每克生物质中含有 50μg 维生素 B_2，显著高于其他微藻。研究表明，不同的培养条件会影响微藻维生素 B_2 的含量。如南诺绿球藻在全光照条件下，是光暗交替培养条件的（光:暗=12h:12h）2.5 倍；对数生长期细胞的维生素 B_2 含量，是成熟期细胞的 50%。

(3) 维生素 B_5 (泛酸)　维生素 B_5 在人体内参与血细胞的产生，也与其他 B 族维生素一起参与能量的转化。板蓝藻富含维生素 B_5，每千克细胞干重含有 37.7mg 维生素 B_5，远高于燕麦、干酪、三文鱼和大豆等富含维生素 B_5 的传统食品。

(4) 维生素 B_6 (吡哆醇)　维生素 B_6 是合成神经递质和髓磷脂所必需的，因此对神经系统很重要。杆状裂丝藻 (*Stichococcus sp.*) 富含维生素 B_6，其每克生物质中含有 17μg 维生素 B_6。研究表明，在全光照培养条件下，小球藻吡哆醇含量是光暗培养条件 (12h∶12h) 的两倍多。

(5) 维生素 B_7 (生物素)　生物素是人体脂肪和蛋白质正常代谢不可或缺的物质，在维持人体自然生长、发育和正常人体机能健康中发挥重要作用。自然界中，只存在小部分生物素营养缺陷型生物，如盘基网柄菌 (*Dictyostelium discoideum*)。生物素营养缺陷多是由单基因缺失引起，但不同物种缺失的基因有差异。生物素营养缺陷型微藻需通过吞噬作用获取生物素。

(6) 维生素 B_9 (叶酸)　维生素 B_9 又称叶酸，是一种水溶性维生素，它是新细胞生成和胞内维持 DNA 稳定性所必需的。微藻叶酸含量通常比高等植物高 (如橙子等)。与高等植物不同，藻类叶酸生物合成基因较为保守；但参与叶酸生物合成相关酶的细胞定位在不同藻种中有所差异，其可预测性更低。

(7) 维生素 B_{12} (钴胺素)　维生素 B_{12} 又称钴胺素，在 DNA 修复过程中有重要意义，可降低患癌概率。微藻是重要的维生素 B_{12} 来源，如螺旋藻、小球藻等均富含维生素 B_{12}。但藻类体内维生素 B_{12} 不一定由其自身产生，其合成能力主要取决于甲硫氨酸合酶是否依赖于维生素 B_{12}。有趣的是，有些藻类 (如莱茵衣藻) 同时具有依赖于和不依赖于维生素 B_{12} 的甲硫氨酸合酶。这种情况下，这些藻类通常会被认为是维生素 B_{12} 营养缺陷型生物。它可在有外源维生素 B_{12} 的情况下，利用依赖于维生素 B_{12} 的甲硫氨酸合成酶；而在缺乏外源维生素 B_{12} 时，借助不依赖于维生素 B_{12} 的甲硫氨酸合成酶。其他维生素 B_{12} 依赖性酶，如维生素 B_{12} 依赖性核糖核苷酸还原酶的存在与否，也决定了藻类是不是维生素 B_{12} 营养缺陷型生物。

自然界中，维生素 B_{12} 营养缺陷型藻类的维生素 B_{12} 来源，主要依赖于维生素 B_{12} 原营养菌。藻类和细菌以共生关系存在；细菌向藻类提供维生素 B_{12}，而藻类向细菌提供有机碳。因此，在藻类培养过程中，需要考虑藻种是不是维生素 B_{12} 营养缺陷型生物。

前期研究表明，人类对不同微藻的维生素 B_{12} 利用度有所不同。螺旋藻维生素 B_{12} 是以伪维生素 B_{12} 形式存在，由于人体回肠酶无法识别伪维生素 B_{12}，因此其为不可利用维生素。而当培养基中不含钴时，螺旋藻伪维生素 B_{12} 含量显著下降。因此，在培养用作食品配料的螺旋藻时，可使用不含钴的培养条件。而小球藻和卡氏侧耳藻 (*Pleurochrysis cartrae*) 含有的维生素 B_{12}，是可被吸收利用的。

3. 维生素 E (生育酚)

维生素 E 是一种抗氧化剂，又称生育酚，对维持细胞膜的完整性有重要意义。纤细裸藻富含维生素 E，其细胞内 97% 生育酚以 α-生育酚形式存在，是人体维生素 E 生物利用度最高的微藻。现阶段，正在围绕提高纤细微藻维生素 E 含量开展系列研究。

研究结果表明，pH 5 的纤细裸藻培养基 (含有 2% 葡萄糖、1.2% 蛋白胨、无机盐、硫胺素和钴胺素) 可显著提高其细胞内维生素 E 含量。在培养基中添加 L-酪氨酸 (生育酚合成中间产物)、尿黑酸 (生育酚合成前体)、乙醇等，可最大限度地提高纤细裸藻维生素 E 含量。另外，增大纤细裸藻培养光照强度，可进一步提高维生素 E 含量。这主要是由于强光可诱导纤细裸藻产生维生素 E，以缓解类囊体膜的氧化损伤。同时，缺氧和低温环境也可促进纤细裸藻产生维生素 E。

由于特氏杜氏藻和扁藻 T. suecica 胞内维生素 E 与纤细裸藻含量相当，科学家针对提高这两种藻类细胞内的维生素 E 含量也开展了系列研究。结果表明，随着杜氏藻细胞密度增大，其光能利用率不断降低；细胞需要合成更多维生素 E，来应对衰老等引起的氧化胁迫。此外，在培养基中添加硝酸盐和磷酸盐，可提高小球藻的维生素 E 含量。

4. 维生素 K_1（叶绿醌）

维生素 K_1 又称叶绿醌，有助于预防骨质疏松症和心血管疾病。鱼腥藻富含维生素 K_1，可达 200 μg/kg，远高于其他富含维生素 K_1 的常规食物，如菠菜、香菜等。相比于化学方法，采用微藻生产维生素 K_1 有以下优势：

①微藻细胞仅产生可被生物利用的叶绿醌 E 异构体，而化学合成法会同时产生 E 异构体和不可被生物利用的 Z 异构体；

②使用微藻生产维生素 K_1，无需极端温度和压力，具有可持续性；

③相比于高等植物，微藻生长速度更快、基因组更简单且更容易筛选。研究表明，通过提高光照强度和增加培养基中硝酸盐浓度，可将鱼腥藻的维生素 K_1 生产能力提高四倍。

（四）微藻色素

在食品和饮料加工生产过程中，通常会添加着色剂，以使它们看起来更具吸引力。着色剂可以是天然或合成的，但合成着色剂主要源于煤蒸馏过程所产生的煤焦油衍生物。出于食品安全考虑，许多国家已禁止使用合成着色剂。因此，人们对天然着色剂的需求日益增加。

微藻富含类胡萝卜素（脂溶）、叶绿素（脂溶）和藻胆蛋白（水溶）等天然着色剂，它们主要参与光合作用。微藻色素不仅可作为天然着色剂，也有助于人体健康，可作为抗氧化剂、维生素前体、神经保护和免疫增强剂等。常见类胡萝卜素的生物学功能见表 3-3。微藻色素生产过程具有可控性、易提取、产量高、原料丰富和不受季节变化影响等优点。因此，微藻来源色素有望替代合成着色剂，满足人们对天然着色剂不断增长的需求。

表 3-3　　　　　　　　　　常见类胡萝卜素的生物学功能

类胡萝卜素	生物学功能
虾青素	抗氧化、抗炎、抗癌、预防心血管疾病
β-胡萝卜素	抗氧化、预防夜盲症、抗肝硬化
叶黄素	预防白内障和老年性黄斑变性、抗氧化、抗肿瘤
番茄红素	抗癌、预防心血管疾病、防辐射、抗氧化

用微藻进行天然着色剂的商业化生产时，其相应藻种应具有富含目标产物、无毒且细胞壁可消化等特点。常用的天然着色剂商业化生产藻种包括紫球藻（藻红蛋白）、杜氏盐藻（β-胡萝卜素、玉米黄质、叶绿素）、螺旋藻（β-胡萝卜素、玉米黄质、藻蓝蛋白、别藻蓝蛋白）、雨生红球藻（虾青素、角黄素、叶黄素、叶绿素 a、叶绿素 b）、栅藻属（叶黄素、β-胡萝卜素）和小球藻（叶黄素）等。另外，藻蓝蛋白也常被用作食品着色剂，如冰淇淋、口香糖、冰棍、果冻、乳制品和软饮料等。

三、微藻在食品领域的应用潜力

几千年以来,藻类一直是人类食品的来源。藻类有天然的生态碳汇能力,对于缓解全球变暖有重要作用。同时,培养微藻作为食物来源,有助于缓解粮食生产所带来的耕地和淡水资源压力。习近平总书记指出,要"向植物动物微生物要热量、要蛋白"。微藻因含有丰富的营养成分,是确保可持续食品来源的解决方案之一,在食品应用方面具有很大潜力。

(一)微藻在传统食品领域的应用

与陆地作物相比,微藻具有明显优势,如其环境适应能力强、生长速度快、耗水量低、不占耕地、碳中性排放、具有生物修复功能,且可产生丰富的生物活性物质等,它在未来食品中具有很大应用潜力。微藻能够适应不同的环境条件,包括从沙漠到极地海洋的所有地球生态系统。其环境耐受力非常强,可在不同极端环境中生长和繁殖。如盐藻、蓝藻等藻类可以在高盐碱环境中生长,蓝绿藻、钙化球藻等可以在高温环境中生长,衣藻、褐藻等可以在低温环境中生长;硅藻、绿藻则可以在污染环境中生长,并能够对有害物质进行吸收和净化。这为微藻在农业、医药、化工等领域中广泛应用提供了重要资源支撑。

与传统的作物种植和家畜饲养相比,培养微藻的土地利用率非常高,生产1kg蛋白质仅需$1.7 \sim 5.4 m^2$ 土地。同等条件下,每生产1kg蛋白质,饲养鸡鸭等家禽需 $26 \sim 135 m^2$,牛需要 $76 \sim 166 m^2$,猪需要 $40 \sim 76 m^2$。同时,培养微藻时不需要除草剂或杀虫剂,不受土地和季节限制。更重要的是,微藻富含各种生物活性物质,如蛋白质(必需氨基酸和生物活性肽)、多不饱和脂肪酸(EPA 和 DHA)、色素(叶绿素、类胡萝卜素和藻胆色素)、多糖、维生素、多酚和植物甾醇等,其用于食品的安全性不断得到认可。

近年来,我国微藻产量保持在每年1万t干粉左右,其中80%为螺旋藻,10%为小球藻,8%为雨生红球藻、2%为盐生杜氏藻。但大多数微藻生产是基于分批、开放式培养系统,存在生产强度低、收获成本高和产品质量不稳定的问题。与普通食品或饲料相比,微藻食品或饲料的价格仍然很高,这限制了其在生物农业中的应用潜力。

藻类生物农业的快速发展与藻类生物技术密切相关,为降低生产成本,提高微藻竞争力,科研人员正在寻找提高藻类生产力的方法。目前,已在生物反应器设计、藻种培育、高通量筛选和快速采样方法、基因/代谢工程等方面取得重大突破。同时,通过合成生物学技术等,优化微藻碳水化合物、蛋白质、多不饱和脂肪酸、色素和其他高附加值营养物质代谢通路,结合藻种构建、碳代谢和相关酶的改造等,不断使藻类成为集捕碳与食品/饲料生产于一体的高效细胞工厂。图3-4为微藻在农业中的应用图示。

(二)食用微藻藻种改良

微藻藻种改良是指利用遗传学和生物工程等方法,通过人工干预微藻的遗传和代谢过程,从而提高微藻生长速率、产量和品质等特性。食用微藻藻种改良方法主要包括:①传统育种。主要通过选育自然界中的优良微藻品种,并利用人工杂交、突变、选择等手段,最终获得具有较好性状的育种品种,是商业藻种的常用培育方法。②基因编辑育种。通过切割和修复微藻的基因序列,从而实现基因的修改、添加、删除等目的,但目前存在市场准入限制。③基因转移。将具有某种特定性状的基因从一种微藻转移到另一种微藻中,从而实现目标基因在新宿主微藻中的表达。④代谢工程。通过改变微藻的代谢途径和产物,从而实现微藻的生长速率、产量和品质等方面的改良。上述方法在微藻领域应用广泛,在推动微藻产业发展中发挥重要作用。

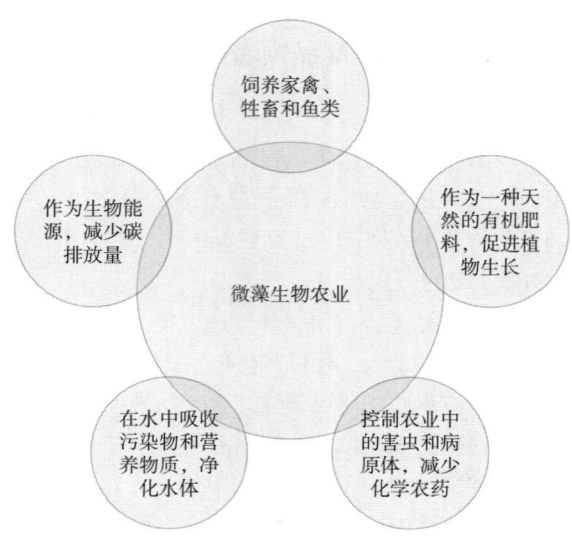

图 3-4 微藻在农业中的应用

随机突变育种在微藻品种改良中应用历史悠久，现代生物技术的发展可以加快藻种筛选速度。特别是高通量技术，如荧光激活细胞分选（FACS）等。利用高通量筛选可以在短时间内检测到罕见的突变表型，相当于传统育种数千年所做的工作。该方法所引入的遗传变异是随机的，不需要借助遗传知识来识别新的性状，可直接通过表型筛选获得目标藻种。这尤其适用于遗传信息有限的藻类育种，应用范围十分广泛。

四、微藻未来食品与大食物观

习近平总书记在 2022 年中央农村工作会议上强调"要树立大食物观，构建多元化食物供给体系，多途径开发食物来源"。微藻有望在缓解全球粮食安全、解决环境问题方面发挥重要作用，成为可持续性的未来食品来源。近年来，全球藻类衍生产品消费不断增加，带动全球藻类生产力的提升。藻类生物工程技术的快速发展，有助于推动其在未来食品和饲料中的应用。

（一）微藻全细胞干粉在未来食品中的应用

美国食品与药物管理局证实，微藻是"最好的蛋白质来源之一"，其全细胞干粉富含优质蛋白质、PUFAs、碳水化合物、维生素等。与微藻提取物相比，全细胞干粉不需要细胞破壁，可节省大量成本。此外，微藻细胞干粉对健康有益，然而这一点经常被忽略。目前，微藻全细胞干粉作为未来食品应用时，其成本仍然较高。这主要源于下游加工成本，占总成本的 50%～60%。图 3-5 为小球藻与雨生红球藻细胞干粉。

（二）微藻提取物在未来食品中的应用

微藻提取物是通过对其生物质进行简单处理，而获得的相对复杂的混合物。与全细胞干粉相比，微藻提取物无疑更为复杂，但其优势更明显。食品中的活性化合物需经过释放、吸收、代谢和运输等过程，才能发挥健康功效，该过程通常用生物可利用度来评价。

微藻活性化合物需是生物可利用的，也就是说，必须先从微藻细胞壁中释放出来，以便被人类消化系统吸收。但微藻细胞壁是由杂多糖或 β-糖苷键连接组成的葡聚糖（如纤维素），使微藻细胞壁在胃和小肠中难以被消化，限制了微藻活性物质的生物可利用性，并最终影响其利用度。

彩图3-5

图3-5　小球藻与雨生红球藻细胞干粉

为提高微藻活性物质的生物利用度,可以将其提取物添加到食品中,以简化活性物质释放过程。研究表明,高压均质化和湿超声处理可使微藻类胡萝卜素和 $\omega-3$ 脂肪酸的生物可利用度增加。简而言之,破碎后的微藻提取物在人体内的吸收率会显著增加。因此,其在未来食品添加剂或补充剂应用中有较大潜力。

(三)微藻高值产物在未来食品中的应用

微藻富含次级代谢和高价值生物活性物质,包括蛋白质、碳水化合物、脂类、多不饱和脂肪酸(PUFAs)、多酚、甾醇和色素(如叶绿素、类胡萝卜素、藻胆色素)等(图3-6)。此外,藻类也是良好的纤维食物来源,含有维生素 A、维生素 B_1、维生素 B_{12}、维生素 C、维生素 D 和维生素 E、核黄素、烟酸、泛酸和叶酸。它也是许多微量元素的来源,如钙、钠、镁、磷、钾、铁、锌和碘等。

彩图3-6

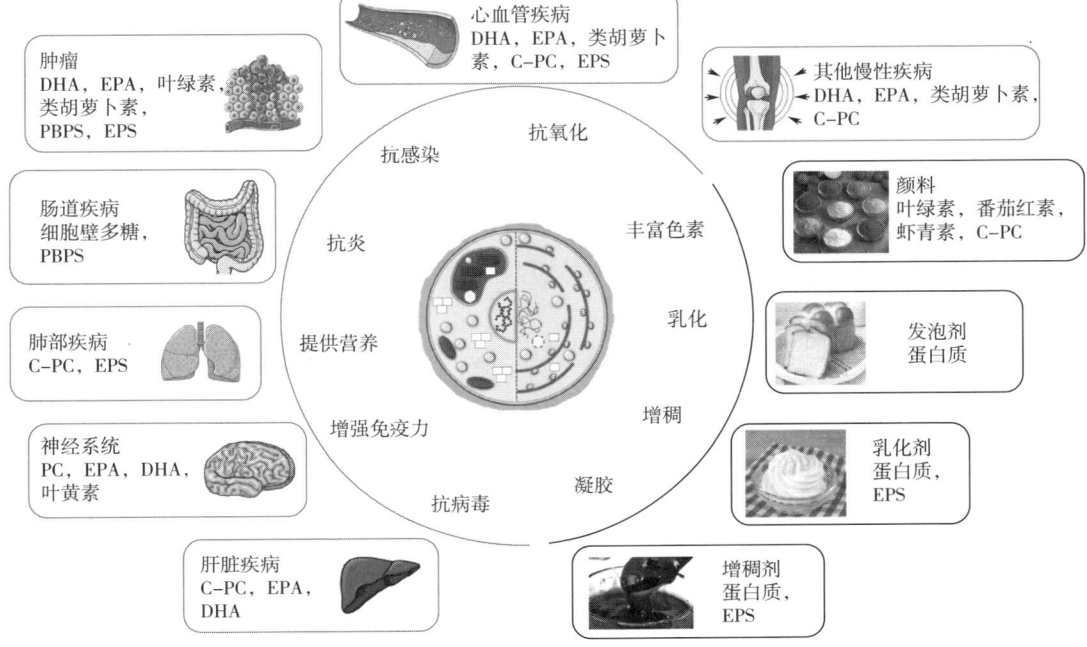

图3-6　微藻高价值生物活性物质

微藻富含多种必需脂肪酸,如 DHA、EPA、α-亚麻酸(ALA)、γ-亚麻酸(GLA)、亚油酸(LA)和花生四烯酸(ARA)等,可广泛用于饲料和食品工业。它们在健康防御中起重要作用,可愈合和修复伤口、受损细胞和组织,以及杀死入侵的微生物等。如普通小球藻中,脂肪含量占总生物量的35%~40%,其中α-亚麻酸和亚油酸分别高达27%和24%。螺旋藻也富含脂肪酸,它含有大量的γ-亚麻酸和亚油酸。

同时,微藻也含有必需氨基酸,有望成为理想的素食蛋白质替代品。此外,它还含有非必需氨基酸,如精氨酸、天冬氨酸、脯氨酸、谷氨酸、甘氨酸、半胱氨酸、丝氨酸、酪氨酸和谷氨酸等,这些化合物在免疫调节、抗氧化反应和细胞信号传递方面发挥重要作用。

(四)藻类风味改善

感官特性,尤其口味是影响消费者接受度的关键。藻类因含有丰富的芳香族化合物,包括硫化合物、不饱和脂肪醛、萜类和去异戊二烯类以及卤代化合物等,影响了其在未来食品中的应用潜力。微藻风味通常被描述为鱼腥味重,有必要对其改造,以满足未来食品需求。但味道和气味两个特征是由多个基因决定的,通过微调难以获得期望结果。风味本身被归因于数百种不同的挥发性化合物,因其复杂性,难以通过高通量筛选方式获得吸引人的味道或香味。目前,研究人员正在构建能够"尝"到味道的自动化系统,提供客观的分析工具,有望实现对食物的感官特征进行高通量筛选。

即使没有高通量风味和气味筛选系统,也可通过改变微藻遗传信息或通过加工和烹饪衍生食品来改变它们的味道。例如,通过 DNA 重组技术,可以使微藻代谢产生目标味道的分子化合物。此外,脂肪酸也是风味来源之一,它们可以被改造并在微藻中生产。已知能引起诱人味道的脂类,已被广泛用于食品添加剂。未来通过基因工程改造,可导入微藻中以改变其风味。未来食品应用中,也可通过改善加工和烹饪方式,获得理想的感官特性。在加工过程中,可通过去除不良风味分子或添加其他成分来改善微藻感官特性。选择合适的加工工艺,可以使微藻未来食品的风味更加宜人。

(五)微藻食品安全性

食品安全一直是各监管机构关注的首要问题。因此,在发展以微藻为基础的未来食品时,也须考虑其对消费者的潜在危害。微藻的安全性取决于微藻种类,各国监管机构对藻种有明确的要求。虽然微藻的安全性逐渐得到认可,但已授权使用的藻种数量仍然有限,这限制其在未来食品中的应用潜力。为了解决该问题,可通过评估微藻生化组成、毒性、消化率和人体生物利用度等特征,来扩大可用微藻种类。

微藻的安全性还受培养和加工条件影响,这主要是由于微藻会积累各种有毒化合物。为了提高微藻食品安全性,可使用目标化合物进行活性物质提取,并对其进行监督。研究结果也指出了微藻生产过程的重要"检查点",包括定期检查生物/非生物污染物、水质等,评估高核酸可能导致的健康问题、潜在过敏风险及整个生产过程的安全性。通过设立行业标准,极有助于提高微藻最终产品的安全性。例如,微藻干粉只允许用于普通食品,而不能用于婴儿食品等。目前,关于微藻产品及培养、加工条件的系统分析有待加强,这对于建立安全有效的监管体系非常重要。

第二节 微藻在水产养殖中的应用

近些年，我国水产品养殖规模不断扩大，微藻等水产饲料的供应日趋重要。减少抗生素和化学药品的使用，大力开发新型环保添加剂，已成为水产饲料发展趋势。微藻作为一种低等水生生物，富含蛋白质、脂类、碳水化合物、维生素、类胡萝卜素等生物活性分子，是理想的替抗添加剂。其已被广泛应用于鱼、虾、贝类等渔业生产中，在促进生长、提升免疫力和水产品质量中发挥重要作用。近年来，科学家已从多方面证实微藻类饲料的安全性和实用性，这为全球水产品生物安全生产奠定了坚实基础。

一、微藻在水产养殖中的应用及营养成分分析

微藻在水产业地位重要，且应用极为广泛。如虾、蟹等在发育和蜕皮变态时，摄食金藻及硅藻有助于特殊生理状态的稳定；在浮游生物幼体发育生长阶段，硅藻细胞内代谢物可确保其幼体正常过渡到快速生长阶段；小球藻能同时提升杂色蛤仔免疫力并促进发育进程。另外，微藻也可作为水产疫苗使用。有研究表明，微藻能够代谢产生脂肪酸、藻多糖和酚类等有抑菌杀菌功能的活性次生代谢产物，对提高水产动物免疫力极为重要。这些微藻源脂类、蛋白质、碳水化合物及色素等活性成分，在水产养殖中有着巨大的应用前景。

（一）脂肪酸是水产动物中重要的储能物质

水产动物所需的长链多不饱和脂肪酸（LC-PUFAs），如亚麻酸（ALA）和亚油酸（LA）等，需要从食物中摄取，以维持其基本的营养均衡。LC-PUFAs 是重要的储能分子，如二十二碳六烯酸（DHA，22:6）和二十碳五烯酸（EPA，20:5）等，主要来自深海鱼油和微藻。其中，深海鱼类因食用了富含 DHA 和 EPA 的微藻或浮游生物，通过食物链得以在鱼油中富集。微藻还富含其他高值脂肪酸，如 γ-亚麻酸（GLA）和花生四烯酸（ARA）等。上述脂肪酸已被广泛用于饲料和食品工业，有助于水产生物建立健康防御机制，包括伤口、受损细胞和组织的愈合和修复等。

藻类脂肪酸含量和种类对水产品养殖影响较大。有研究表明，用裂殖壶藻做饲料时，其能显著影响凡纳滨对虾肌肉中蛋白质和粗脂肪中 DHA 含量。采用添加裂殖壶藻的水产饲料，可以有效提高凡纳滨对虾个体体重并降低饲料系数。由南京工业大学黄和教授带领的科研团队，率先开展了从裂殖壶藻里提取高品质 DHA 油脂的研究。经过十多年的技术攻关，该团队攻克了 DHA 高产藻种选育难、脂肪酸碳链延长与定向去饱和脂肪酸调控方法有限、不饱和脂肪酸油脂加工过程复杂且易氧化等国际性难题，发明了基于酶法的无溶剂油脂提炼技术和配套装备，这为实现 DHA 生产工艺升级及其在包括水产养殖中的大范围使用，奠定了重要基础。当前，在我国科学家的努力下，裂殖壶藻来源 DHA 已在我国实现商业化生产。

（二）蛋白质是构成水产养殖动物个体发展的重要成分

鱼粉是水产饲料工业的主要蛋白质成分。在过去的几十年里，水产养殖业增长迅速，导致鱼粉供应缺口巨大。近些年，水产饲料中的鱼粉已逐渐被植物来源成分所替代。其中，微藻蛋白质质量和氨基酸组成具有明显优势，是较好的鱼粉替代品。与现有植物或动物蛋白质相比，

微藻蛋白质含量高，尤其是必需氨基酸的含量与鱼粉相当甚至更优，是鱼粉的理想替代品。此外，微藻可合成所有的氨基酸分子，衍生氨基酸丰富，备受水产养殖业青睐。同时，在蛋白质质量方面，鱼腥藻蛋白含量占干重的40%~50%，小球藻、栅藻和衣藻蛋白含量占干重的50%~60%，螺旋藻、微囊藻、隐藻和裸藻蛋白占干重的60%~70%。在水产养殖应用中，使用较多的是螺旋藻和小球藻。使用微藻饲养罗非鱼等鱼类时，其生长情况更佳，且各项生理指标也更好。

邹记兴研究团队曾研究藻蓝蛋白对三角鲤生长性能、营养、消化等方面的影响。结果表明：添加藻蓝蛋白的饲料可以有效促进三角鲤生长速度；提高其体内的氨基酸总量，从而影响肌肉营养品质。同时，还可提高三角鲤体内消化酶活性，加快饲料的消化速度，从而提高饲料利用率。

（三）微藻碳水化合物在水产养殖中的作用

微藻碳水化合物主要以纤维素、糖、淀粉和其他多糖的形式，存在于细胞质和叶绿体中。水产养殖常用的藻类，如小球藻、球等鞭金藻、塔胞藻和巴夫藻等，其碳水化合物主要包括葡萄糖、甘露糖、木糖、鼠李糖和岩藻糖等，其生理活性各异，具有增强免疫力、抗病毒、抗恶性肿瘤及抗炎等功能。目前，国外有不少研究机构和企业正在开发利用藻细胞生产新型水产疫苗，然后将微藻直接投喂给水产动物，以预防和避免水产动物大规模病害的发生。

（四）微藻色素在水产养殖中的作用

微藻色素主要包括三种，即类胡萝卜素、叶绿素和藻胆色素。其中，类胡萝卜素和叶绿素是脂溶性的，藻胆色素是水溶性的。微藻色素可作为重要的抗氧化剂、维生素前体、神经保护剂和免疫增强剂，对水产养殖至关重要。复合水产饲料中常用的微藻色素包括虾青素、β-胡萝卜素和叶黄素。水产养殖中常使用高浓度色素，可提高养殖鱼类质量和价值。

虾青素是最有效的抗氧化剂之一，其具有保护细胞、脂类成分和膜脂蛋白等免受氧化损伤的作用。雨生红球藻因富含虾青素，其全细胞干粉和提取物常被用作饲料添加剂，可使鲑鱼等具有粉红色外观。小球藻和栅藻含有大量叶黄素，主要用于饲养黄色或红色鱼类饲料。螺旋藻可用于增强锦鲤、红罗非鱼、条纹杰鱼、黄鲇鱼、黑虎虾等品种的颜色。三角褐指藻含有较多的岩藻黄质，在饲料中添加时，可使金头鲷的亮黄色外观更加鲜艳。尽管与合成饲料添加剂相比，微藻色素成本更高，但其是天然绿色产品，在水产养殖业中，能达到很好的替抗效果，因此人们更偏好使用天然色素，这为微藻色素应用提供广阔市场。

（五）微藻维生素具有预防水产动物疾病的作用

维生素参与体内能量代谢、损伤细胞修复、抗氧化和支撑骨骼发育等过程，微藻是其主要来源之一，可以积累包括维生素 E 在内的多种维生素。与植物或动物类饲料相比，螺旋藻等含有更多的维生素 B_{12}（127~244μg/g），有助于预防巨幼细胞性贫血。纤细裸藻含有大量维生素 E [（3.7±0.2）mg/g]，可以降低癌症、眼病、心脏病和其他疾病的风险。相良布海藻含有大量维生素 C（3.44mg/g），对免疫系统功能维持、组织形成和修复至关重要。将上述藻种应用于饲料时，可提高水产动物疾病预防能力。

二、微藻在水产养殖应用中的挑战

（一）成本过高

微藻光合效率较高，具有较高的商业化应用潜力，但当前微藻养殖仍以开放式养殖为主，易受环境影响，培养过程中易污染。此外，微藻规模化养殖中细胞密度低，生产工艺成本高等瓶颈问题，限制了微藻工业化生产，是微藻在水产养殖应用中面临的重大挑战。因此，需要提高微藻饲料工业生产能力、提高细胞密度、降低成本，才能不断扩大其在水产养殖业中的应用潜力和竞争力。

（二）重金属积累

在工业化培养过程中，微藻由于其细胞表面存在负电荷官能团，通常会积累重金属离子，其能吸收的重金属包括砷（As）、镉（Cd）、铜（Cu）、铬（Cr）、铅（Pb）、汞（Hg）、镍（Ni）和镧（La）等。据报道，微藻中 Cd、Cr、Hg 和 Pb 等的积累量可分别达到 59mg/g、98mg/g、36mg/g 和 131mg/g。当重金属附着在微藻细胞表面时，可通过解吸技术将其去除。尽管重金属吸附与微藻活力无关，但将微藻作为饲料时，即便通过解吸步骤，也需要评估其重金属含量。

（三）消化率不足

微藻细胞中淀粉含量较高，在水产养殖中用其取代鱼粉，会降低消化率。人们普遍认为，杂食鱼类比肉食鱼类的碳水化合物消化能力更强，更适合使用微藻饲料。脱脂微藻通常被用作常规鱼类饲料的补充剂，但抽脂后，微藻饲料中淀粉含量过高。因此，在用微藻做鱼饲料时需合理调配，防止淀粉含量偏高，影响消化率和转化率。

（四）抗营养因子积累

对饲料中营养物质的消化、吸收和利用产生不利影响，以及使人和动物产生不良生理反应的物质，被统称为抗营养因子，它是影响水产动物胃肠道和代谢功能的主要成分，对鱼类生长产生负面影响。在进行微藻预处理时，可通过添加抗营养因子降解酶及提取、煎炸、漂白和浸泡等处理，降低抗营养因子浓度。

三、微藻在水产养殖应用中的展望

我国水产养殖的规模位居世界前列，对微藻饵料的需求量大。随着健康养殖概念的不断普及，将微藻作为水产动物育苗和调水剂等的优势逐步显现。目前，微藻已被广泛用于观赏鱼、特种水产动物、名贵鱼等养殖中，将微藻作为功能性饲料添加剂的商业市场也在不断开拓。

我国微藻研究起源于 20 世纪中叶，螺旋藻和盐藻曾被列入"七五"国家科技攻坚计划，多着眼于提高微藻采收效率、获得高值产物等。我国大力提倡微藻工业化生产，获得更多的微藻生物质作为水产饵料或饲料等，而水产动物利用微藻饵料的排泄废物，又可成为微藻养殖营养元素，从而实现微藻水产饲料生产及应用的闭合循环（图3-7）。近年来，微藻相关研究多元化发展，包括生物反应器设计、藻株高通量构建与筛选、快速采样等。通过增加微藻碳水化合物、蛋白质、多不饱和脂肪酸、色素等含量，可显著提高其在水产养殖业的经济、生态和社会效益。目前，在国内水产动物育苗场中，微藻生产的规范性和标准化有待完善。企业科技开发力度欠缺，因而经常存在效率低、易污染和扩大培养难等问题。同时，许多企业缺少藻类培养专业人才，更不用说微藻改良，这都极大地制约微藻在水产养殖方面的发展潜力。所以，建立饵料微藻标准化、规模化与工业化的高效培养与产品研发流程，将极大地促进我国水产动物养殖业发展。

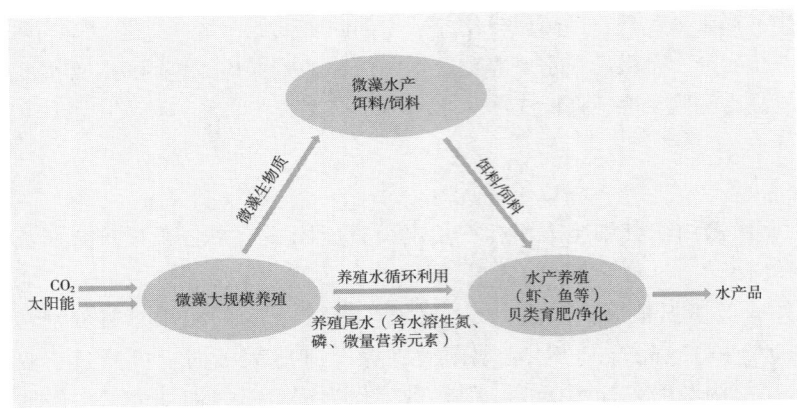

图 3-7　微藻与水产

第三节　微藻在碳中和绿色循环发展中的应用

随着社会的高速发展，CO_2 过量排放和废水污染已成为两个重大环境问题，对人类身体健康和社会可持续发展带来巨大挑战。微藻作为不与人争粮、不与粮争地的光合微生物，既能有效固定转化 CO_2 为高值产品，又能有效处理废水中的有机碳、氮及多种重金属等，成为被广泛关注的环境治理手段（图 3-8）。这有助于调整我国能源结构、减少煤炭消费，形成绿色、低碳、可持续发展的生物经济模式，推进碳达峰、碳中和、绿色循环发展目标。

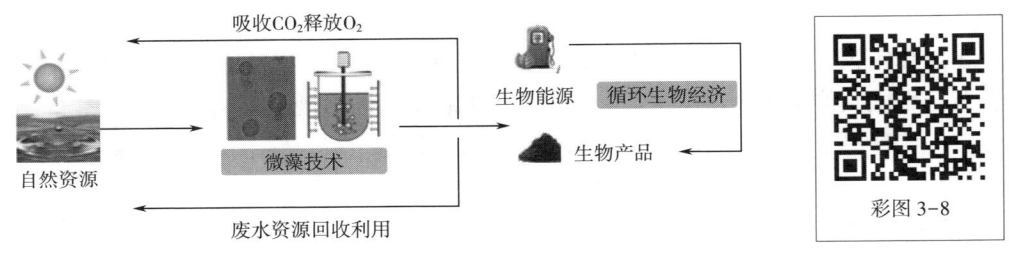

图 3-8　微藻废水处理与生物产品

一、微藻在降碳减排中的应用

目前，CO_2 利用技术分为两个主要方面，包括 CO_2 固定和 CO_2 转化。CO_2 固定可分为物理法、化学法和生物法。物理法包括生物碳掩埋、海洋储存、地质封存；化学法包括矿物碳化、化学洗涤器；生物法包括重新造林、农业和光合微生物。利用光合微生物，特别是微藻对 CO_2 进行生物固定被认为是固定 CO_2 最有前景的方法之一。

CO_2 转化同样可分为物理法、化学法和生物法三种。物理法是直接使用 CO_2 作为溶剂，如用作食品添加剂、超临界 CO_2 提取剂等。物理法虽然具有易操作、条件简单的优点，但该方法无法生产更高价值的产品；化学法是通过不同的工艺技术将 CO_2 转化为化学品、燃料等高值产品，如甲酸、甲醛、CO、CH_4 等，但 CO_2 自身化学稳定性和还原时所需的能量高。目前，大多化学法研究都是为了发现或设计节能的新型催化剂，以克服高负焓，提高反应选择性和效率，并最终提高 CO_2 大规模转化率。尽管取得了一定进展，但由于催化剂成本极高、反应效率低、选择性及复杂催化剂分离和回收成本高等原因，都限制了化学法的大规模商业化应用。

基于物理法和化学法对 CO_2 转化，都会有更高成本和较大环境影响。生物法是使用包括微藻或微生物酶等生物相关方法将 CO_2 转化为人们所需的化学品和生物燃料。与上述两种方法相比，生物法既可以将 CO_2 转化为人们所需的产品，又不会造成较高的能源浪费和环境影响，已经受到广泛关注。

微藻的光合作用效率是目前地球生物中最高的，是陆生植物的 10~50 倍。相比较物理、化学基础的 CO_2 固定和转化方法，使用微藻固定转化 CO_2 具有可持续性、环境友好性，具有较高的经济和环境效益。

（一）特色固碳藻种选育

微藻可以捕获 CO_2，并将其作为光合作用的碳源，其效率优于陆地植物。微藻有两个关键固碳步骤，包括 CO_2 浓缩和卡尔文循环，分别参与无机碳的吸收、无机碳向有机碳的转化。藻类 CO_2 浓缩系统的核心是羧酶体，它是细胞内的微区室，其内含有 Rubisco 酶和碳酸酐酶（CA）。碳酸酐酶（CA）在 CO_2 浓缩途径中最为关键，主要参与 HCO_3^- 和 CO_2 可逆催化，提高碳浓度并促进光合作用。HCO_3^- 转运蛋白位于质膜和类囊体膜上，有低亲和、高亲和两种形式。碳酸酐酶 3 主要参与将积聚的 HCO_3^- 转化为羧体内的 CO_2，以提高 Rubisco 酶活性位点周围 CO_2 浓度。Rubisco 酶是卡尔文循环中的关键酶，它可以直接催化 CO_2 形成有机分子。

以前，自然选育的微藻常常仅可耐受 5% 以下的 CO_2 浓度，筛选耐受高碳浓度的特色固碳微藻一直有待突破。中国科学院天津工业生物技术研究所科研人员，通过系统筛选获得了可耐受 30% CO_2 和饱和碳酸氢钠的杜氏盐藻 HTBS。在低温（16℃）和高浓度碳酸氢钠（0.15mol/L）协同处理下，其多不饱和脂肪酸 ARA 和 DHA 可达总脂肪酸的 10%。中国科学院武汉植物园研究团队发现，脂球藻 *Graesiella* sp. WBG1 在 30℃、200μmol/($m^2 \cdot s$)、pH 8.0~9.0、15% CO_2 浓度条件下，其生长率可达 0.14g/(L·d)、CO_2 固定率为 0.26g/(L·d)。

（二）固碳微藻培养条件优化

CO_2 浓度、pH、培养温度、光照强度、光质和反应器类型等，都是影响微藻固碳的重要因素。CO_2 传质是微藻固定 CO_2 的限制因素，增加其浓度会使传质增强，但高浓度 CO_2 会使培养基酸化，进而影响微藻生长。不同 pH 会通过影响 CO_2 存在形式，进而影响固碳效率。当 pH<8 时，CO_2 通过水合溶解在水溶液中；而在 pH>10 时，CO_2 与氢氧根离子反应；在 pH 6~10 时，培养基中无机碳以碳酸氢盐为主要存在形式。另外，1,5-二磷酸核酮糖羧化酶活性受 pH 影响较大，较高 pH 会增加羧化酶的活性。因此，培养基中 CO_2 浓度应该与微藻对 CO_2 吸收能力相当，确保其有效固定转化。不同的温度条件下，微藻代谢差异较大。较高的培养温度下，CO_2 的溶解度降低，导致 CO_2 的可用性降低。因此，为提高 CO_2 的溶解度，培养基必须保持在适宜温度，通常在 15~26℃。

光照强度是影响微藻固碳的另外一个重要因素。有研究发现，随着光照强度的增加，聚球

藻的 CO_2 固定效率从 0.1g/L 上升到 0.4g/L，但光照过强时会降低固碳效率。因此，需要根据微藻种类选取最适光照强度。同时，光质也影响微藻固碳过程。研究发现，在白色光下培养小球藻时，CO_2 固定效率最高，达到 0.865g/（L·d）。

在光生物反应器中加入微孔中空纤维膜、气泡柱，通过搅拌、气体注入和气体再循环等方法可提高微藻 CO_2 固定效率。现有反应器包括气泡柱光生物反应器、中心管柱光生物反应器、多孔中心管柱光生物反应器、膜光光生物反应器等，随着反应器升级，微藻 CO_2 固定效率不断增高。

（三）固碳微藻生物反应器的开发

在封闭的光生物反应器中培养微藻，具有显著的生产优势，如生产效率高、污染小等。光生物反应器有 3 种基本类型（图 3-9），包括：①气泡柱型（没有内柱）；②中心管柱型；③多孔中心管柱型。有研究发现，在没有内柱、有中心管柱和有多孔中心管柱的光生物反应器中培养时，小球藻最大浓度可分别达到 2.369g/L、2.534g/L 和 3.461g/L。这表明，与气泡柱和中心管柱光生物反应器相比，多孔中心管柱光生物反应器更适合培养微藻。多孔中心管柱光生物反应器中，微藻 CO_2 固定效率显著提高，这主要是由于气体沿着光生物反应物的穿孔，其混合效率、CO_2 传质和光合速率都得到了改善。

在此基础上，研究人员开发出膜光生物反应器。该反应器使用中空纤维膜，其可以产生均匀的气泡，并将气泡的停留时间增加约一个数量级。使用该反应器，小球藻 CO_2 固定效率可提高到 6.6g/（L·d），分别是气升式反应器［3.38g/（L·d）］、气泡柱［3.07g/（L·d）］光生物反应器的 1.95 倍和 2.15 倍。可见，未来通过设计生物反应器，可显著提高微藻固碳效率。

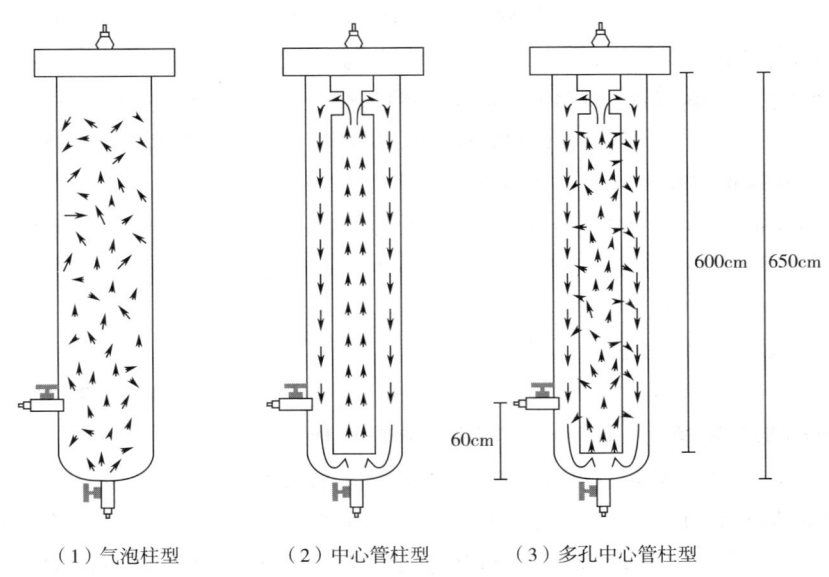

（1）气泡柱型　　（2）中心管柱型　　（3）多孔中心管柱型

图 3-9　固碳微藻光生物反应器

二、废水处理

微藻在精准治污、科学治污的环境污染防治中起到了一定作用。废水处理包括物理法、化学法和生物法，物理法包括吸附法、膜分离法；化学法包括化学沉淀法、折点氯化法；生物法包括活性污泥法、微藻培养法。其中，培养微藻既可以低成本处理废水，还可以利用废水中的营养物质快速积累微藻生物质（图3-10）。生产生活产生的废物，特别是产生的富含营养的废水，可以被重新回收并用于微藻培养。

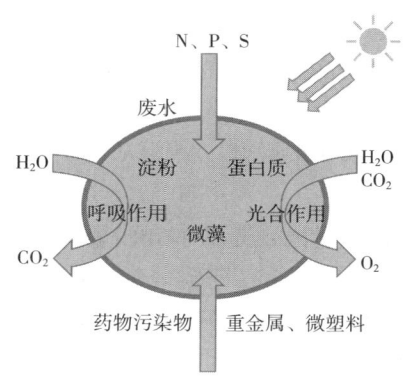

彩图3-10

图3-10 微藻细胞对废水离子的吸收固定

（一）微藻在城市生活废水、工厂废水和畜禽废水处理中的应用

在实现全球经济可持续增长的同时，水-能源-环境的协调性、可持续发展已引起高度重视。如今，化石燃料大量消耗、淡水短缺、水污染等问题的出现，促使人们采用清洁、绿色生产方式，以确保全球生态可持续发展。淡水是最宝贵的资源，但消耗较大。50%~80%的废水未经处理就直接排放到环境中，这造成严重的环境污染及水体富营养化问题，威胁人类生命健康。农业和相关行业产生的废水通常含有高浓度的氮、磷和硫。传统处理技术包括过滤、沉淀、化学沉淀、活性污泥处理、离子交换膜、生物吸附、生物沉淀等，但难应用于大规模的污染物处理。相比之下，用微藻处理废水前景更广，但微藻处理废水技术仍面临经济、生物和环境挑战。与常规废水处理相比，微藻处理废水技术虽耗能较大，但可收获更多高值产物。另外，微藻处理系统高度依赖于环境因素，即光照时间和强度、温度、土地利用、水资源等，且受废水类型限制。考虑到这些，只有通过循环经济方法，微藻废水处理才能实现经济性、可持续发展。

微藻细胞内有大量的酶，其能降解吸收废水中的营养物质，并用作微藻生长的营养底物。废水中的无机氮在硝酸还原酶和亚硝酸盐还原酶作用下，可被还原为氨，通过与 α-酮戊二酸结合生成氨基酸，随后被微藻吸收利用。但废水中过量的氨可抑制光系统 PSⅡ 和电子转移链活性，这会对微藻细胞产生毒性作用。因此，氨含量高达 9000mg/L 的废水，尤其是农业废水，可能不适合直接用于微藻培养。在废水中额外添加有机碳，有助于产生更多的能量和减少氨同化效率来缓解氨毒性，从而提高废水处理和微藻生产效率。微藻中的聚磷酸激酶和胞外多聚磷酸酶可催化生成聚磷酸盐，使其从废水中吸收磷。聚磷酸盐能够螯合微藻细胞质中的重金属离子，从而促进其从废水中吸收重金属离子。

研究发现，新型微藻菌株 *Pseudochloella pringsheimi* 能在城市废水中生长，可用于处理城市废水中的各种污染物，如重金属、抗生素抗性细菌等。该方法可使废水中 COD 降低 83.2%、碱度降低66.7%、硬度降低69.6%，处理后的废水可用于水产养殖，具有非常好的应用前景。中国科学院海洋研究所研究团队利用绿藻（*Ulva prolifera*）对琼脂生产废水进行处理2d后，废水中BOD、COD、总氮、无机氮、氨氮、硝酸盐、亚硝酸盐、总磷和无机磷含量显著下降，这在琼脂工业生产中有广阔的应用前景。

（二）微藻在重金属废水处理中的应用

重金属如砷、镉、铬、铅和汞等，是地表水、工业用水和地下水的主要污染物来源，其不可降解性导致清污极具挑战。常用的重金属去除方法，是将化学品添加到废水中，使其与废水中的重金属离子发生沉淀反应或与离子交换树脂进行结合或絮凝。其他方法包括活性炭吸附、电渗析或反渗透等，成本较高，主要应用于饮用水。

与上述方法相比，生物吸附技术具有成本低、效率高和无毒性的优点。生物吸附是通过共价、静电或分子力的作用，将重金属吸附在生物体表面。微藻由于其表面有羧基、氨基、硫醇、羟基和磷酸基团等，在淡水和海水中广泛存在，有利于与金属离子相互作用。微藻吸附成本低且能重复利用，不会产生有毒代谢产物，是理想的生物吸附剂。

除生物吸附外，微藻还可通过螯合作用，积累去除污水中的重金属离子。微藻分泌的螯合剂可以结合重金属离子，使其保留在微藻细胞中。螯合剂包括金属硫蛋白或其他含硫醇的分子，微藻可利用其与金属离子形成复合物，并将其贮存在细胞器内。微藻也可通过吸收、吸附或吞食作用，在细胞器中积累重金属离子。

已有研究发现，在炼油厂废水中生长的绿藻（*Cladophora aglomerata*）会积累钯、镉、镍、铬和钒等金属离子。中国药科大学研究团队和中国科学院天津工业生物技术研究所科研人员研究发现，利用*Selenastrum capricornutum*、*Microcystis aeruginosa*不仅可以减少废水中的重金属镉离子浓度，还可以利用重金属离子生产纳米颗粒Cdse，该颗粒可用于汞离子定量分析；利用拟微球藻可有效吸附稀土元素铈，并使胞内油脂显著提升。

（三）微藻在处理废水微塑料中的应用

微塑料（microplastic，MP）是指直径<5mm的塑料碎片。工业和生活废水中含有大量的微塑料，由于不当排放已污染了地表水和海洋。此外，微塑料的密度范围相似，在$0.85\sim1.41g/cm^3$，这使得微塑料可以被较为容易地扩散到世界各地。塑料颗粒由于具有疏水性，很容易被吸附在水中的有机固体废物上；且微塑料尺寸越小，越容易达到危险浓度。已知的容易被微塑料吸附的环境污染物包括多环芳烃（PAH）、多氯联苯（PCB）、多溴二苯醚（PBDE）等，它们对海洋生态环境和人类健康构成重大威胁。所以，及时清除废水中的微塑料刻不容缓。

从水体中清除微塑料的方法包括物理、化学和生物途径。像膜过滤等物理方法可以实现较高的去除效率，但容易发生污染。通过化学方法对微塑料进行絮凝较为普遍，但易造成二次污染。生物降解具有较大挑战性，其反应时间长、重复性差、会带来外来生物，且对海洋生态系统的多样性产生负面影响。相比之下，利用微藻去除微塑料具有重复性好、对环境影响小、能耗较低等优点。

微藻分泌的胞外聚合物（EPS）可去除微塑料，并且过程放大相对简单。EPS是具有复杂结构的聚合物，主要成分为多糖、蛋白质和核酸。当面临环境压力和外界刺激时，微藻细胞会将其分泌到体外，起到保护细胞结构的作用。在微塑料的刺激下，微藻可分泌EPS使其与MP聚集沉淀，该过程无需消耗过多能量来收集沉淀。EPS不仅使微藻与微塑料聚集沉淀，还可增强微塑料在固体表面上的吸附能力，从而进一步减少废水中游离的微塑料。微塑料颗粒的表面粗糙度与附着的微藻数量呈正相关，亲水表面通常有利于微藻生长。因此，表面粗糙度大和亲水性强的微塑料更容易与微藻形成聚集物，较容易被去除。清华大学研究人员发现丰富栅藻（*Scenedesmus abundans*）可高效去除多种微塑料，包括对聚苯乙烯（PS）、聚甲基丙烯酸甲酯（PMMA）和聚乳酸（PLA）等，其总去除率均高于84%，在实际生产中具有很好的应用前景。

（四）微藻在药物废水处理中的应用

药物的发展极大地提高了人类健康水平，但其也会引起环境污染。药物及其代谢产物进入废水后，最终到达废水处理厂。在废水处理厂中，药物污染物的去除效率十分有限，仅在0~40%，其出水成为水环境中药物污染物的重要来源。目前，在水环境中经常检测到的药物污染物主要包括抗生素、激素、镇痛和非甾体消炎药、心血管药物、中枢神经系统药物、抗精神病药和抗抑郁药等，其浓度在ng/L到μg/L。微藻通过生物吸附与富集、生物降解、光降解和共代谢等机制可去除药物污染物，其去除率在43%~99%。影响微藻去除废水中药物污染物的因素有多种，如图3-11所示。

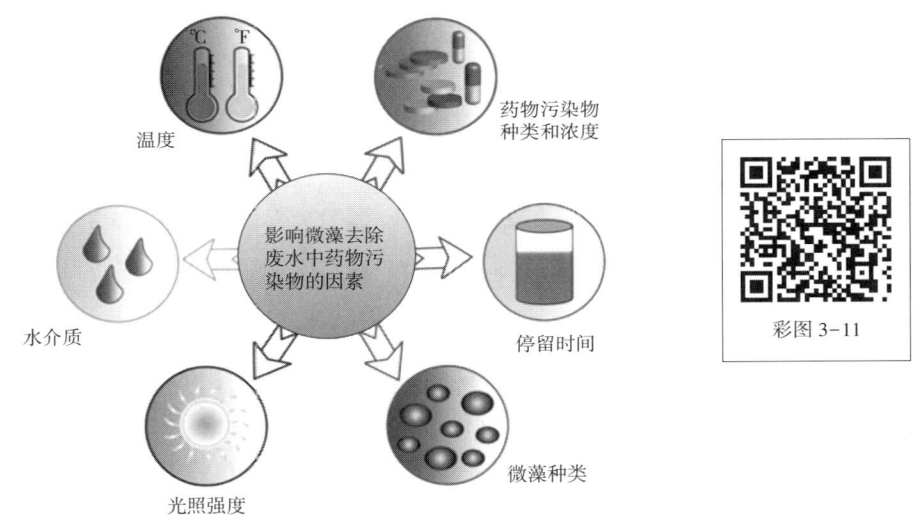

图3-11 影响微藻去除废水中药物污染物的因素

微藻细胞的细胞壁和胞外聚合物（EPS）利用共价、静电或分子力的作用，将污染物吸附在微藻细胞表面，是去除药物污染物的有效生物吸附剂。微藻生物吸附法依赖于pH，其会影响微藻的表面电荷，进而影响药物污染物的去除效率。此外，微藻生物吸附作用还与药物污染物的特性、微藻种类有关。同时，有些药物污染物能够通过微藻细胞膜，其可被细胞同化，如三氯生、氟苯尼考、甲氧苄啶、卡马西平和左氧氟沙星等。但过多的药物积累会诱导活性氧的产生，最终会抑制微藻细胞的生长。

此外，生物降解也在去除药物污染物中起着重要的作用，尤其是针对高浓度药物污染物的处理。微藻可将药物污染物降解转化为更简单的中间体或继续降解为最终产物CO_2和H_2O，该过程通常涉及胞外和胞内生物降解。微藻对药物污染物的细胞内生物降解，高度依赖于酶催化过程，共分为三个阶段。第一阶段，通过氧化、还原或水解污染物的反应官能团，该过程由细胞色素P450酶催化；第二阶段，亲中性基团药物污染物在谷胱甘肽-S-转移酶或葡萄糖基转移酶催化下，与谷胱甘肽或葡萄糖醛酸结合，以防止氧化损伤；第三阶段，微藻利用几种酶，如紫胶酶、过氧化氢酶、转移酶、水解酶和羧化酶等，将药物污染物转化为更简单化合物。药物污染物的光降解包括直接和间接光解。自然环境中的许多药物污染物，如四环素，都容易受到光的影响。药物污染物可通过微藻生长时产生的自由基，通过间接光解被去除或转化。一般来说，间接光解比直接光解快得多。光降解受多种因素的影响，如微藻种类、浓度、药物污染物类型、光源和 pH 等。

尽管微藻可通过上述方法去除废水中的药物污染物，但对于某些种类抗生素整体去除效率仍然不高。通过添加有机质如葡萄糖、乙酸钠或甲醇等，通过共代谢过程，可提高去除效率。比如添加乙酸钠后，墨西哥微藻对环丙沙星的去除率提高 3 倍以上；添加葡萄糖，可将头孢拉定的去除率从 27.11% 提高到 85.19%。同时，共代谢过程还会受到其他因素的影响，如有机底物类型/浓度、药物污染物类别、微藻种类和反应时间等。

三、总结展望

微藻是一类广泛分布在自然界的单细胞或多细胞的光合微生物，其具有生长速率快、光合作用强、含高价值生物质及可以固定二氧化碳等优点。这些优点使微藻成为一种具有巨大潜力的环境治理资源，在废气、废水处理等方面都有着广泛的应用前景。

在废气处理方面，利用微藻处理废气，可以实现对二氧化碳、二氧化硫、氮氧化物等温室气体的吸收和转化，同时产生可作为生物燃料或化工原料的生物质；在废水处理方面，微藻可以吸收或降解废水中的有机物、氮、磷、药物、重金属等污染物，同时产生氧气和生物质。微藻技术不仅能够控制温室气体排放，还能够有效地净化废水，同时达到废水中营养物质再利用的目的。

微藻在环境治理中的应用前景广阔，但要实现其产业化和规模化，还需要解决一些技术和经济方面的问题。例如，如何降低微藻培养和收集的成本和能耗；如何开发和利用微藻产生的高附加值产品；如何评估和控制微藻在环境中的风险等。这些问题需要多学科、多领域、多层次的合作研究，以促进微藻技术的创新和发展。总之，随着科技的进步和社会的需求，利用微藻进行环境治理将成为一种重要的绿色技术，为人类创造一个更美好的生活环境。

第四节　微藻在生物能源中的应用

能源是影响经济发展的重要因素之一，人类对能源的需求量与日俱增。柴油、煤、石油、汽油和天然气等传统化石能源的使用不仅造成环境污染，也将面临枯竭的危险。因此，开发可再生能源已成为全球各国共识。生物能源作为清洁能源代表，具有绿色、无污染、可再生等特点，是解决全球变暖和取代传统能源的有效方案。

生物能源来源于生物质，相较于传统化石能源，其生产周期短、易于大规模生产，是理想的化石燃料替代品之一。根据所使用的原料、生产的可行性及技术发展水平等，生物燃料已经历过四代发展历程。第一代生物燃料由玉米或甘蔗等食用原料制成，但占用耕地面积大。这不仅减少了人类和动物赖以生存的土地资源，也会影响粮食安全。第二代生物燃料来自廉价而丰富的非粮食生物质，如纤维素、植物的不可食用部分、稻草、厨余垃圾、木材和木屑等。微藻被视为第三代生物能源原料来源，其适应范围广、环境适应性强、胞内油脂含量高。随着生物技术的发展，利用基因工程等手段提升微藻油脂产率，是未来第四代生物能源的发展方向（图3-12）。近年来，我国科学家们在微藻生物能源方向的研究取得了重大突破，在产油微藻（拟微球藻）中发现一种蓝光特异性诱导的油脂合成调控机制，并基于此发明了BLIO"光控"高产油技术，将油脂生产率提高了1倍。

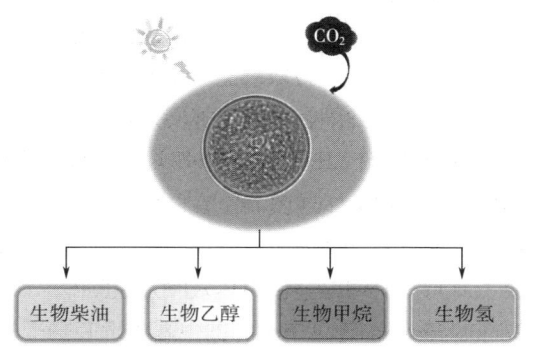

彩图3-12

图3-12 从藻类生物质中生产生物燃料

一、能源微藻藻种筛选

微藻生物能源的生产受到藻种自身特点影响，高生物量、高油脂藻株更适合于生物柴油炼制。如小球藻在缺氮条件可积累55%的脂类，被认为是理想的生物柴油原料；螺旋藻通过气化或厌氧发酵，可产生生物甲烷；在光生物反应器中大规模培养盐藻，可以产生沼气；斜生栅藻可以通过光合作用产生生物质，然后通过发酵可将生物质（特别是碳水化合物）转化为生物氢。因此，选择具有含量高、生长快的藻种是实现生物燃料生产的关键步骤。一般来说，主要通过从野生环境中筛选、基因工程/合成生物学改造获得藻种，以提高脂类和其他燃料产品的积累。

（一）从自然环境中筛选藻种

据估计，地球上有高达2万种微藻藻种。虽然微藻具有生长快、脂类含量高等特征，但并非所有的微藻均适合生产生物燃料。在筛选生物燃料生产用藻株时，应该遵循以下原则：生物量/生产率/脂类含量高、鲁棒性好、环境适应能力强等。通常可用微吸管在显微镜下分离，通过细胞稀释、液体或琼脂平板培养，来分离海洋或淡水微藻。

（二）基因工程技术改造藻株

采用基因工程技术来获得生长速度快、脂类生产率高的微藻藻株，已成为筛选生物燃料生产藻株的新方向。基因工程改造中，常用的遗传转化方法包括：玻璃珠转化法、电转化法、显微注射法、基因枪转化法等。其中，电转化法具有操作简单、效率高的特点，适用于红藻、绿藻和硅藻等原核或真核藻类。

通过代谢工程改造微藻，可以调控目的代谢产物含量。例如，过表达乙酰辅酶A羧化酶基因可增加硅藻脂肪酸含量；敲除丙酮酸羧化酶激酶编码基因，可使硅藻总中性脂类增加82%。

二、能源微藻培养模式

(一) 开放式池塘养殖法

开放式池塘养殖法是最流行、最经济、最成熟的微藻养殖方法。通过开放的培养系统，微藻可以在池塘、湖泊、海洋、排水沟和废水池中进行自然代谢生长。其中，跑道池系统是商业化最好、最受欢迎的培养模式，该系统的优点是成本低、方法简单。但开放式池塘养殖法需要较大土地面积，并且夏季水分蒸发快，需要向池塘额外供水。冬季或雨季光照不足时，需要额外补充光照。由于 CO_2 吸收、气体传输速率和污染等问题，还会导致微藻细胞密度变化较大。

(二) 闭环系统方法

闭环系统方法与开放式池塘养殖法在结构上有相似之处，但它不暴露在开放环境中，可通过光自养、异养、混养和光电养等多种方式培养微藻。该系统具有细胞密度高、处理成本低、系统稳定、培养维护容易、CO_2 固定效率高、污染风险低等优点。但在大规模生产时，该系统需要的建造和维护费用较高，这提高了生物燃料生产成本。

(三) 光生物反应器

光生物反应器（PBR）是一种特殊的新型微藻培养反应器。其光源可以是太阳光、人工（通过荧光灯或其他类型的光源）或混合光系统。平板 PBR、水平/倾斜管状 PBR 可利用室外阳光，但在温度控制方面具有一定的挑战性。在气升式 PBR、鼓泡塔、螺旋塔中，可通过荧光灯进行人工照明。这些 PBR 的温度、光照控制性好，可提高微藻生物量。但其生产成本太高，还未应用于能源微藻大规模生产中。

三、微藻生物质的收获与处理

(一) 微藻生物质的收获与干燥

到目前为止，微藻生物质的收集主要基于机械、化学、生物等方法。从培养体系中收获微藻时，与藻种本身密切相关，收获成本占总成本的 20%~30%。现有收获技术包括混凝、絮凝、浮选、过滤、筛选、离子交换、重力沉降、沉淀、离心等，其中絮凝、离心、沉淀较为常用。

(二) 微藻生物质的预处理

预处理技术是回收微藻生物质、获得生物燃料的关键步骤。破坏微藻的细胞壁，可促进细胞内脂类、碳水化合物、蛋白质和类胡萝卜素等的释放。

1. 机械预处理

机械预处理是通过增加有机物的表面积，来分解含有半纤维素的藻类细胞壁，从而破坏其结构。该技术主要包括球磨均质法、超声波法、微波法、脉冲电场（PEF）法等。

（1）球磨均质法　球磨均质法是利用微藻细胞与高速旋转的陶瓷珠之间的碰撞和搅拌，来产生剪切力以破坏微藻细胞壁，这是工业生产中最常用的技术。球磨均质机主要由振动容器和搅拌容器两部分组成。振动容器包含多个振动壁板，允许陶瓷珠与细胞碰撞；搅拌容器是由固定槽内的旋转搅拌器组成，在加热的同时可对陶瓷珠和培养物进行搅拌。

（2）超声波法　超声波法是利用高强度超声波对微藻进行预处理的技术。超声波传递液体分子，导致细胞周围产生微泡，当泡沫破裂时，冲击波能量粉碎细胞壁。该技术已被证明能显著提高脂类提取率，但超声预处理需要消耗大量的功率，增加了经济成本。

(3) 微波法　微波法预处理技术是利用特定频率的电磁辐射向细胞提供大量热能，从而削弱细胞壁，导致释放的能量均匀地分散到目标样本中。与传统方法相比，微波预处理技术简单有效，在大规模生产中运用广泛。

(4) 脉冲电场法　脉冲电场（PEF）是一种温和的脂类提取技术，主要过程是在电池上快速反复地施加振幅从 100~300V/cm 到 300kV/cm 的短电脉冲。该过程中，当超过一定阈值（0.5~1.5V）时，细胞会产生电穿孔效应而增加了细胞膜的通透性。

2. 化学预处理

在微藻化学预处理法中，使用 120~180℃ 的碱和酸溶液来溶解微藻细胞壁，能够促进纤维素、半纤维素的解聚和淀粉的水解。该技术会产生溶剂化和皂化反应，通过在细胞壁中产生孔隙，减少淀粉聚合物的尺寸及纤维素和淀粉结晶度，来促进细胞内成分的释放。通过对溶液浓度、预处理时间和温度进行评估发现，在 100℃ 条件下，用 H_2SO_4 进行 60min 的酸预处理，可获得最高浓度的生物乙醇（18.52%）。然而，化学预处理具有腐蚀性、毒性并造成下游污染，且使用浓酸和浓碱，还可能导致极端 pH 而腐蚀反应器。

3. 生物预处理

(1) 酶基处理　在生物预处理中，通常是利用酶和微生物来分解微藻细胞壁成分。水解酶能够水解微藻细胞壁，促进胞内成分的释放；蛋白酶能够水解微藻细胞壁中的糖蛋白，使细胞裂解而易于提取胞内化合物。但由于该技术用酶成本过高，严重阻碍了该技术在工业上的应用。

(2) 微生物处理　某些细菌因含有微藻致死成分，而被用于微藻预处理。这些致死成分能够使微藻细胞自溶，并导致胞内成分释放出来。目前，已鉴定的细菌源的微藻致死成分包括喹诺酮类、吡咯、酶和生物碱的衍生物等。有实验结果表明，用苏云金芽孢杆菌预处理小球藻后，其脂类回收率可提高 40% 以上。

（三）微藻油脂的提取

微藻细胞壁是影响油脂提取的主要因素，其富含多糖基质（如海藻酸盐、琼脂、海藻胶和果胶）、纤维素和半纤维素等。由于微藻细胞极小，多数微藻细胞的直径通常在 3~10μm，传统植物油机械提取方式不适用于微藻油脂提取。目前，科研人员已研发出多种绿色溶剂体系，主要包括超临界 CO_2（$SC-CO_2$）、离子液体（ILS）和可切换溶剂（SWSS）等。

1. 常规溶剂法

(1) 索氏萃取法　索氏萃取具有从固体样品中分离出挥发性化合物的能力。当热溶剂与顶针中的油源相互作用时，可萃取化合物；含有萃取化合物的溶剂虹吸回烧瓶中，重复此步骤直至分析物完全萃取。最后，目标物因具有比萃取溶剂更高的沸点，而在烧瓶的底部积累。实验结果表明，以三氯甲烷：甲醇（2:1，体积比）为溶剂，用索氏萃取法可提取淡水大型藻类中 18.6% 的脂类。索氏萃取选择性好、能耗低、设备简单、操作简便，分离的脂类可直接用于转化，但该技术耗时，不适于提取大量样品。

(2) Folch 法　Folch 等发现，以 2:1（体积比）的三氯甲烷-甲醇混合物从动物组织中提取脂类时，可获得较大脂类回收率。该方法中，首先用三氯甲烷-甲醇混合物处理匀浆细胞，然后过滤匀浆并向其中加入至少 5 倍的盐水。然后，将混合物充分混合，并通过重力分离使其沉降后形成两层，脂类处于上层中。通过不同方法提取毛角藻、小球藻和微绿球藻总脂时发现，Folch 法的脂类回收率最高。该方法可快速、简便、高效处理大量样品，但该方法因涉及危险品，使得成本大幅提高。

（3）Bligh-Dyer 法　类似于 Folch 法，Bligh-Dyer 采用双相共沸溶剂混合物提取脂类。与单相溶剂相比，双相溶剂在提取微藻脂类时更为高效。Bligh-Dyer 不仅可提取和分离脂类，还可在两个液相之间沉淀蛋白质。该方法通常使用三氯甲烷：甲醇：水为 2 : 1 : 0.8（体积比）的混合物，最终将脂类从三氯甲烷相中分离出来。采用 Bligh-Dyer 和正己烷萃取溶剂提取小球藻脂类时发现，Bligh-Dyer 法是正己烷法提取效率的两倍。但该方法中大量使用三氯甲烷等有机溶剂，增加了工业规模生产成本。

2. 绿色溶剂法

传统萃取技术所使用的溶剂，通常是不可再生的挥发性有机物。绿色溶剂一般是指溶剂化学性质不稳定，可以被土壤生物或其他物质降解，半衰期短，很容易衰变成低毒、无毒的物质。在萃取技术中使用绿色溶剂取代有毒溶剂，可减少环境污染并降低生产成本。常用的绿色溶剂包括超临界流体、离子液体、可切换溶剂等。

（1）超临界流体　超临界流体（supercritical fluid，SF）是处于临界温度（T_c）和临界压力（P_c）以上，介于气体和液体之间的流体，其具有气体和液体的双重特性。其密度和液体相近，黏度与气体相近，扩散系数约比液体大 100 倍。由于其溶解过程包含分子间的相互作用和扩散作用，超临界流体对许多物质有很强的溶解能力。与有机溶剂相比，超临界流体是一种环境友好、易燃、无毒和化学惰性溶剂，在微藻脂类提取中不会有溶剂残留，这大幅降低了产品纯化的成本。实验结果表明，在 20℃、12MPa 的条件下，使用超临界 CO_2 对斜生栅藻进行处理后，脂类回收率达到 90% 以上。但超临界 CO_2 技术也存在一些缺点，如极性脂类溶解度低，操作设备复杂昂贵等，不适合工业化生产。

（2）离子液体　离子液体（ILS）是一种新兴的绿色溶剂，因其具有热稳定性、非挥发性、合成柔韧性和可回收性等优异性能，而适用于微藻脂类的提取。有实验结果表明，采用 ILS 萃取法提取微藻脂类时，其效率是索氏法的两倍，比 Bligh-Dyer 法高 1.6 倍。离子液体虽然是一种绿色溶剂，但 ILS 的合成需要使用有毒、易挥发的试剂。尽管 ILS 可以有效地回收脂类，但由于其对环境的影响和经济成本较高，其在微藻生物燃料中的规模应用还有待进一步研究。

（3）可切换溶剂　可切换溶剂（SWSS）是离子液体（ILS）的一个亚类，由烷基化脒和仲胺组成，主要可分为可转换亲水性溶剂（SHS）、可转换极性溶剂（SPS）和可转换水（SW）。在微藻脂类提取过程中，加入 CO_2 会使 SPS 变为高极性，形成阳离子-阴离子对，导致脂类从 SPS 中分离出来以用于进一步加工。

在传统的有机溶剂脂类萃取技术中，溶剂回收是通过蒸馏、汽提和蒸发来实现的。然而，在可切换溶剂萃取中，相分离取代了传统溶剂中的所有过程，使溶剂回收更加容易。可转换溶剂萃取是一种较好的脂类提取工艺，但是该技术在规模化生产中的应用还有待于进一步研究。

四、微藻生物燃料转化工艺及产品

（一）微藻生物燃料转化工艺

微藻生物质转化为生物燃料时，过程极为复杂，在技术和成本上都具有挑战性。微藻生物质不仅可以转化为生物燃料，也可转化为其他各种产品。转化前，通过分馏或提取技术，将藻类生物质分解为蛋白质、脂类和碳水化合物等，并通过加工技术将上述组分转化为固体、液体和气体生物燃料及其他产品。具体来说，首先通过厌氧消化、气化、热解、液化和酯交换等转化技术，将藻类生物质转化生产生物燃料，如氢气、甲烷、合成气、乙醇、柴油、喷气燃料、丙酮、丁醇和木炭等。其中生物乙醇和生物柴油是两种主要的生物燃料（图3-13）。

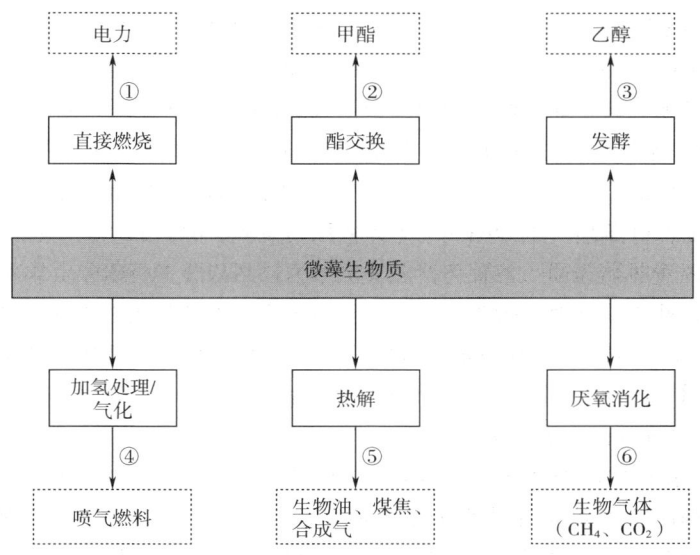

图3-13 微藻生物质向可再生燃料的转化

注：实线框分别表示用于将微藻生物质转化为可再生燃料的主要技术。虚线框是目标微藻基燃料或最终产品。数字表示以下程序或条件：①直接燃烧。可以在1000℃的氧气、熔炉、锅炉/蒸汽轮机的条件下获得能量。②酯交换。直接/常规酯交换。③发酵。脱水→碾磨→液化→糖化→发酵→蒸馏→乙醇。④加氢处理/气化。脱水→热解→燃烧→气化→水煤气变换反应→喷气燃料。⑤热解。常规/快速热解→生物油、炭、合成气。⑥厌氧消化。水解→发酵→产乙酸→产甲烷→沼气（CH_4、CO_2）。

（1）直接燃烧微藻生物质产生热能，该热能可为涡轮机提供动力并使发电机发电。例如，用于动力（如电）和热量的生物质可以通过在锅炉中直接燃烧来实现，在锅炉中产生高压蒸汽并将其引入蒸汽涡轮机中，并且流过一系列涡轮机叶片以使涡轮机和发电机旋转，因此产生电力。

（2）利用微藻生产生物柴油的过程包括两个主要步骤：油脂提取和油脂转化为生物柴油。微藻中脂类的提取方法前面已经介绍过，提取的脂类可以通过直接（单阶段）和常规（两阶段）酯交换反应转化为生物柴油，甘油三酯在催化剂（如碱）存在下与醇（如甲醇、乙醇）发生反应产生甘油和脂肪酸甲酯。脂肪酸甲酯是生物柴油的主要成分。

（3）在利用微藻生产生物乙醇的过程中，需要先将微藻生物质通过脱水、研磨、液化、糖化等预处理将微藻细胞分解为游离糖分子，然后通过厌氧发酵将其转化为生物乙醇，提纯产生的乙醇并最终获得生物乙醇的燃料产物。

（4）与生产生物乙醇相比，还可以通过脱水、热解、燃烧、气化和/或水煤气变换反应对脂肪酸和酯进行加氢处理来完成微藻油的加氢处理或气化过程，最后可以生成喷气燃料。

（5）微藻生物质可以在无氧条件下进行热分解，并生产液体燃料（生物油）、固体燃料（生物炭）和气体燃料（H_2、CH_4），该过程可分为常规热解和快速热解。

（6）油脂提取后，生物质残渣可通过厌氧消化产生沼气。厌氧消化是通过水解、发酵、产乙酸和产甲烷的连续阶段从具有碳和氮含量的脱脂藻类生物质中获得甲烷的过程。该方法将有机生物质转化为沼气，小规模沼气池已在许多国家如中国、印度、尼泊尔、泰国、巴西和韩国等应用。

（二）微藻生物燃料产品

1. 生物柴油

生物柴油（biodiesel）作为一种最受欢迎、最经济、最环保的绿色替代燃料，得到了广泛的应用。研究表明，微藻生物柴油不含硫，颗粒物和温室气体排放量更低。其与传统燃料柴油相似，无需对发动机进行任何改造。藻种选择是生物柴油生产的关键因素。其中，小球藻总脂含量为45.6%；在氧化石墨烯固体酸催化剂作用下，蛋白核小球藻通过酯交换反应合成生物柴油时，脂类转化率达到95.1%。此外，拟微球藻、雨生红球藻、鱼腥藻、绿球藻等都已被证明具有生产生物柴油的能力。

2. 生物乙醇

生物乙醇（bioethanol）是由碳水化合物经发酵过程而得到，已被广泛用作运输燃料（如E10、E20、E85等），并可与柴油和汽油混合使用。使用微藻生产生物乙醇时，大量的碳水化合物先被还原成单糖，然后在厌氧条件下转化为生物乙醇。与玉米、甘蔗等传统作物相比，利用微藻生产生物乙醇产量是甘蔗的两倍、玉米的五倍。

3. 生物甲烷

沼气是厌氧消化的最终产物，含有55%~75%的甲烷（CH_4）和25%~45%的CO_2。微藻生物质中含有高浓度的多糖和脂类、少量纤维素，是厌氧发酵生产沼气的可用原料。与木质纤维素相比，利用微藻生物质生产沼气不仅减少耕地需求，其还容易转化为沼气。许多藻类已被用于沼气生产，如栅藻、裸藻、螺旋藻和石莼等。

4. 生物氢

生物氢（$BioH_2$）是一种理想的生物能源，有望替代传统化石燃料。与其他燃料相比，生物氢的能量密度和转换效率最高，为142MJ/kg。其燃烧产物为水，是名副其实的清洁能源。进行预处理和降解后的微藻生物质，可以通过暗发酵、光发酵（培养过程中直接在光照下）、生物热解、固态厌氧消化等多种方法产生生物氢。实验研究表明，不同类型的微藻如小球藻、绿球藻、斜生藻、念珠藻、鱼腥藻等都可以有效地产生生物氢。中国科学院植物研究所团队已在衣藻产氢方面取得系列突破，总体研究水平处于世界前列。

五、展望

20世纪70年代，两次石油危机驱动国际油价持续暴涨，许多国家都启动了藻类能源领域研究。2003—2008年第三次石油危机，尤其2008年原油期货出现历史高点，微藻生物能源再次引起人们的关注。近年来，我国也启动"微藻生物柴油成套技术""CO-油藻-生物柴油关键技术研究""微藻二氧化碳减排技术研发及示范"等多项国家重点研发项目，有效推进了我国在微藻能源方向的研究进程。

微藻生物能源的开发是一项综合性市场开发过程，面临着巨大挑战。目前，随着科学家们对能源微藻产业化的深入研究，发现油脂含量并不能直接代表微藻产油效率，而高油脂产率和脂肪酸产率才是决定微藻能否进行工业化应用的重要标准。微藻生物能源制备技术是可行的，但目前成本较高，导致微藻生物能源研究进展缓慢。为降低微藻生物能源的成本，需在藻种选育、培养、油脂提取和转化等方面取得突破，推动微藻生物能源的大规模工业化生产。

第五节　微藻在医疗领域的应用

　　某些微藻中含有的碳水化合物、多肽、脂类与类胡萝卜素等化合物具有多种生理活性，如抗癌、抗炎、抗菌、抗病毒、抗过敏与抗氧化等，在医疗与制药等领域展现了广阔的应用前景。目前，已经商业化应用的微藻代谢物如藻蓝蛋白、β-胡萝卜素、虾青素、多不饱和脂肪酸、酚类化合物、多糖、维生素 B_{12}、维生素 E、维生素 K_1 与叶黄素均展现了良好的健康功效。

　　一些微藻在医药载体与重组蛋白表达等领域也展现了应用潜力，如使用微藻表达单克隆抗体与疫苗。有研究表明，使用某些微藻如裸藻含有的葡聚糖颗粒与硅藻来源硅基纳米颗粒用作药物递送材料，相比其他合成材料，具有可生物降解、成本低、毒性低与表面积大、易于功能化修饰等优点，因此在用作肿瘤药递送载体与降低化疗副作用方面具有很大的潜力。

　　蓝藻门微藻含有多种色素蛋白复合体，如蓝色的藻蓝蛋白，红色的藻红蛋白以及 β-胡萝卜素、叶绿素与叶黄素等，有研究预测蓝藻可含有 200 种以上的代谢物，蓝藻已经成为抗生素等活性化合物筛选的主要微生物。目前蓝藻中的节旋藻属，即螺旋藻属的极大螺旋藻与钝顶螺旋藻等已经在食品与医药上得到使用，螺旋藻属微藻的保健优势主要在于极高的蛋白质含量、不饱和脂肪酸与抗氧化酚类化合物，还含有较多的矿物质如钾、钙、磷、铁、镁，维生素如维生素 B_1、维生素 B_2、维生素 B_{12} 及维生素 E，也有研究报道螺旋藻具有抗炎活性，另一种常见的食用蓝藻为念珠藻，含有较高水平的蛋白质、维生素、脂肪酸与多种具有抗菌、抗病毒、抗癌等活性的代谢物，念珠藻属某些微藻对于改善食物消化，调节血压与免疫力均有较好效果。绿藻是另一类目前商业化比较成功的微藻，绿藻细胞通常含有较高的黄体素、胡萝卜素、叶黄素与叶绿素等色素。目前已经商业化的绿藻门微藻有小球藻、盐生杜氏藻、雨生红球藻、莱茵衣藻与栅藻 S. almeriensis 等。小球藻含有丰富的蛋白质、多糖与维生素等营养成分，盐生杜氏藻含有的 β-胡萝卜素为顺式结构，相比化学合成的全反式结构的同分异构体具有更好的生物活性。高光等逆境胁迫下雨生红球藻会积累抗氧化活性极高的虾青素，虾青素在医疗与食品方面的健康价值已得到广泛认可。莱茵衣藻与栅藻在叶黄素生产方面具有较大潜力。红藻门中的角叉菜产生的凝胶被广泛应用在奶冻、牙膏、冰淇淋等产品中，具有很好的凝胶着色功能。龙须菜与石花菜中含有的琼脂在食品、医药与生命科学研究中均是常用基质材料。定鞭藻门微藻含有多种不饱和脂肪酸与抗菌化合物，是水生动物的主要不饱和脂肪酸来源之一，如巴夫藻与等鞭金藻均是水产上主要使用的微藻种类。隐藻含有叶绿素 c_2 等光合色素，有一些隐藻门微藻具有异养能力。某些裸藻门微藻因含有丰富的类胡萝卜素或虾青素而呈现黄色或红色，裸藻门微藻的最显著特征是含有三螺旋 β-1,3-葡聚糖分子形成的晶体颗粒，具有显著的抗炎等功效。褐藻门微藻含有的无隔藻黄素与岩藻黄质具有多种生理功效，具有良好的功能开发潜力。一些微藻含有的活性代谢物及医用潜力见表 3-4。

表 3-4　　一些微藻含有的活性代谢物及医用潜力

微藻种类	活性代谢物	医用潜力
原始小球藻 Chlorella. protothecoides	叶黄素	提高免疫力，抗炎，抗氧化
灰色念珠藻 Nostoc muscorum，褐色念珠藻 Nostoc humifusum，普通小球藻 Chlorella vulgaris，钝顶螺旋藻 Arthrospira platensis，极微小球藻 Chlorella minutissima 杜氏藻 Dunaliella sp.	酚类化合物	抗炎，抗氧化，缓解慢性病，抗菌
褐色念珠藻 Nostoc humifusum，灰色念珠藻 Nostoc muscorum，普通小球藻 Chlorella vulgaris，钝顶螺旋藻 Arthrospira platensis	生物碱	抗菌，抗炎，抗血小板药物
普通小球藻 Chlorella. vulgaris，钝顶螺旋藻 Arthrospira platensis	萜类	抗菌，抗癌，抗氧化
雨生红球藻 Haematococcus pluvialis，索罗金小球藻 Chlorella zofingiensis	虾青素	抗氧化，抗炎
蛋白核小球藻 Chlorella pyrenoidosa	蛋白多肽	抗氧化，抗炎，抗癌，降压
钝顶螺旋藻 Arthrospira platensis	藻蓝蛋白	抗氧化，抗炎
盐生杜氏藻 Dunaliella salina	β-胡萝卜素	抗氧化，维生素 A 原，抗过敏，抗炎
极微小球藻 Chlorella minutissima	叶绿醇	抗氧化，抗炎，抗过敏，抑菌

资料来源：Ibrahim. Bioresource Technology. 2023, 372：128661。

一、微藻中常见的生理活性化合物

如第一章所述，微藻是一类放氧光合微生物的总称，许多微藻进化出了耐受胁迫环境的能力，如高盐环境、极地环境等，进化出了许多特殊代谢途径与代谢物，因此微藻在新药筛选领域被广泛应用。

（一）脂肪酸

不饱和脂肪酸对于微藻细胞质膜的稳定性与流动性具有重要作用，目前市场上不饱和脂肪酸来源主要有深海鱼油（如鱼肝油与鲨鱼油）与微藻，微藻源不饱和脂肪酸因二十二碳六烯酸（DHA）与二十碳五烯酸（EPA）含量高，且甲基汞等重金属以及二噁英与多氯联苯等毒性化合物含量低，且满足了一部分素食主义者的需求而广受欢迎。DHA 是婴幼儿乳粉等食品中的主要添加剂，对于婴幼儿的健康至关重要。EPA 是类花生酸与前列腺素的前体分子，对于阿尔茨海默病、红斑狼疮、关节炎等炎症性疾病的治疗具有很好的效果。

（二）色素

微藻含有多种光合色素，均是以色素蛋白复合体的形式存在。藻胆蛋白是蓝藻、红藻等微藻中存在的光合色素，其中的藻蓝蛋白目前已在医药领域得到应用。基于色素蛋白复合体的结构特征与光谱吸收峰的不同，藻胆蛋白可分成三类，一类是藻蓝蛋白，是最常见的藻胆蛋白，另外两类分别是藻红蛋白与别藻蓝蛋白。目前市场上藻蓝蛋白主要来源为节旋藻，藻红蛋白首先发现于紫球藻属微藻。叶绿素也是一种常见的食用色素，并且越来越多的研究表明叶绿素具有多种生理功效，如可以促进伤口愈合与慢性溃疡的康复，含有叶绿素的软膏可减轻疼痛与促进组织恢复。微藻源类胡萝卜素相比化学合成或其他微生物来源的色素具有更强的抗氧化能力而受到市场欢迎，目前医药与健康领域使用的微藻源色素主要有β-胡萝卜素、虾青素、岩藻黄素、叶黄素、番茄红素、角黄素与新黄素等。类胡萝卜素是微藻等光合生物含有的主要色素。类胡萝卜素类色素主要医疗功能在于降低机体氧化胁迫的能力，氧化胁迫是许多慢性疾病如癌症、衰老、动脉粥样硬化、冠心病以及其他退行性疾病的主要发病因素。目前商业化比较好的色素主要有β-胡萝卜素与虾青素，此外叶黄素、玉米黄质与岩藻黄质在功能食品领域有广泛应用。雨生红球藻与佐芬根小球藻是虾青素的主要生产微藻，虾青素在抑制中枢神经系统紊乱，减缓胃炎、帕金森病、阿尔茨海默病、抑郁症与神经性疼痛等方面具有良好效果。叶黄素在黄色水果、蛋黄、西蓝花与金盏花中含量比较丰富，微藻相比于水果等食物具有采收不受季节限制、叶黄素含量高与生产效率高等优点，叶黄素对于阻止衰老相关的视网膜黄斑变性疾病、自由基清除、缓解阿尔茨海默病、在视网膜中积累而过滤蓝光保护眼睛健康等方面具有重要作用。

（三）维生素

微藻富含植物源食物中缺乏的维生素 B_{12}、维生素 D、维生素 K、维生素 E 等，是比较好的维生素来源。维生素在机体中主要作为辅酶或电子载体等功能，维生素的缺乏会导致脚气病、坏血病、佝偻病与甲基丙二酸血症等疾病。

（四）活性多糖

研究表明，微藻多糖具有多种生理活性，如抗菌与缓解咳嗽等功效。一些海洋微藻含有的硫酸基多糖具有良好的抗氧化、抗病毒与抗肿瘤活性，如抑制艾滋病病毒、丙型肝炎病毒、登革热病毒、疱疹病毒、人乳头状瘤病毒以及一些呼吸疾病感染。裸藻门微藻在细胞内积累一种β-1,3-葡聚糖三螺旋晶体，具有显著的促免疫、抗炎、提高精子活力等功效，有很大的应用潜力。

（五）多酚类化合物

多酚类化合物包括酚酸、黄酮类化合物、芪类化合物与木酚素类化合物，具有良好的抗氧化性，可抑制自由基对机体的损害。微藻中含有间苯三酚与酚酸等多酚类化合物，如羟基苯甲酸与羟基苯丙烯等。酚酸分子羟基的数据决定了酚类化合物的抗氧化能力，如褐藻中的褐藻多酚含有较多的羟基而具有较强的抗氧化能力。褐藻多酚是褐藻中含量丰富的酚类物质，具有抗菌、抗癌、抗炎、治疗糖尿病、抗高血压与抗过敏等功能。褐藻多酚具有皮肤美白功能，可抑制黑色素细胞合成等，在化妆品领域具有良好的应用前景。黄酮类化合物对于糖尿病、心血管疾病、眼部疾病、衰老与神经紊乱等具有治疗作用。

（六）植物甾醇

植物甾醇具有降低血液胆固醇水平与心血管疾病发病率的功能。谷甾醇、菜油甾醇、豆甾醇等植物甾醇具有降低心脏病发病概率的功能。有些微藻含有的甾醇有毒性，如绿球藻 *Chloromorum toxicum*、赤潮异弯藻（*Heterosigma akashiwo*）与黄绿小球藻（*C. luteoviridis*）微量存在的川贝海绵甾醇，体外实验表明其可抑制补体系统。蛋白核小球藻、特氏杜氏藻与裂殖壶藻 *Schizochytrium aggregatum* 中存在的麦甾醇具有明显的抗炎功能。普通小球藻中含有的麦角甾醇过氧化物与7-脱氢多孔甾醇过氧化物7-酮基胆固醇具有抗炎活性，特氏杜氏藻是目前麦角甾醇主要的商业来源之一，对结直肠腺癌细胞与乳腺癌细胞具有抑制活性。谷甾醇对于前列腺增生与前列腺癌具有较好的疗效，在糖尿病治疗、神经保护与抗癌等方面也具有一定活性。微藻中含有的岩藻甾醇具有类似的化学结构，但目前研究较少，有待进一步的研究开发。

（七）蛋白质

随着人们对愈后营养辅助治疗的关注度提高，蛋白多肽类功能性食品在医疗领域的应用越来越多。微藻含有较高水平的蛋白质，如螺旋藻蛋白质含量可达 70% 以上，且蛋白质氨基酸组成比较合理，同时具有良好的可吸收性。有研究表明，微藻的氨基酸组成满足联合国粮农组织的要求，与鸡蛋或大豆具有同等的氨基酸组成，尽管有些微藻的蛋白质中缺乏一些氨基酸种类，如红藻中亮氨酸与异亮氨酸的含量较低，甲硫氨酸、半胱氨酸与赖氨酸在褐藻中含量较低。目前已经商品化的螺旋藻与小球藻的蛋白质含量在 50%~70%。开发更容易被机体吸收，且能消除藻类特有腥味的微藻肽类产品是未来有前景的研究方向。

（八）其他活性代谢物

蓝藻如微囊藻以及一些真核鞭毛微藻可引起淡水藻华现象，在海水中可引起赤潮等现象。已发现有 300 多种微藻在水体富营养化时会大量生长繁殖，引起水华现象，其中一些微藻会产生微藻毒素。微藻毒素的毒性机制有多种，可被应用于多种医学研究与应用中，如微藻神经毒素可被用于研究大脑功能与神经退行性疾病的发病机制，来源于海洋甲藻鳍藻属微藻的冈田酸被用于治疗精神病，同样来源于鳍藻属微藻的扇贝毒素被应用于肿瘤治疗。蓝藻抗毒蛋白 N（Cyanovirin-N）是一种分子质量大约 11ku 的蛋白质，分子内含有两个二硫键，具有显著的抗病毒活性，体外实验表明其对单纯性疱疹病毒、流感病毒、麻疹病毒、埃博拉病毒、人类免疫缺陷病毒（HIV）均有显著抑制效果。一些蓝藻的二级代谢产物如大环内酯内酰胺类化合物 Apratoxin A 具有强抗癌活性，是一种非常有前景的抗癌药物。一些念珠藻目眉藻属微藻的细胞提取液可抑制人类 Hela 癌细胞的发展，也可抑制镰状疟原虫生长。

二、微藻及其代谢物潜在的应用领域

（一）抗菌药物

因为耐药性微生物的出现，寻找新的抗生素替代试剂至关重要。微藻因含有丰富的代谢途径与代谢物种类，在抗生素或抗菌化合物筛选中得到越来越多的关注。研究表明，许多微藻胞内或胞外代谢物具有抗菌活性，如一些微藻含有的脂肪酸、多糖、环化物、萜烯与卤代烃等。脂肪酸及其衍生物，如 γ-亚油酸、EPA、DHA、油酸、乳酸、ARA 具有显著的抗菌活性，有数据表明，抗菌活性及能力与脂肪酸的饱和度、碳链长度以及双键的方向均有关系，顺式双键比反式双键具有更强的抗菌活性，不饱和度的增加也会导致抗菌活性的提高。不饱和脂肪酸及其衍生物发挥抗菌活性的机制可能是引起细菌裂解。

（二）抗病毒药物

目前，微藻中发现的抗病毒化合物主要是一些微藻多糖，如褐藻细胞壁中含有的硫酸基多糖具有较宽的抗病毒谱，对人类免疫缺陷病毒、病毒性出血性败血症病毒、非洲猪瘟病毒、人类乳突病毒与登革热病毒均有良好的抑制效率。硫酸基多糖的抗病毒能力与其分子质量及硫酸基的数量有关。许多微藻来源的多糖如卡拉胶、聚半乳糖、海藻酸、脱氧半乳聚糖等均有开发成抗病毒药物的潜能。

（三）抗癌药物

微藻中含有的虾青素、岩藻红素、ω-3 不饱和脂肪酸、硫酸基多糖以及一些活性多肽等化合物具有抗癌活性。念珠藻素是一种从念珠藻 *Nostoc* ATCC 53789 中分离的多肽，有抗肿瘤作用。从海洋绿藻伞轴藻属微藻（*Cymopolia barbata*）中分离的 cymobarbatol 与 4-isocymobarbatol 具有较强的诱变抑制作用。

（四）治疗用蛋白质

相比植物细胞与动物细胞，微藻具有生长速度快、环境耐受性强以及不容易被外源微生物污染等优点，使用微藻作为蛋白表达系统生产治疗用蛋白质展现了良好的应用前景。有研究报道，海洋微藻表达的活性肽具有良好的抗氧化、抗血栓、抗高血压、免疫调节、抗癌、抗菌等活性。从念珠藻中分离的蓝藻抗病毒蛋白对人类免疫缺陷病毒与流感病毒具有较好的抑制活性。鱼腥藻属与紫球藻属微藻细胞内含有的超氧化物歧化酶具有清除自由基抗氧化胁迫的作用。使用遗传工具相对完善的莱茵衣藻与纤细裸等微藻表达治疗用蛋白质也成为可能，如使用莱茵衣藻表达猪瘟病毒的疫苗等。

（五）神经保护药物

体外研究与临床研究表明，一些微藻源活性化合物，如类胡萝卜素、酚酸、黄酮与甾醇类化合物以及不饱和脂肪酸具有显著的抗氧化、抗炎、抗胆碱酯酶等活性与神经保护活性，但抗神经炎症相关的体内实验依然鲜有报道。

（六）抗糖尿病药物

有研究报道，从海绵中分离的一种倍半萜烯类化合物可以显著抑制糖尿病发病中起重要作用的糖原合成酶激酶 3β 的活性。从红藻中分离的苯二醇类化合物在高于中等浓度时可降低血糖、糖化血红蛋白浓度、胰岛素以及血清中甘油三酯与总胆固醇的浓度。

（七）心肌保护

微藻中含有的多糖、类胡萝卜素、不饱和脂肪酸与一些多肽具有降低高血压、动脉粥样硬化以及其他心血管并发症发病率的作用。微藻代谢物具有的心肌保护活性主要是由于其具有的抗氧化、抗凝血与降低胆固醇的性质。有研究表明，长时间食用微藻可降低心律失常、心肌梗死、血栓、心搏骤停等的发生概率，如长期食用一定量的球等鞭金藻可有效降低血糖、甘油三酯与胆固醇的水平，同样也影响乳酸菌群的数量。三角褐指藻中含有的腺苷具有抗心律不齐活性，可用于治疗心动过速现象。目前微藻代谢物真正被用于治疗心血管疾病还需更多的研究工作。

微藻中的活性代谢物及其药理活性见表 3-5。

表 3-5　　　　　　　　　　　微藻中的活性代谢物及其药理活性

活性	微藻	代谢物	活性成分	已报道药理活性
抗菌	三角褐指藻 *Phaeodactylum tricornutum*	长链脂肪酸	EPA	对 *Listonella anguillarum*, *Lactococcus garvieae*, *Vibrio* spp. 有抑制活性
	雨生红球藻 *Haematococcus pluvialis*	短链脂肪酸	丁酸与加甲基乳酸	对 *Escherichia coli*, *Staphylococcus aureus* 有抑制活性
	中肋骨条藻 *Skeletonema costatum*	不饱和与饱和长链脂肪酸		对 *Vibrio* spp. 有抑制活性

续表

活性	微藻	代谢物	活性成分	已报道药理活性
抗病毒	厚壁杉藻 Gigartina skottsbergii 等红藻	多糖	λ-卡拉胶	抗肠病毒、HSV-1 HSV-2、HPV、HIV、HRV 活性
	泡叶藻 Ascophyllum nodosum，墨角藻 Fucus vesiculosus 等褐藻	多糖	海藻酸、聚海藻糖、昆布多糖	抗 HIV、HBV、IAV、DENV
	伊姆旋沟藻 Gyrodinium impudicum	硫酸基多糖	p-KG03	抗流感病毒与脑心肌炎病毒
	直舟形藻 Navicula directa	多糖	Naviculan	抗流感病毒、HSV-1 与 HSV-2
	发状念珠藻 Nostoc flagelliforme		Nostaflan	抗 HSV-1 与 HSV-2
	隐藻 Cryptomonads	蛋白质	别藻蓝蛋白	抗肠病毒 71
抗真菌	前沟藻 Amphidinium sp.		丁酸与甲基乳酸	抑制白念珠菌
	缘管浒苔 Enteromorpha linza	硫酸基多糖		抑制白念珠菌
	硬石莼 Ulva rigida	硫酸基多糖	Glucuronorhamnoxyloglycans	念珠菌
抗癌	普通小球藻 Chlorella vulgaris	脂肪酸	2-Pentadecanone 6	MCF7 乳腺癌细胞
	墨角藻 Fucus vesiculosus		岩藻多糖	肺腺癌
	裙带菜 Undaria pinnatifida	类胡萝卜素	岩藻黄素	人白血病 HL-60 细胞
	钝顶螺旋藻 Spirulina platensis	藻胆蛋白	C-藻青蛋白	MDA-MB-231 细胞
	雨生红球藻 Haematococcus pluvialis	类胡萝卜素	虾青素	口腔癌、膀胱癌与结肠癌
抗炎与神经保护	黑藻 Ecklonia stolonifera	类固醇	类固醇与褐藻多酚	乙酰胆碱酯酶抑制活性
	四爿藻 Tetraselmis sp.	长链脂肪酸	DHA	抑制 IL-6 与 IL-b 活性
	泡叶藻 Ascophyllum nodosum	单宁	褐藻多酚	抑制 LPS 诱导的 TNF-α 与 IL-6 释放
	紫球藻 Porphyridium sp.	多糖	硫酸基多糖	抑制多形核白细胞迁移
	三角褐指藻 Phaeodactylum tricornutum	多糖	硫酸基胞外多糖	免疫刺激剂

续表

活性	微藻	代谢物	活性成分	已报道药理活性
降胆固醇	球等鞭金藻 *Isochrysis galbana*			降胆固醇活性
降血糖	球等鞭金藻 *Isochrysis galbana*			降低血糖水平
	雨生红球藻 *Haematococcus pluvialis*	类胡萝卜素	虾青素	维持血糖水平，增强胰岛素敏感度

资料来源：Mishra. Preparation of Phytopharmaceuticals for the Management of Disorders, Academic Press. 2021, 372: 128661。

思考题

1. 试分析如何避免微藻饵料淀粉含量过高的问题。
2. 微藻在许多领域有良好的应用潜力，试从成本的角度分析微藻应用最大的障碍，并列举一些未来科研中可能的研究方向。
3. 微藻未来食品的发展对我国大食物观的发展理念有何意义？
4. 微藻在环境污染防治中的作用体现在哪些方面？
5. 微藻丰富的代谢物资源对推进健康中国建设有什么意义？

第四章 微藻分离纯化与分析技术

[学习目标]

1. 了解微藻分离纯化的常见方法。
2. 了解微藻研究实验室常见分析技术。

第一节 微藻的分离纯化

微藻分布范围很广，空气、水环境（包括淡水和咸水）以及土壤环境（包括表层土壤和沙漠土壤）等生态位均有微藻的分布。此外，部分微藻在漫长的进化过程中，与不同种类的生物形成了多样的共生关系，如地衣及原生动物等。分离纯化微藻可以用于开展科学理论研究，包括微藻适应逆境胁迫的分子机制，藻类与共生微生物及环境的相互作用分析等，而实际生产应用方面，部分微藻可被用于生产生物能源，积累独特初级或次级代谢产物及改良或利用盐碱地、沿海滩涂和荒漠等。

一、藻种分离技术流程

微藻的分离纯化首先需要从环境获取含有微藻的样品。此类样品主要分为两种，一种以特殊生境为主，如极端环境样品及共生体；另一种以普通生境为主，如水样、土壤及沉积岩等样品。取样后，借助适宜的培养基，使微藻实现生物量的富集。随后，通过筛选培养条件，利用多种策略，如显微操作、流式细胞分选和梯度稀释等开展微藻的分离纯化工作，最终获得纯培养的微藻（图4-1）。

二、藻种分离技术

（一）采样

微藻细胞分离纯化前，需要采集包含有微藻的样品。不同环境中微藻样品采集方式有所差异，主要分为液体采样及固体采样。海洋生态学者经常采集海水样品用于分离纯培养微藻。采样后，可以借助显微镜进行初步检查，如果样品中包含微藻的种类及数量较多，可以直接进行分离。通常情况下，样品中的微藻需要进行活化培养，达到一定生物量后再进行分离。

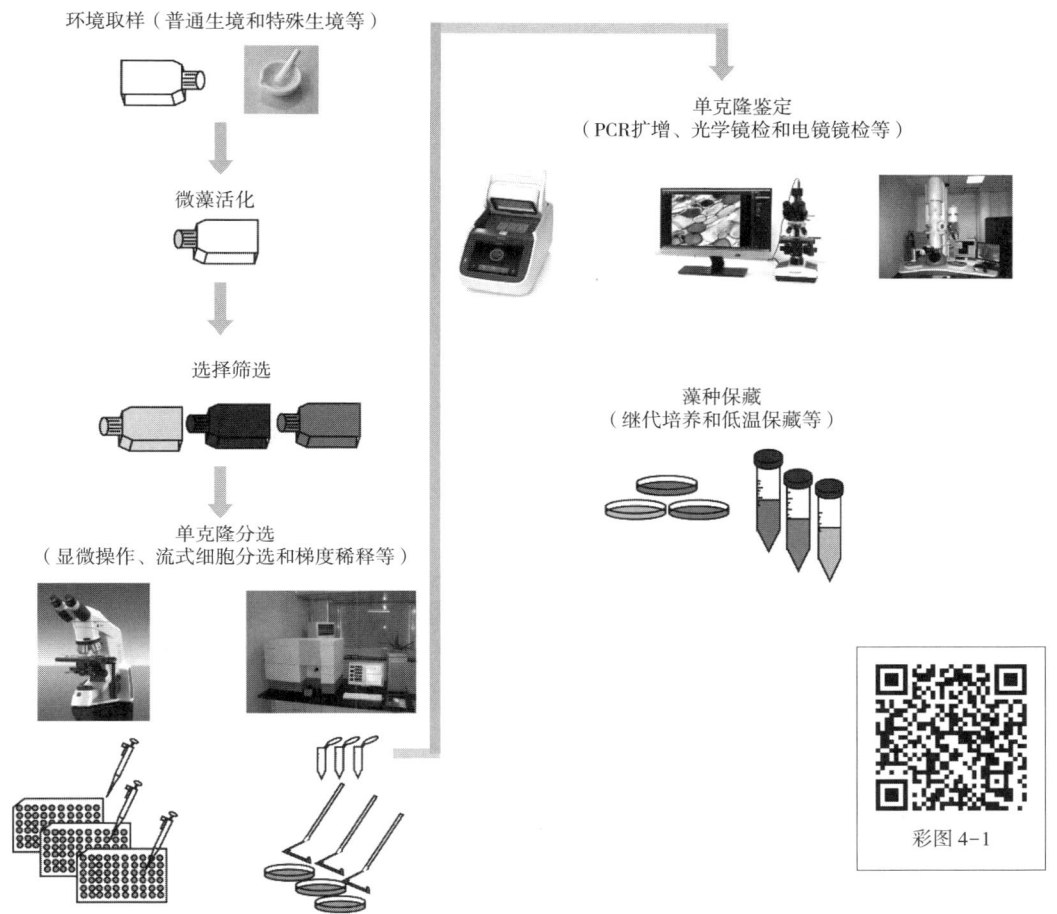

图 4-1 藻种分离技术流程图

（二）预处理

样品分离之前，往往还需要进行清洗及抑菌等处理（紫外照射及 70%~75% 乙醇清洗表面），再通过匀浆研磨等方式，使微藻得以释放，同时过滤去除大颗粒杂质，将滤液接种至特定液体培养基中。此外，还可以辅助密度梯度离心，粗分离微藻细胞。在适合的温度和光照培养条件下，静置培养数天，每天摇动数次。而后，活化藻株培养液利用不同的选择培养条件（特定营养源的培养基）或特殊处理对藻株进行筛选或分选。

（三）分离技术

纯培养藻种的获取至关重要，而分离技术的合理选择及有效应用是微藻分离纯培养的关键环节。随着分离技术的进步发展，微藻分离的技术手段越来越多样化，同时分离纯化出可培养的藻株种类也在逐渐增多。分离技术主要包括经典的微生物分离方法或是借助一些仪器设备分离方法，有时可以结合使用几种技术手段实现微藻细胞的分离纯化。前者主要是单细胞克隆的梯度稀释，包括稀释涂布、划线和喷雾法等；后者单细胞的获得可以借助包括显微操作仪及流式细胞仪高通量分选等方法。

1. 稀释涂布、划线或喷雾法

首先，在最适培养基中添加适量琼脂粉，待高温灭菌后，在无菌环境中倒置平板，等待稀释涂布或划线。部分种类培养基在高温灭菌时会产生不利于藻株生长的物质，此种情况下可以使用2×固体琼脂与2×液体培养基等体积1∶1混合后再倒置固体平板的方法。然后，将已经活化好的微藻细胞培养液，连续梯度稀释藻液，使得微藻细胞和其他微生物充分分离，再进行喷雾、涂布，或用灭菌的接种环蘸取少量活化的藻液，在固体培养基上连续划线或分区划线，使得微藻细胞较为均匀地散布在固体培养基的表面。将涂布或划线的平板在适宜环境中培养，等待微藻细胞单克隆的出现。随后，在无菌条件下，选取单克隆微藻细胞重复接种到固体培养基的表面数次，直至得到纯培养的藻落，纯化过程中可以借助光学显微镜镜检。

2. 显微操作

拉制细长玻璃管，经过高温高压灭菌后，吸入稀释的藻液置于无菌培养皿或载玻片上，在显微镜下用玻璃管仔细地吸出单个微藻细胞，也可以直接借助显微操作仪，对微藻进行显微操作实现分离。分离的微藻细胞可以转接到灭菌的培养液中培养。

3. 流式细胞分选

流式细胞分选主要根据微藻细胞的大小及色素差异对一些特定微藻种群进行初步识别，如借助微藻质体的自发荧光，或是藻胆蛋白的荧光，或是染色富含油脂荧光等，分选收集真核微藻和原核微藻。此种方法可以有效去除水体中大部分不能自发荧光的细菌、异养原生生物及真菌等，后续可以进一步缩减分离纯化时间。

三、藻种鉴定技术

分离纯化的微藻可以借助形态学观察、光合色素分析、核糖体rDNA测序及系统进化分析等技术方法来进行物种的鉴定。

（一）形态学观察

利用各类显微镜，包括光学显微镜、荧光显微镜、扫描电镜、透射电镜及原子力显微镜等，对分离藻落的细胞形态特征进行观察，再查阅藻种检索表可以初步对微藻细胞进行鉴定。形态学观察主要包括藻株的大小、颜色、形态、有无鞭毛或纤毛、色素体的大小形状及是否包含特殊结构等特征。此外，还可以借助图像捕获与分析、图像处理及分类和数字算法等对微藻细胞进行形态分类。

（二）光合色素分析

绝大多数微藻可以进行光合作用，因而可以直接进行细胞光谱扫描，或提取光合色素后借助液相色谱及薄层层析等技术，分离纯化色素，再进行荧光光谱分析，或液相色谱偶联质谱分析等鉴定，从而鉴定色素的种类及性质。

（三）核糖体rDNA测序及系统进化分析

原核藻类鉴定可以通过扩增16S rDNA序列，真核微藻可以扩增18S rDNA及间隔序列，随后进行DNA测序，再利用NCBI-BLAST（用于生物序列比对的基础工具集）进行同源物种比对，借助最大似然法、邻接法及贝叶斯法，最终利用系统进化分析构建系统进化树，对微藻物种进行准确鉴定及进化分析。

四、藻种保存技术

微藻细胞分离纯化后，通常需要保存藻种以便后续开展长期的科学研究及生产应用等，因为微藻在传代过程中可能会发生污染、变异、活力衰退及死亡等现象。藻类保存技术十分重要，它是开展微藻基础研究和实际应用研究的关键环节之一。同时，此类技术还可以节省大量劳动力和时间。目前，普遍采用的方法主要包括继代保存法和冷冻保存法，后者又包括多种技术，如低温保存技术及超低温保存技术、冷冻真空干燥保存技术等。

（一）继代保存法

继代保存法适用于藻种的短期保存，往往在等于或低于最适温度及光强下进行。对于温度及光照等敏感型藻株需要注意选择合适条件。该方法通常是借助液体培养、固体培养及固液双相培养几种方式。首先，微藻细胞接种后置于最适生长条件下生长至对数前期，再将微藻细胞移至低温及弱光的条件下保存。此方法保存一般半年左右必须进行转接。同时要尽量避免污染及藻种退化，需要及时备份及传代，并关注藻株生长状态。

固定化技术可以将游离微藻细胞包埋在多糖或多聚化合物制成的网状支持物中，达到抑制细胞的生长和分裂，从而保存藻种的目的。目前，该方法可以作为部分微藻种质保存的重要方法。固定化保存的微藻存活时间从一个月到几年不等。

（二）冷冻保存法

冷冻保存法是在低温下使微藻长期处于休眠状态，使其细胞形态、生理、生化和遗传等特性尽可能长时间得以维持。冻存方法中，冷冻保护剂可以渗入细胞，其作用是在降温过程中减少微藻细胞冰晶的形成。常用的保护剂为二甲基亚砜、甘油和聚乙烯吡咯烷酮等。此外，不同微藻细胞可能需要不同种类和浓度的冷冻保护剂。因此，微藻细胞种类、冷冻保护剂的种类和浓度及冷冻速率和方式等是影响微藻细胞冻存效果的重要因素。

1. 低温保存技术

低温保存是将微藻细胞培养至对数期后，收集高度浓缩的细胞与保护剂混匀，再进行低温保存的方法。低温保存通常两种做法，可以通过迅速降温至-80℃，或细胞慢速先经过4℃与-20℃低温适应过程，再将微藻细胞置于-80℃保存。此外，也有学者将微藻细胞置于-20℃保存。

2. 超低温保存技术

超低温保存指的是微藻细胞通过添加合适的保护剂后在液氮低温（-196℃）下保存。此时，微藻细胞的生长代谢等活动几乎完全停止，但是仍然处于可逆的成活状态。该方法具有多种优点，如保持种质资源的遗传稳定性及减少污染等。该方法需要针对不同微藻选择合适的保护剂组合及浓度。

3. 冷冻真空干燥保存技术

冷冻真空干燥保存是迄今公认最佳的一种藻种保存法。此种方法是在极低温度下（-70℃）快速冷冻，然后在极低温度下进行真空干燥，使微藻的细胞代谢等活动处于高度静止状态。冷冻真空干燥保存优点较多，如可以使微藻复苏效果好，保存期内可避免其他杂菌污染等，不过该保存方法的操作烦琐，对设备要求较高。

根据降温方式不同，我们还可以对冷冻保存进行分类。一类是快速冷冻法，将微藻保护剂混合液，快速放入液氮中冷冻，但是这种操作由于降温速度快，容易导致细胞内部形成冰晶，从而对细胞产生伤害作用。另一类是两步冷冻法，先控制降温速度把微藻从室温冷却到低温，再逐步冷冻到-40~-30℃后，把微藻放入液氮中。这种操作可以维持微藻细胞的渗透平衡，从而减小冷冻过程对细胞造成的伤害。

此外，冷冻保存藻株后，作为研究或是生产需要，还必须使保存微藻经过冻融恢复活力。因此，还需要选择合适的解冻方案和培养条件。冷冻样品在解冻时通常有两种方法：快速升温法和两步升温法。对于温度变化过于敏感的微藻解冻可以借助两步升温法，以减小对细胞的伤害。微藻细胞解冻后可以去除或保留冷冻保护剂，并转移到最适培养基中恢复培养。

五、微藻培养常见问题

在微藻培养过程中，常见问题主要有污染、变异及活力衰退等。其中，污染问题中最常见的是微生物污染，如细菌、真菌和其他藻类。此外，还有捕食者污染，这种情况多发生在开放或半开放培养环境下，一段时间后在培养基中出现原生生物等捕食者。藻株变异可能与环境因素刺激相关，而活力衰退可能是由于培养时间较长或是营养匮乏等问题导致。针对污染问题，为减少污染概率，必须对培养环境、培养器皿及培养基进行严格除菌。一旦发生污染，可以用纯化原始藻株的方法纯化，但是过程比较复杂而且耗时较长，还存在风险。因此，微藻种质资源必须适时传代和保存，建议可以采用几种方法进行保存，为后续藻种传代及长期开展科学研究等提供保障。

六、实验室运行规则

微藻作为重要的种质资源，需要标记明确，并有序地排放在指定位置。此外，有害微藻要规范管理，不使其排放到周围环境中等。要严格执行实验室规章制度，完好保存藻种资源，从而避免污染。进行微藻研究的实验室的运行参考微生物实验室规则。

（1）严格按照无菌操作要求执行，包括实验室定期消毒杀菌，进入实验室需要身着实验服，非必需物品不带入实验室，藻种资源未经允许或非必须不带出实验室。无菌操作须在超净工作台内完成，个人须戴口罩及一次性无菌手套等。

（2）严格按操作规则使用实验室的试剂耗材及仪器设备等。实验所需的试剂耗材及仪器按指定地点进行存放，实验完毕后，使用过的耗材必须置于消毒缸内，禁止随意丢弃。未使用完的耗材药品整理还原。仪器设备使用完毕后归零，关闭电源，并整理实验台面，打扫干净实验室。最后用紫外灯或消毒液对实验室进行消毒处理等。

第二节 微藻分析技术

微藻分析技术主要集中在生产高价值的代谢产物，包括微藻细胞培养、细胞代谢产物的提取及分析、微藻生长能力的测定分析等技术方法。

一、微藻分类技术与常规分析技术

（一）微藻分类技术

1. 传统微藻分类技术

传统的分类主要是根据藻类的形态构造和生理生化特点为基础的自然分类系统，即根据藻类所具有的形态特征、生理特性等将藻类逐级分类，建立一系列分类阶元。传统分类技术主要是形态学观察和生物化学分类法。形态学分类主要是微根据微藻细胞大小、鞭毛及色素体的有无、鞭毛的位置及数目、腹孔的有无、色素体的个数及形状、硅藻的特异性花纹等表面平整情况、群体或个体胶被形态和群体中细胞个数等特征来确定微藻的种类。生物化学分类法是根据细胞的生物大分子的组成差异来对微藻分类的方法，可以根据微藻所含有的色素、脂肪酸、甾醇、醛类、糖类、氨基酸、同工酶等来辅助分类。

（1）藻细胞形态学观察　细胞培养到指数生长期时用2.5%戊二醛固定，并用0.5mg/mL的碘化丙啶染色（pH 7.4，含0.9g/L叠氮化钠），固定的微藻细胞在光学显微镜下观察。图4-2显示了几种微藻的形态特征。

（2）同工酶的鉴定　离心得到微藻细胞，按1∶1的比例加入样品提取液，置于预冷过夜的研钵中充分研磨至匀浆，转入离心管中，置于冷冻离心机，4℃，13400×g，20min后，取上清液按照4∶1比例加入溴酚蓝作为样品，利用垂直板聚丙烯酰胺凝胶电泳结束后，染色20min，用蒸馏水冲洗干净置于乙酸溶液中固定，照相记录，进行结果分析。

彩图4-2

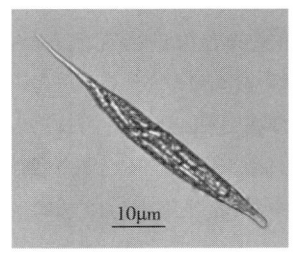
（1）梭形裸藻

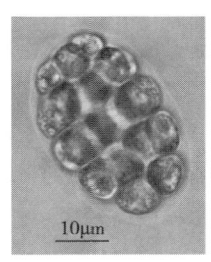
（2）空球藻

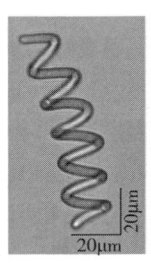
（3）钝顶螺旋藻

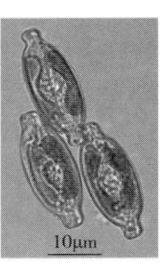
（4）美壁藻

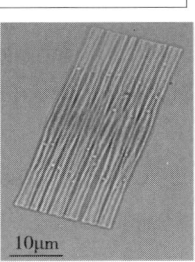
（5）巴豆叶脆杆藻

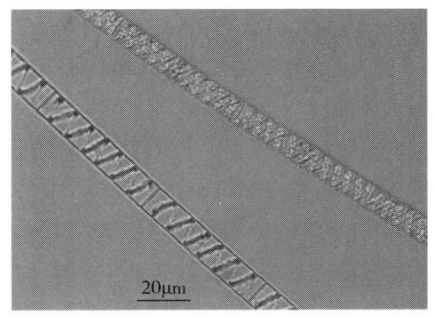
（6）水棉

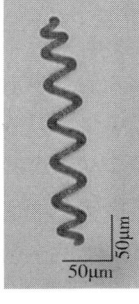
（7）螺旋藻

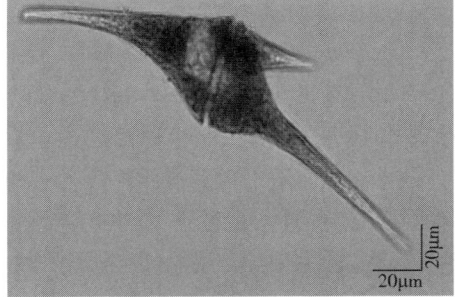
（8）飞燕角甲藻

图4-2　微藻的形态特征

2. 分子生物学分类技术

基因组的编码或非编码区域的基因序列能被用来重新构建生物体的进化历史以及各种分类水平的关系。核糖体 RNA（rRNA）是最常用来进行系统发育分析的基因序列，是理想的分子标记。大型的核糖体 RNA 数据库的存在使得各种主要类群（phyla）都能被用来分析。核糖体数据库计划（the ribosomal database project）包含了几乎所有主要生物类群的超过 436 种真核小亚基（SSU）rDNA 和 28 种大亚基（LSU）基因序列。

（1）微藻细胞基因组的提取　如图 4-3 所示为 CTAB 法提取基因组，详细方法见微藻基因组 DNA 提取技术部分。

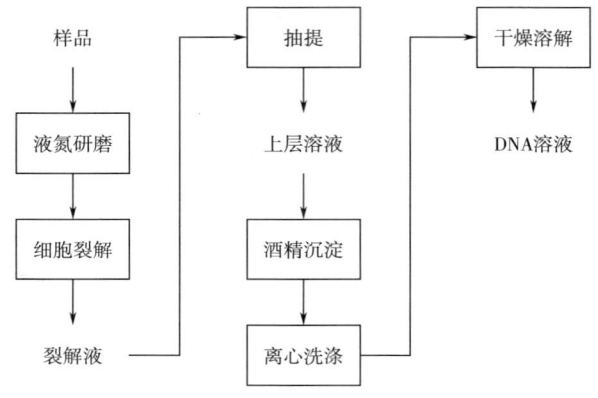

图 4-3　CTAB 法提取基因组

（2）DNA 质量的检测　用核酸内切酶酶切检验质量，然后通过酚抽提的办法进行纯化，检测 DNA 浓度。

（3）PCR 扩增　PCR 扩增的引物根据 GenBank 上的 18S rDNA，*rbcL* 基因和 ITS 区域的序列设计。PCR 扩增条件：94℃变性 3min，之后 30 个循环内 94℃变性 30s，55℃退火 30s，72℃延伸 2min，并最终在 72℃延伸 10min。PCR 产物用琼脂糖电泳分离并利用回收试剂盒进行胶回收。纯化的 DNA 经测序进一步进行藻类分子学验证。

（二）计数与纯度检测

1. 显微镜计数方法

由于微藻种类不同、形态多样、细胞大小有别、不同生长阶段细胞组分变化（如叶绿素含量）甚至地域差异，对于不同微藻可以选用不同的计数方法。显微镜计数是较常用、最经典的细胞计数方法，是微藻生物量测定的基本方法，也是确定其他测定方法有效性的依据。显微镜计数方法也应用于测量水质中所含有的微藻数量，具体操作方法参考行业标准 HJ 1216—2021《水质　浮游植物的测定　0.1mL 计数框-显微镜计数法》。

在实验室中经常用血细胞板计数来计算培养液中微藻细胞数量，具体操作步骤如下。

（1）取 1mL 的微藻悬液于小离心管中，加 160μL 4%的戊二醛，静置 5min。

（2）用血球计数板计数　16×25 型的计数板如图 4-4 所示，将计数室放大，可见它含 16 个中方格，一般取四角，第 1、4、13、16 四个中方格（100 个小方格）计数。将每一中方格放大，可见 25 个小格。计数重复 3 次，取其平均值。

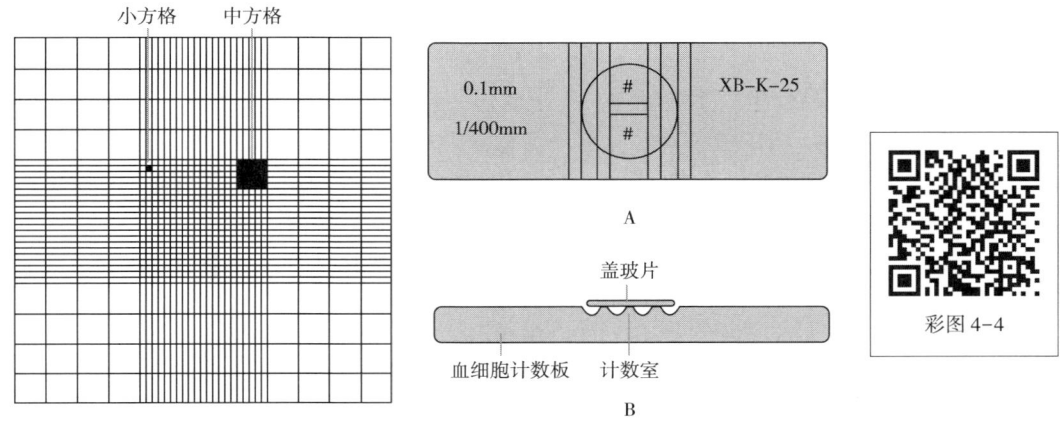

图 4-4　16×25 型细胞计数板

（3）计算公式　微藻细胞数（mL）= 100 个小方格细胞总数/100×400×10000×稀释倍数。

2. 流式细胞测定法

流式细胞分析方法主要是应用细胞流式分析仪，根据国家标准 GB/T 39730—2020《细胞计数通用要求　流式细胞测定法》进行细胞数目的测定，主要分为标准微球法和体积法。

（1）标准微球法　使用流式细胞仪，通过目标细胞及计数标准微球的光学（散射光和荧光）特性，对待测样本中的目标细胞和计数标准微球进行区分和计数。根据目标细胞和计数标准微球数量间的比例关系，计算得到待测样本中目标细胞的实际个数或浓度。

（2）体积法　流式细胞仪通过目标细胞光学（散射光和荧光）特性和样本体积测量，直接得到待测样本中目标细胞的实际个数或浓度。

（三）干重测量

细胞干重是指细胞去除水分后的净质量，一般为湿重的 10%~20%。在研究微生物的生长、发酵及其条件中，细胞干重是重要的测定参数。藻的干重测定法是测定微藻生物量最直接的方法之一，但在操作过程中需要经过离心洗涤干燥等步骤，比较烦琐而且耗时较长，一般在培养过程中是根据培养液浊度来测定培养系统藻浓度，这是一种最常用的方法且具有快速无损伤的特点。在实验室中获得微藻细胞干重的方法主要有烘干、冷冻干燥两种方法。

1. 烘干

（1）将待测培养液放入离心管中，清水洗涤、离心，重复三次。

（2）将称量瓶放入烘箱 105℃，2h 后，取出称量瓶，置于干燥器中冷却 30min。盖好瓶盖，用分析天平称重，记下质量，取待测样品于称量瓶中，盖好瓶盖，称重（±0.5mg）并记下质量。将盛样品的称量瓶半开盖放入烘箱，105℃，24h 后取出置于干燥器中冷却 30min，盖好瓶盖后称重并记录所称质量。重复烘干操作，至前后两次烘干后的质量差小于总质量的 0.5%，计算干重。

2. 冷冻干燥

某些特殊情况下，微藻细胞干重不能采用烘干的方式，则应用冷冻干燥。准确称取待测样品于干净的冷冻干燥的容器中，冷冻干燥 24h 后称重一次。再次冷冻干燥 24h，称重。两次称重的质量差应小于总质量的 0.5%，否则，应继续干燥至符合要求，计算干重。

（四）灰分测量

在高温灼烧时，食品发生一系列物理和化学变化，最后有机成分挥发逸散，而无机成分（主要是无机盐和氧化物）则残留下来，这些残留物称为灰分。总灰分测定的原理是把一定质量的样品经炭化后放入高温炉内灼烧，转化，称量残留物的质量至恒重，计算出样品总灰分的含量。下面以螺旋藻为例，介绍灰分获取的主要方法——马弗炉灼烧法。

作为食品的螺旋藻，灰分的测定主要是依据 GB 5009.4—2016《食品安全国家标准 食品中灰分的测定》进行。在实验研究中采用以下 4 种不同处理方法。

（1）测试样品先在电炉上用温火烧至炭化，再放入马弗炉中在 550℃下灰化约 48h，每个样品重复 4 次，重复做 3 个批次。

（2）样品直接放入马弗炉中灼烧，在 200℃下烧 8h 后升温至 400℃烧 4h，再升温至 600℃烧 2h，每个样品重复 4 次，重复做 3 个批次。

（3）在常规法基础上于炭化及放入马弗炉前的每个测试样中各加入 6 滴不同溶液，使样品湿润。根据所用溶液不同分为 4 种，分别为：①4.85mol/L H_2O_2；②H_2O；③6.56mol/L HCl；④3.76mol/L H_2SO_4。在马弗炉中灰化 2~4h；每个样品重复 2 次，重复做 3 个批次。

（4）样品不经炭化直接放入马弗炉中灰化，但于灰化过程中加氧 2 次，具体操作为：在 200℃条件下炭化 8h 后，开启马弗炉门冷却，加氧 2min，然后升温至 400℃ 4h 再加氧 1 次后升温至 600℃ 2h。每个样品重复 4 次，重复做 3 个批次。

以上 4 种不同处理样品在马弗炉中灰化后按下列程序操作：首先让马弗炉自然冷却至约 100℃，然后将样品取出置干燥器中 1~2h，称重，再放入马弗炉中于 550℃条件下灰化 2h，再冷却称重，反复数次至恒重，即得到样品灰分。

（五）微藻基因组 DNA 提取技术

实验室中常用浓盐法、SDS（十二烷基硫酸钠）法、苯酚抽提法、水抽提法、CTAB（十六烷基三甲基溴化铵）法，提取基因组 DNA。CTAB 法是一种常用的提取植物等生物总 DNA 的方法，即在细胞破碎后加入 CTAB 分离缓冲液，将 DNA 溶解出来，再经氯仿-异戊醇抽提除去蛋白质，最后用乙醇沉淀得到 DNA。参考 GB/T 30988—2014《多酚类植物基因组 DNA 提取纯化及测试方法》。

①收集对数生长期（约 $1×10^8$ 个/mL）的微藻细胞；

②离心得到藻泥，弃上清液，加入去多糖缓冲液至原体积的 1/10，重悬，离心，重复 3 遍；

③加入 1/10 体积无菌水重悬微藻细胞；

④每毫升藻液加入 250mL CTAB 缓冲液；

⑤充分混匀后，将混合物在 65℃下温育 1h；

⑥加入 1/3 体积 5mol/L 醋酸钾（pH 7.5）冰浴 30min，13400×g 离心 10min；

⑦吸上清液，加入等体积的酚：氯仿：异戊醇（25：24：1，体积比）抽提液，抽提 1 次；

⑧将上清液转至新的离心管中，加入 RNase 至终浓度为 10 μg/mL，37℃下放置 30min；

⑨然后再用酚：氯仿：异戊醇（25：24：1，体积比）抽提液抽提 1 次；

⑩水相转至新的离心管中，加入 0.8 倍体积的异丙醇或 2 倍体积的无水乙醇；

⑪于室温下沉淀数分钟，6500×g 离心 20min；

⑫所得的 DNA 沉淀用 70%乙醇洗 2 次；

⑬真空抽干或自然干燥，溶于10~20μL的TE中；

⑭纯化：转移DNA到一新管中，加入等体积的酚：氯仿：异戊醇（25:24:1，体积比）混合溶液抽提一次，再加入等体积氯仿：异戊醇（24:1，体积比）抽提一次；

⑮吸上清液，加入1/10体积的醋酸钠缓冲液，平衡离子浓度；

⑯加入至少2倍体积的冷无水乙醇，在-20℃放置1h；

⑰4℃ 13400×g 离心10min，弃上清液；

⑱加入200μL 70%乙醇洗DNA，4℃，13400×g 离心5min，弃上清液，蒸发干残留乙醇，重新溶在TE中；

⑲采用紫外分光光度法、琼脂糖凝胶电泳法等，测量纯度和浓度，于低温保存。

（六）微藻RNA提取技术

RNA提取是通过变性剂破碎细胞或组织，然后经过氯仿等有机溶剂抽提RNA，再经过沉淀、洗涤、晾干，最后溶解。不同种类及来源的RNA有不同的提取方法，根据原理划分，比较常见的方法有梯度密度离心法、氯仿抽提法、离子交换法、盐析法、硅胶膜法、Trizol法。RNA的提取过程中有5个关键点，即样品细胞或组织的有效破碎；有效地使核蛋白复合体变性；对内源RNA酶的有效抑制；有效地将RNA从DNA和蛋白质混合物中分离；对于多糖含量高的样品还涉及多糖杂质的有效除去，但其中最关键的是抑制RNA酶活性。通常微藻RNA提取也可使用针对植物设计的试剂盒，步骤经适当改进。

对于核酸浓度的检测以GB/T 37874—2019《核酸提取方法评价通则》为标准，实验室提取RNA常用方法步骤总结如下。

①破碎组织和灭活RNA酶可以同步进行，可以用盐酸胍、硫氰酸胍、NP-40、SDS、蛋白酶K等破碎组织，加入β-巯基乙醇（β-ME）可以抑制RNA酶活性；

②分离RNA一般用酚、氯仿等有机溶剂，加入少量异戊醇，离心，RNA一般分布于上层，与蛋白质层分开；

③沉淀RNA一般用乙醇、3mol/L醋酸钠（pH 5.2）或异丙醇；

④洗涤RNA使用70%乙醇（有时为避免RNA被洗掉，此步可以省掉），洗涤之后可以晾干或烤干乙醇，但是不能过于干燥，否则不易溶解；

⑤溶解RNA一般使用TE；

⑥保存RNA应该尽量低温，为了防止痕量RNase的污染，从样品中分离到的RNA需要贮存在甲醛中，以保存高质量的RNA。

（七）微藻蛋白质提取技术

由于蛋白质的分子结构性质不同，温度、pH、离子强度等因素的影响，蛋白质溶解具有差异。大部分蛋白质均可溶于水、稀盐、稀酸或稀碱溶液中，少数与脂类结合的蛋白质溶于乙醇、丙酮及丁醇等有机溶剂中。因此可以采用不同溶剂提取、分离及纯化蛋白质和酶，常用的方法有水溶液提取法和有机溶剂提取法。

对于不溶性蛋白质，经细胞破碎后，用水、稀盐酸及缓冲液等适当溶剂将蛋白质溶解出来，经离心除去不溶物，即得粗提取液。实验室对于微藻蛋白质提取主要分为以下5个步骤。

①材料的选择和预处理：将培养至对数生长期的微藻细胞进行离心收集，并用蒸馏水进行洗涤；

②细胞的破碎：采用珠磨法、高压法、脉冲电场法、超声破碎法、反复冻融法等；

③提取：加入提取试剂，使蛋白质充分溶解；

④纯化：盐析，有机溶剂沉淀，有机溶剂提取、吸附、层析、超离心及结晶等；

⑤浓缩、干燥及保存。

以下以提取钝顶螺旋藻中藻蓝蛋白为例详细说明。

①藻液经 3000×g 离心 10min 得到藻泥，蒸馏水洗涤 3000×g，5min，重复三次；

②加入适量蒸馏水，于-20℃冰箱内反复冻融，7000×g，4℃下离心 15min，得到的蓝色上清液即为藻蓝蛋白粗提液。藻渣加入少量水，再反复冻融进行二次提取；

③纯化：藻蓝蛋白粗提液加入硫酸铵至50%饱和度，4℃，8000×g 离心 20min，得到蛋白质沉淀。用蒸馏水将藻蓝蛋白沉淀溶解，移入透析袋，蒸馏水透析过夜得到低纯度的藻蓝蛋白溶液；

④藻蓝蛋白吸光度测定和纯度、浓度的计算：用 UV650 型双光束分光光度计测量蛋白质溶液在波长 620nm 和 280nm 下的吸光度值（吸收池光径为1cm），用二者的比值（A_{620}/A_{280}）来表示 C-藻蓝蛋白溶液的纯度。当 $A_{620}/A_{280} \geq 4$ 时，所得蛋白质为纯藻蓝蛋白。

C-藻蓝蛋白的浓度采用下列公式计算：

$$c = A_{620}/7.0 \text{（mg/mL）} \tag{4-1}$$

二、微藻色素与脂肪酸分析技术

微藻光合色素主要有三种类型：叶绿素、类胡萝卜素和藻胆色素。叶绿素和类胡萝卜素为脂溶性色素，藻胆色素为水溶性色素。

（一）色素提取与分离

科学研究及实际生产中通常使用有机溶剂来提取微藻脂溶性色素，而水溶性色素多通过极性较强的缓冲液提取。提取微藻色素之前可借助干燥方法来提高得率。为了充分利用生物质，最好使用两步提取工艺，即在从细胞碎片中提取色素之前，首先去除蛋白质。

1. 有机溶剂萃取

一般常用的有机溶剂是丙酮、N,N-二甲基甲酰胺、甲醇等。在实验中可采取以下方法。

丙酮（100%）：①将含有微藻细胞的玻璃纤维过滤器切成碎片并放入砂浆中；②在砂浆中加入 1.8mL 100%丙酮后，使用覆盖着深色布的玻璃棒研磨 5min，以减少光敏颜料的降解。混合物被转移到覆盖着锡箔的试管中，并保存在冰浴中。

N,N-二甲基甲酰胺（100%）：取 2mL 样品，以 13000×g 离心 10min，用 1mL N,N-二甲基甲酰胺溶液重新沉淀，吸取、搅拌均匀。

2. 超临界 CO_2 流体萃取

超临界流体萃取是利用超临界流体的特性而发展起来的一门新兴提取技术。通过温度和压力的改变可以使超临界流体具有选择性溶解物质的能力。在超临界流体萃取中最常用的溶剂体系为超临界 CO_2。目前关于采用超临界流体萃取 β-胡萝卜素和番茄红素的研究报道较多，具体方法如下。

萃取段：溶质由原料转移至二氧化碳流体。

解析段：溶质和二氧化碳分离及不同溶质间的分离。依萃取过程的特殊性可分为常规萃取、夹带剂萃取、喷射萃取等；依解析方式的不同可分为等温法、等压法、吸附法、多级解析法；萃取与解析同在一起的超临界二氧化碳精馏。

（二）色素含量测定

在有机溶剂（甲醇、乙醇、丙酮等）中提取一定量的叶绿素和类胡萝卜素，用分光光度计测量该提取液的吸光度，并用数学公式可以估算色素的含量。而用带有一个吸收或荧光检测器的高效液相色谱仪能够完成单一类胡萝卜素的分离和准确定量。

1. 高效液相色谱技术

将在甲醇溶液中与色素一起的上清液用于吸收，并通过高效液相色谱系统配备闪烁检测器和二极管阵列检测器进行高效液相色谱色素分析。提取的色素被注入高效液相系统中，利用特定规格的色谱柱，在两种溶剂的线性梯度下进行分离，如用来提取类胡萝卜素的混合液 A 相（35%甲醇、15%乙腈在 0.25mol/L 吡啶中）和 B 相（20%甲醇、20%丙酮在乙腈中）。用溶剂 B（25min 内 30%~95%）洗脱，然后用 95%溶剂 B 洗脱，控制流速。根据吸收光谱和保留时间对洗脱后的色素进行鉴定。

2. 光谱分析

取色素有机溶剂萃取液用分光光度计分别测定特定波长下的吸光度（A）值，并根据经验公式，可以计算总类胡萝卜素和叶绿素含量。例如，

用丙酮（mg/L）提取：

$$\text{叶绿素 a} = (12.7 \times A_{663}) - (2.69 \times A_{645})$$
$$\text{叶绿素 b} = (22.9 \times A_{645}) - (4.64 \times A_{663})$$
$$\text{叶绿素 a+叶绿素 b} = (98.02 \times A_{663}) + (20.2 \times A_{645})$$

(4-2)

用 90%的甲醇（mg/L）提取：

$$\text{叶绿素 a} = (16.5 \times A_{665}) - (8.3 \times A_{650})$$
$$\text{叶绿素 b} = (33.8 \times A_{650}) - (12.5 \times A_{665})$$
$$\text{叶绿素 a+叶绿素 b} = (4.0 \times A_{665}) + (12.5 \times A_{650})$$
$$\text{总类胡萝卜素}(\mu g/mL) = (A_{461} - 0.046 \times A_{664}) \times 4$$

(4-3)

用乙醚（mg/L）提取：

$$\text{叶绿素 a} = (9.92 \times A_{660}) - (0.77 \times A_{642.5})$$
$$\text{叶绿素 b} = (17.6 \times A_{642.5}) - (2.18 \times A_{660})$$
$$\text{叶绿素 a+叶绿素 b} = (97.12 \times A_{660}) + (16.8 \times A_{642.5})$$

(4-4)

（三）色素结构鉴定与功能分析

运用紫外-可见吸收光谱法、红外光谱法、核磁共振法，可在不破坏色素结构的情况下检测少量的晶体样品。

1. 色素纯度测定

在结构鉴定前先确定化合物纯度，根据结晶形状、色泽和熔点判断。也可根据薄层色谱、气相色谱、高效液相色谱的方法来判断。

2. 光谱学技术鉴定结构

紫外-可见吸收光谱法检测分子吸收波长范围在 200~800nm 的电磁波，主要用来鉴定结构中共轭体系的有无。

红外光谱法是利用分子中价键的伸缩及弯曲振动导致在光的红外区域产生吸收，其中 2.5~25μm 的中红外区处为多数官能团的基频振动吸收峰区，可被用来判断部分官能团结构。

核磁共振法又称核磁共振波谱，是将核磁共振现象应用于测定分子结构的一种谱学技术。

核磁共振波谱的研究主要集中在氢谱和碳谱两类原子核的波谱。人们可以从核磁共振波谱上获取很多信息，核磁共振波谱也可以提供分子中化学官能团的数目和种类，除此之外，它还可以提供许多红外光谱无法提供的信息。核磁共振波谱对自然科学研究有着深远的影响，人们可以借助它来研究反应机制。供研究的核磁样品可为液体或固体。

3. 质谱分析

质谱（又称质谱法）是一种与光谱并列的谱学方法，通常意义上是指广泛应用于各个学科领域中通过制备、分离、检测气相离子来鉴定化合物的一种专门技术。质谱仪器一般由样品导入系统、离子源、质量分析器、检测器、数据处理系统等部分组成。具体方法参考 GB/T 6041—2020《质谱分析方法通则》。

（1）仪器的准备　样品分析前应检查确认离子源、检测器、记录仪及计算机数据系统工作正常，仪器真空度和所有供电已达到规定的要求。

（2）仪器运行的环境条件　温度与湿度应符合仪器规定要求，温度应在 20~30℃，相对湿度通常应小于 70%。避免振动和阳光直接照射。工作环境中避免高浓度有机溶剂蒸气或腐蚀性气体。电源应符合规定，供电电源的电压及频率应稳定。避免各种强磁场、高频电场的干扰。

（3）仪器的性能检验　当已经证明仪器的设计可以做某种分析时，还要判断其现在的状态是否可以完成这种分析。

①样品：质谱仪及其辅助的部件和应用的材料，不得与样品反应而显著地改变样品的组成。

②精密度：对于给定的物质，质谱仪的响应值会随短期因子及长期因子而变化。短期因子是同一天中同一样品在同一台质谱仪上做多次试验所表现出来的统计现象。长期因子是在较长时间间隔在一台质谱仪上进行分析试验所表现出来的统计现象。

③分辨率：质谱仪所需的分辨率取决于分析方法所要求的精密度、准确性和灵敏度，并取决于所测离子的质量数。仪器的分辨能力，应按分析任务要求的质量范围和质量准确度来确定。

④干扰：有时一台能够提供精确数据的质谱仪会产生不精确的结果，特别是在样品类型改变的时候。当样品混合物中的一种成分影响质谱仪准确测定其他成分的浓度时，是产生了干扰。这种干扰是由样品的记忆效应（memory effect）引起的。不同的化合物产生干扰的程度不同。通常无害的化合物偶尔也会呈现干扰。若认为有任何干扰存在，应对仪器进行清洗、烘烤、检漏或采取其他校正措施。

（4）仪器的校准和调谐　使用质谱仪进行分析前应确保仪器经过有效的校准和调谐。仪器校准和调谐可以通过直接进样方式测定有证标准物质或高纯试剂，也可以通过色谱等联用仪器分析测定有证标准物质或高纯试剂。标准样品或检验用混合物的质谱，原则上在样品分析前后都要进行测定。但在日常分析中，可以只测仪器校准样品，以校正测定灵敏度。

（5）定性分析　样品测定按标准样品同样的试验条件，测定仪器校准样品、待测的未知样品及本底的质谱。

（四）微藻脂肪酸分析

目前，微藻是生物柴油等脂肪酸产品最具潜力的替代来源之一。许多微藻菌株可以在非耕地上的咸水介质中培养，它们的高光合作用速率使微藻不仅可以作为一个有效的碳固存平台，而且还可以在其生物量中迅速积累脂肪酸。

1. 脂肪酸的提取

脂肪提取的微藻生物量可以呈现浓缩或分散浓缩或干燥粉末。在提取脂肪的过程中，微藻生物量暴露在洗脱提取溶剂中，该溶剂从细胞基质中提取脂类。如采用改进的 Folch 法提取脂肪酸。

(1) 使用 20μL 内标（IS）和 1mL 试剂 A（通过混合 45g 氢氧化钠、150mL 甲醇和 150mL 去离子蒸馏水制备）与微藻生物量混合均匀。

(2) 将混合物旋转 10s，并在 80℃ 水浴 30min。然后，加入 2mL 试剂 B（由 325mL 6.00mol/L 盐酸和 275mL 甲醇混合制成），再旋转 10s，在 80℃ 下再保持 10min。

(3) 加入 2mL 试剂 C（由 200mL 己烷和 200mL 甲基叔丁基醚混合制成），用旋转器将样品管颠倒 10min，丢弃水相。然后将 3mL 试剂 D（将 10.8g 氢氧化钠溶解在 900mL 去离子蒸馏水中制备）加入样品管中，再轻轻地颠倒旋转 5min。

(4) 样品管在 $3500 \times g$ 下离心 10min，将所有上相液收集到另一根新管中，用氮气吹扫完成溶剂的去除。试管内的干燥残留物用 1mL 己烷溶解，保存在一个棕色的 GC 瓶中，用于脂肪酸分析。

2. 集胞藻脂肪酸成分的分析

在 10mL 带塞试管中，用 4mL 的氯仿将提取的总脂溶解。加入 0.04mol/L 氢氧化钾-甲醇溶液 5mL，60℃ 水浴环境下皂化 60min，每隔 10min 振荡一次；将皂化好的样品取出冷却后加入盐酸-甲醇（1:9，体积比）溶液 4.0mL，混匀；加 20μL 浓度为 1.5mg/mL 的十九碳酸（C19:0）作为内标物，在 60℃ 水浴甲酯化 20min，每隔 10min 振荡一次；将甲酯化好的样品冷却后加入 3mL 饱和食盐水，1mL 正己烷，充分振荡，静置后取正己烷层进行色谱分析。

3. 气相色谱

该技术大幅提高了脂肪酸分析鉴定的速度和研究水平。气相色谱-质谱（GC-MS）分析采用色谱柱，使用毛细管柱、质量选择检测器。用气相色谱，固定相熔融石英毛细管柱分析藻类脂肪酸图谱。气相色谱分析条件如下：

①正己烷为洗涤剂；

②进样温度为 220℃；

③氢气为载气，流速为 1mL/min；

④火焰离子化检测器（FID），氢气和空气的流速分别为 40mL/min、450mL/min；

⑤烤箱程序，初始温度为 80℃，保持 1min，以 10℃/min 的速率提高到 200℃，保持 2min；最后以 5℃/min 的速率升至 220℃，并保持 20min；

⑥使用 Agilent ChemStation 软件处理获得气相色谱数据。

4. 脂肪酸结构鉴定

脂肪酸结构鉴定采用气相色谱-质谱-数据系统联用（GC/MS/DS）技术。具体如下。

(1) 分析时，首先将样品注入气相色谱仪，经分离后的各个组分又依次进入质谱仪。质谱仪对每个组分进行检测和结构分析，得到每个组分的质谱，通过计算机与数据库的标准谱对照，根据质谱碎片规律进行解析，参考有关文献加以确认。

(2) 单个脂肪酸的鉴定是通过将其保留时间与包括色谱柱在内的脂肪酸标准的保留时间进行匹配来实现的。根据脂肪酸与 IS 之间的峰面积比和样品的质量，用等式计算单种脂肪酸的含量。

三、光系统活性分析技术

微藻的光合能力可以用人为构造的数学参数来表示，如最大量子产率、非光化学淬灭参数等。

（一）PS II 光化学的最大量子产率

在 630nm 激发波长和 667~750nm 波长探测范围内，用荧光计测量 PS II 光化学的最大量子产率（参数 F_v/F_M）。用暗适应细胞叶绿素 a 荧光的最大荧光产量（F_M）、最小荧光产量（F_0）和可变荧光产量（$F_v=F_M-F_0$）来估计最大 PS II 效率（F_v/F_M）。

（二）非光化学淬灭（NPQ）测定技术

（1）非光化学淬灭（NPQ）的程度用双 PAM100 荧光计和双 DR 探测头（激发波长 620nm，检测波长 700nm 以上）测量。用红色光 [20Hz, 10μE/($m^2 \cdot s$), $\lambda=620nm$] 检测暗适应细胞在状态 PS II 的最小荧光产量（F_0）。

（2）用低强度蓝光 [80μE/($m^2 \cdot s$), $\lambda=460nm$, 持续 180s] 将细胞转变到光系统 PS I，并通过多次翻转饱和闪光 [红光 $\lambda=620nm$, 4000μE/($m^2 \cdot s$), 持续 400ms] 获得最大荧光产量（F_M）。

（3）用高强度的蓝光 [1374μE/($m^2 \cdot s$), 持续 180s] 诱导 NPQ，然后在低蓝光 [80μE/($m^2 \cdot s$), $\lambda=460nm$, 持续 360s] 中测量 NPQ 状态的恢复。然后根据 Stern-V Olmer 关系 [$NPQ=(F_M-F_{M0})/F_{M0}$] 来估计 NPQ。

（三）荧光光谱和吸收光谱技术

低温荧光发射光谱是由荧光光谱仪记录的。具体方法如下。

①蓝藻细胞暗适应 20min，然后浓缩在 GF-F 过滤器上；

②将装有细胞的过滤器浸入装有液氮的杜瓦瓶中。荧光由单色二极管（$\lambda=450nm$ 或 530nm）激发，由二极管阵列检测器（光谱带宽 0.8nm）在波长 200~980nm 范围内检测。仪器的暗电流在测量之前被自动减去，基于前面描述的室温测量方法；

③对于数据处理，使用空白样本（用 BG-11 介质过滤）对细胞光谱进行基线校正。室温吸收光谱由配备积分球的 Unicam UV/VIS 500 光谱仪（Thermo Spectronic，Cambridge，UK）测量。细胞收集在膜过滤器上，并在波长 350~800nm 范围内检测到光谱。

四、微藻细胞学技术

（一）MTT/WST 法

MTT 法又称 MTT 比色法，是一种检测细胞存活和生长的方法。其检测原理为活细胞线粒体中的琥珀酸脱氢酶能使外源性 MTT 还原为水不溶性的蓝紫色结晶甲臜（Formazan）并沉积在细胞中，而死细胞无此功能。二甲基亚砜（DMSO）能溶解细胞中的甲臜，用酶联免疫检测仪在 490nm 波长处测定其吸光度值，可间接反映活细胞数量。操作步骤如下。

（1）收集对数期细胞，调节细胞悬液浓度 1×10^6 个/mL，按次序将以下成分共 100μL 加入 96 孔板（边缘孔用无菌水填充），每板设对照（加 100μL1640 培养基）。

①补足的 1640（无血清）培养基 40μL；

②放线菌素 D（Actinomycin D）（有毒性）10μL：用培养液稀释至 1g/mL，需预试寻找最佳稀释度，1:(10~20)；

③需检测物 10μL；

④细胞悬液 50μL（即细胞数为 $5×10^4$ 个/孔）；

（2）置 37℃，5%CO_2 培养箱孵育 16~48h，倒置显微镜下观察。

（3）每孔加入 10μL MTT 溶液（5mg/mL，即 0.5% MTT），继续培养 4h［悬浮细胞推荐使用 WST-1，培养 4h 后可跳过步骤（4），直接酶联免疫检测仪 490nm 波长处测量各孔的吸光度值］。

（4）1000×g 离心 10min，小心吸掉上清液，每孔加入 100μL 二甲基亚砜，置摇床上低速振荡 10min，使结晶物充分溶解。用酶联免疫检测仪测量各孔 490nm 波长处的吸光度值。

（5）同时设置调零孔（培养基、MTT、二甲基亚砜），对照孔（细胞、相同浓度的药物溶解介质、培养液、MTT、二甲基亚砜），每组设定 3 复孔。

（二）免疫荧光检测

免疫荧光以荧光物质标记抗体而进行抗原定位的技术称为荧光抗体技术（fluorescent antibody technique）。用荧光抗体示踪或检查相应抗原的方法称为荧光抗体法；用已知的荧光抗原标记物示踪或检查相应抗体的方法称为荧光抗原法。

（1）直接法　将标记的特异性荧光抗体，直接加在抗原标本上，经一定温度和时间的染色，用水洗去未参加反应的多余荧光抗体，室温下干燥后封片、镜检。

（2）间接法　如检查未知抗原，先用已知未标记的特异抗体（第一抗体）与抗原标本进行反应，用水洗去未反应的抗体，再用标记的抗抗体（第二抗体）与抗原标本反应，使之形成抗体-抗原-抗体复合物，再用水洗去未反应的标记抗体，干燥、封片后镜检。如果检查未知抗体，则表明抗原标本是已知的，待检血清为第一抗体，其他步骤与抗原检查相同。

（三）流式细胞术

使用流式细胞仪，通过总细胞和目标细胞不同的光学（散射光和荧光）特性，对待测样本中的总细胞和目标细胞进行区分和计数。根据总细胞和目标细胞的测量数据，计算得到目标细胞纯度。参考 GB/T 39729—2020《表面活性剂　工业伯烷基硫酸钠试验方法》，具体方法如下。

（1）工作条件　应根据流式细胞仪的仪器说明书设置仪器的工作条件，包括环境温度、湿度、电源电压、大气压力、环境光照等。

（2）开机校验　每次开机后，对流式细胞仪的光路系统进行校验，可参考流式细胞仪的校验参数检测前向角散射（FSC）、侧向角散射（SSC）和各荧光通道的平均荧光强度、变异系数和荧光分辨率。

（3）细胞纯度的测量

①设置对照：应设置阴性对照、阳性对照、同型对照、荧光扣除对照，用于识别目标细胞并确认目标细胞的染色方案是否正确。使用不含任何荧光染料的待测细胞样本作为阴性对照。使用已经证明可有效地与待测荧光染料结合的细胞样本作为阳性对照。使用与荧光染料标记的抗体相同种属来源、同种免疫球蛋白的相同亚型的相同剂量抗体染色的细胞样品作为同型对照。

②清洗：进样间隔期间，应使用清洗液对仪器管道进行清洗。

③仪器条件的设定：选择合适的检测通道后，根据使用的荧光染料或相关试剂盒提供的质量参数设置系列双参数散点图或单参数直方图和阈值。

根据阴性对照、阳性对照的 FSC、SSC 和荧光信号的强弱调整电压大小。通过调整电压使阴性对照、阳性对照的细胞 FSC、SSC 信号与细胞碎片或杂质分开处于对应散点图中部，如图 4-5 所示。

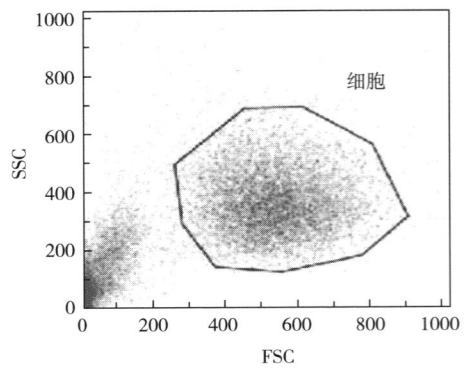

图 4-5 流式分析图谱中细胞前向角散射（FSC）/
侧向角散射（SSC）信号示意图

通过调整电压使阳性对照的荧光信号处于双参数散点图中对应荧光通道强度轴阈值的上方，或单参数直方图中对应荧光强度轴阈值的右方；阴性对照的荧光信号处于双参数散点图中对应荧光通道强度轴阈值的下方，或单参数直方图中对应荧光强度轴阈值的左方。图 4-6 为流式分析图谱中阴性/阳性对照的荧光通道信号类群区分示意图。

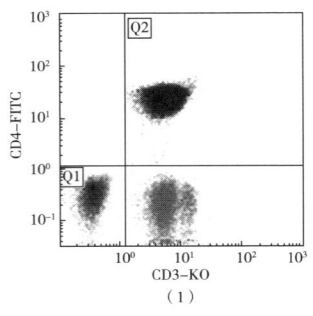
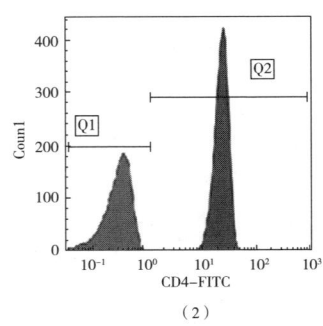

(1) 双参数散点图，横坐标、纵坐标均为荧光信号的相对强度
(2) 单参数直方图，横坐标为荧光信号的相对强度，纵坐标（Coun1）为细胞数；
CD3-KO 为 Krome Orange（KO）标记的 CD3 分子；CD4-FITC 为异硫氰酸荧光素（FITC）
标记的 CD4 分子；Q1 为阴性对照，Q2 为阳性对照

图 4-6 流式分析图谱中阴性/阳性对照的荧光通道信号类群区分示意图

④荧光补偿：采用两种及以上染料组合方案进行细胞计数时或光学检测通道的电压及增益发生变动时，应进行荧光补偿。荧光补偿样品进样完成后，根据仪器操作软件的指示进行手工方式补偿或自动补偿。

⑤目标细胞设门：使用同型对照和荧光扣除对照进行对比，通过相应散点图中的荧光强度表达，从阳性对照的荧光信号中区分出目标细胞的阳性信号并进行设门。

⑥信号采集：应在进样稳定后开始采集信号。总细胞信号采集数量不应小于 10000 个，目标细胞信号采集数量不应小于 1000 个。若总细胞信号采集数量为 10000 个时，不能获取 1000 个目标细胞采集数量，可加大总细胞信号采集数量。信号采集时间应保持在合理范围内，过长时

间可能导致细胞发生聚集或沉降。

（四）高内涵分析

高内涵细胞成像分析系统（high content analysis，HCA）包括三个部分：全自动高速显微成像、全自动图像分析和数据管理。在短时间内，全自动高速显微成像可以产生大量的图像，全自动图像分析可以从中提取大量的数据，数据管理软件可以进行分类存储、注释比较、检索共享图像和数据。高聚物技术最初用于药物筛选，随着技术的进步和发展，近年来被广泛应用于生命科学研究，包括细胞信号通路、肿瘤、神经生物学、免疫学、传染病学、干细胞研究等。传统方法无法获得 HCA 提供的信息，许多实验都是利用高内涵平台来完成的，与现有方法相比，HCA 更加敏感、高通量、低成本、准确、可靠。

（五）实时无标记动态细胞分析技术

实时无标记动态细胞分析技术（real time cell analysis，RTCA）采用特殊工艺，将微电极列阵整合在细胞培养板的每个细胞生长孔底部，用以构建实时、动态、定量跟踪细胞形态和增殖分化改变的细胞阻抗检测传感系统。当贴壁生长在微电极表面的细胞引起贴壁电极界面阻抗的改变时，这种改变与细胞的实时功能状态改变呈相关性，通过实时动态的电极阻抗检测可以获得细胞生理功能相关的生物信息，包括细胞生长、伸展、形态变化、死亡和贴壁等。

思考题

1. 如何从深海水域中分离纯化一株硅藻？
2. 怎样从内共生环境中分离鉴定纯培养的微藻种类？
3. 从分子遗传学角度解释微藻的培养过程出现藻株变异可能的原因。
4. 如何通过理化方法提高微藻类胡萝卜素的含量？
5. 针对分离到的一株微藻，请设计合理的方法分析检测其代谢产物。
6. 如何提高微藻不饱和脂肪酸含量？应如何检测不饱和脂肪酸含量？

第五章 微藻培养基质与藻种资源

CHAPTER 5

[学习目标]

1. 了解微藻培养基质的主要组成成分。
2. 了解已有的微藻种质资源库与产品标准。

第一节 微藻培养基

天然海水或淡水是一种复杂的介质，含有多种已知营养元素和某些有机化合物。对于藻类的培养，如果直接使用天然水，没有进一步添加营养物质和微量元素，藻类的产量通常太低，无法维持藻类自身生长。因此，各种培养基被用于藻类分离和培养。此外，随着季节天气的不同，海水或淡水质量也会有所变化，出于控制营养物质和微量元素浓度的需要，以及内陆地区海水供应有限，使得一些人工藻类培养基具有吸引力。大多数研究人员倾向于选择对他们所培养微藻种及实验目的有效的培养基，现在的培养基配方大都是对以往配方的修改，以满足特定目的；有些是对原生栖息地的水进行分析后得出的；有些是在详细研究了不同藻类的营养需求后制定的，有些是在考虑了生态参数后制定的。培养基的用途一般有三大类：维持藻类的生长、藻类生物量测定和生理实验。

一、微藻培养基组成

藻类的培养基一般由四种成分组成：常量元素、微量元素、维生素和金属螯合剂。这四种通常都是作为母液预先准备。浓缩灭菌的培养基母液通常以所需营养浓度的 100~1000 倍制备。母液应储存在密封的玻璃器皿或塑料器皿中，以避免因蒸发而改变初始浓度。使用时，适量的母液被无菌取出并使用。培养基的配制一般向烧杯中加入 80%~90% 所需体积的蒸馏水或去离子水。加入适量母液后不断搅拌，使其溶解。如果母液中含有多种组分（如微量金属溶液），在添加第二种组分之前，应完全溶解第一种组分。大多数营养物质在搅拌时容易溶解；然而，对于某些化合物,加热或改变 pH 是使其快速溶解的必要条件。最后,用蒸馏水或去离子水定容至最终体积。

(一)常量元素

常量元素通常被认为是氮、磷和硅元素。这些常量元素通常是微藻生长必需的。然而,只有硅藻、硅鞭毛虫才需要硅。相对于碳,大多数培养基都是富氮的,而碳可能成为限制因素,这取决于微藻的生长速度和大气中二氧化碳可以扩散的介质表面积。当培养物的 pH 迅速上升到 9 或更高时,表明碳供应可能是有限的。可利用碳酸氢盐的微藻可能生长,而其他更依赖二氧化碳的物种可能会表现出较低的生长速度或细胞产量,可以考虑在指数阶段后期充入一定量的二氧化碳或添加适量的碳酸氢盐,以确保碳不会限制藻类的生长,这在生理实验中尤其重要,因为有必要知道在衰老阶段哪种营养素是限制性的。

硝酸盐和磷酸盐通常以 $NaNO_3$ 和 NaH_2PO_4 的形式加入。铵可以替代氮源,可以以 NH_4Cl 的形式添加。在海水中,大约有 90% 的 NH_4^+ 和 10% 的 NH_3。由于在高压蒸汽过程中,大量的氨气可能会通过挥发从培养基中流失,因此培养基在高压蒸汽后应再以无菌方式添加铵盐。硅酸盐以 $Na_2SiO_3 \cdot 9H_2O$ 的形式加入。因为硅酸能促进沉淀,如果要培养不需要硅酸盐的物种(如大多数鞭毛虫),则在培养基中的配制中可省略硅酸盐的添加。

(二)微量元素

微量元素的缺失会影响微藻的生长和群落组成,微量元素在多种代谢途径中起着关键作用,包括藻类对基本资源(光、氮、磷和 CO_2)的利用。微量元素溶液一般是由锌、钴、锰、硒和镍的氯化物或硫酸盐组成,它们被保存在含有螯合剂 EDTA 的溶液中。铁通常作为单独的溶液保存,应将其螯合或保存在 HCl 中,以避免沉淀。

铁是这些微量元素中最重要的,它限制了许多海洋区域的微藻生长,铁对藻类群落的组成和结构产生关键影响,特别是沿海的海洋物种和大细胞或小细胞浮游植物。铁是所有浮游植物生长所必需的。它在光合电子传递、呼吸电子传递、硝酸盐和亚硝酸盐还原、硫酸盐还原、氮的固定和活性氧(如超氧自由基和过氧化氢)解毒中发挥重要的代谢功能。由于其参与光合作用电子传递(在细胞色素和铁/硫中心),细胞生长所需的铁随着光强的降低而增加,光周期持续时间的减少而增加。细胞对铁的需要量随氮源的不同而不同,在硝酸盐上生长的细胞对铁的需要量高于在铵盐上生长的细胞。

锰是光合作用氧化中心的重要组成部分,它也是微藻生长所必需的。由于锰和铁一样与光合作用有关,在弱光条件下生长需要大量的锰。锰也存在于超氧化物歧化酶中,这种酶可以去除有毒的超氧化物自由基。由于锰参与的代谢成分较少,其生长所需的量远低于铁。

锌的细胞生长需求与锰相似,多种代谢功能都需要锌。锌的主要用途是碳酸酐酶,这是一种对 CO_2 水合反应至关重要的酶。在 CO_2 限制条件下,需要较高数量的这种酶,因此,在 CO_2 限制条件下,藻类对锌的需求也增加了。锌也存在于参与了与 DNA 转录有关的锌指蛋白和碱性磷酸酶中,碱性磷酸酶是获得有机形式的磷所必需的。钴,有时还有镉,可以在锌酶(如碳酸酐酶)中取代锌,藻类中三种金属之间有复杂的相互作用,在设计限制锌、钴或镉的藻类实验研究时,都需要注意这些相互作用。除了在金属蛋白中替代锌外,钴在维生素 B_{12} 中也有独特的需求,但在微藻中对这种辅助因子的需求通常比较少。

铜在微藻生长中也是必需的,它在细胞色素氧化酶中起重要作用,细胞色素氧化酶是呼吸电子传递链中的一种必需蛋白质。铜在光合作用中也存在于质体色素中,在一些藻类中可以替代铁蛋白细胞色素,铜也在多铜氧化酶中发挥辅因子作用。

钼和镍与铁一样,在氮固定中起着重要作用。镍存在于脲酶中,因此以尿素为氮源生长的微藻需要镍。钼与铁一起存在于硝酸还原酶和固氮酶中,因此它是硝酸同化和氮固定所必需的。与前面提到的金属都以水合阳离子和金属配合物的形式存在不同,钼以氧阴离子钼酸盐(MoO_4^{2-})的形式存在于海水中,其分子结构和化学行为与硫酸盐(SO_4^{2-})类似。由于钼在海水中的浓度很高(约100nmol/L),相对于硫酸盐等主要离子的分布,钼在海洋中不受限制,不需要添加到由天然海水制成的培养基中。但是,它需要添加到合成海水培养基中。

金属硒也是淡水和海洋藻类生长的必需元素。它存在谷胱甘肽过氧化物酶中,这是一种抗氧化酶,可以降解过氧化氢和有机过氧化物。海洋微藻对硒的细胞需求与其他微量元素相似。硒在自然界的水中以三种氧化态存在:有机硒化物、亚硒酸盐和硒酸盐,它们像钼酸盐一样是氧阴离子,亚硒酸盐和硒酸盐都以纳摩尔浓度存在于海洋中,像其他藻类的营养物质一样。低浓度的亚硒酸盐通常添加到淡水和海洋的人工培养基中。

在特殊情况下,可以添加一些锗元素(二氧化锗)用来防止硅藻的生长,但其他藻类也可能受到影响。例如,在天然浮游植物样品中加入二氧化锗,将鞭毛藻与硅藻分开,但同时鞭毛藻的光合作用也被抑制。

(三)维生素

通常添加三种维生素——钴胺素(维生素B_{12})、硫胺素(维生素B_1)和生物素(维生素B_7),但很少有藻类需要全部三种维生素。藻类所需维生素的一般顺序是钴胺素>硫胺素>生物素。高压灭菌可能会导致一些维生素的分解,故而维生素通常在过滤除菌后加入经高压灭菌的培养基中。

(四)金属螯合剂

EDTA是一种能与Mg^{2+}、Ca^{2+}、Mn^{2+}、Fe^{2+}等二价金属离子结合的螯合剂,通常以二钠盐($Na_2EDTA \cdot 2H_2O$)的形式添加。然而,EDTA会抑制一些海洋微藻的生长,一些培养基中使用时,有时也会添加次氮基三乙酸(NTA)或柠檬酸铵等螯合剂。

人工培养基的设计主要是为了提供简化的、明确的培养基,用于实验研究和藻株的日常维护。通过对不同微藻藻株研究,研究者们制定了一系列特定的培养基,以便更有效地提取和纯化单一生物,并且考虑到它们对环境变化的反应能力。营养物所需要的浓度也各有不同。常见的例子有BBM培养基、BG-11培养基等,它们可以以液体或固体(1%~2%琼脂)形式制备。

二、微藻培养基水质

水质在藻类的培养中至关重要,天然海水(或淡水)应该是来自无污染的水源。如果天然水中含有大量的腐殖质化合物或其他有机分子,这可能会对分子生物学研究造成干扰,特别是在实验中需要提取核酸时。早期科学家使用的培养基水源多为湖泊或溪水,当时水源易被金属污染。通过向天然湖泊或溪水中添加营养物质,或用土壤提取物、植物提取物(如泥炭苔)、酵母提取物等对合成培养基进行富集,制备富集培养基。一般来说,富集培养基多不用于生理实验。现在培养基所使用的蒸馏水往往是从带有耐热玻璃或石英玻璃冷凝器的双蒸馏装置中获得的,或使用过滤器进一步净化的去离子水系统中获得。水质优劣从一定程度上直接影响藻类的生长状况。

三、土壤浸提培养基

如不需要精确了解微藻营养需求，可以使用土壤浸提液或固体颗粒土壤来培养某些藻类。简单的土壤浸提培养基的制备方法是在试管（或烧瓶）底部放置 1~2cm 干燥和过筛的花园土，并在其上加水。这就像一个湖泊或池塘，营养物质通常是通过细菌活动和水的混合从底部沉积物中补充的。在土壤浸提培养基中，细菌和藻类在土壤/水界面的扩散，模仿大自然的状态。土壤浸提培养基的组成主要由土壤决定（如 pH、电导率、营养物质、有机缓冲液、维生素等），因此找到良好和合适的土壤是很重要的。生长在土壤浸提培养基中的微藻通常具有正常的形态，并能稳定地生长。然而找到合适的土壤并不容易。良好土壤的来源是未接触过化肥、农药的花园或温室土，或未受干扰的落叶林，以及未耕种或放牧的草地，含有大量黏土的土壤不适合做土壤浸提液。对于某些稀有或敏感的藻类，有时可以在其自然生长的湖泊或池塘附近获得良好的土壤。但是，需要注意的是，土壤大都应避免取自常含有大量累积有毒物质的缺氧水下湖泊和池塘沉积物。

去除明显的其他物质（如岩石、树叶、树根、蠕虫）后，所选土壤应在室温或低温（<60℃）烘箱中干燥。使用清洁的臼和杵来研磨土壤，细磨的土壤应通过筛子去除较大的颗粒，干燥后的土壤样品应储存在干燥的环境中。制备土壤提取物时，蒸馏水（dH_2O）与土壤的比例为 2∶1，接着进行巴氏杀菌或高压灭菌，让颗粒物质沉淀下来，最后过滤液体。提取液可以再次进行巴氏杀菌或高压灭菌，以获得无菌溶液，溶液应盖紧盖子，保存于 4℃ 冰箱。还有一种碱性土壤浸提培养基的配制方法。配制时，将 2 份 dH_2O 与 1 份肥沃有机园林土壤进行均匀混合，加入适量 2~3g/L NaOH。高压灭菌、冷却、过滤后，制成最终的原液，使用时将浓缩的提取物用 dH_2O 按 50∶1 进行稀释。

四、微藻固体培养基

含有 1%~2% 琼脂的固体培养基对于培养大多数微藻类仍然非常有效。在琼脂表面接种散布少量的微藻细胞，通常微藻细胞在琼脂表面缓慢生长。制备琼脂培养基的一般步骤包括，将培养基加热到 95℃（可以直接在热源上加热，也可以在水浴中加热），慢慢地加入所需质量的琼脂，同时不断搅拌，使所有的琼脂都均匀分散在溶液中。要在培养皿中制作琼脂板，首先，对琼脂培养基进行高压灭菌（120℃，20min）。从高压灭菌器中取出，当温度为 50~60℃ 时，将混合物倒入无菌培养皿中。还可以将混合物进行热水浴，使其保持在适当温度。当混合物倒入培养皿时，如果混合物的温度过高，就会发生水蒸气凝结。琼脂凝固后，应将平板倒置（琼脂层向上）并 4℃ 储存在密封容器中（例如，塑料袋、有盖容器等）备用，或将琼脂分配到试管中，然后用高压蒸汽进行（120℃，20min）灭菌处理，从高压灭菌器中取出试管后，将其置于倾斜适当的角度并冷却。有些藻类不会在琼脂表面生长，但如果将它们嵌入琼脂中就会生长，通常准备浓度为 1%~2% 的琼脂，然后当琼脂达到凝胶温度时，将微藻细胞悬浮液与无菌琼脂进行无菌混合，然后将琼脂倒入培养皿中。对于对高温敏感的藻类，可以使用低凝胶温度琼脂糖［(26±2)℃］或超低凝胶温度琼脂糖。

综上所述，很难提供一套全面的建议来说明哪种培养基最适合某些微藻物种。在不同的资料中，培养基的细节甚至是用来描述培养基的名称都有很大的差异。附录中介绍了一些比较常见的培养基。

第二节　微藻种质资源库

种质的概念是指物种亲代传递给子代的遗传物质，它往往存在于特定品种之中。藻类种质资源又被称为藻类遗传资源。微藻种质资源库是一种利用低温保存技术对微藻种质进行保护的专门机构，微藻种质资源库主要是对微藻种质资源进行有效保护、储存与管理的专业机构，在藻类行业的发展中发挥着重要的作用。在微藻种质资源的保护中，如何合理地保护好藻类种质资源是非常重要的，必须建立和利用好微藻种质资源库。已建立的微藻种质资源库见表5-1。

表5-1　已建立的微藻种质资源库

保藏机构	英文名称和缩写	资源数量	国家
中国淡水藻种库	Freshwater Algae Culture Collection at the Institute of Hydrobiology，FACHB	现存藻种3400余株，隶属于169属	中国
中国科学院海藻种质库	Seaweed Culture Collection Center, Institute of Oceanology, Chinese Academy of Sciences，SCCC	可订购海洋单细胞海藻藻种名录约30种	中国
广东省经济微藻种质资源库	Guangdong Province Economic Microalgae Germplasm Resource Bank	现存藻种1000余株	中国
美国得克萨斯大学藻种库	Culture Collection of Algae at the University of Texas at Austin，UTEX	提供代表500多个属的3000多种不同的藻类菌株	美国
德国哥廷根大学藻种库	Culture Collection of algae at Georg-August-University Göttingen，SAG	约500属大约2400种菌株	德国
日本国立环境研究所藻种库	Microbial Culture Collection at the National Institute for Environmental，NIES	469属927种3087株	日本
澳大利亚国家藻种库	Australian National Algae Culture Collection，ANACC	300多种微藻物种的1000多株菌株	澳大利亚
巴斯德蓝藻库	Pasteur Culture Collection of Cvanobacteria，PCC	超过750株蓝藻	法国
英国藻种和原生动物保藏库	The Culture Collection of Algae and Protozoa，CCAP	超过3000株藻类和原生动物	英国
加拿大海藻种质资源库	Canadian Phycological Culture Centre，CPCC	现存藻种约400株	加拿大
美国典型菌种保藏中心	American Type Culture Collection（ATCC）	藻类111株	美国

微藻的种类非常丰富，目前发现的微藻种类约有5万种。建立微藻种质资源库，发掘其利

用价值，既能满足藻类科研等方面对优质种质资源的需要，又能保证和推动微藻产业的发展。20 世纪 50 年代，藻类研究从传统的分类学、形态学，向藻类生态学、生理学等方向发展，其研究的领域也在逐步拓展。与此同时，国内外藻类学者也开始了大规模的微藻培育技术，以利用微藻为原料，从源头上解决食物蛋白质短缺的问题。随着藻类研究的不断拓展，以及藻类技术的不断发展，对藻类资源的需求也在不断增加，从而促进了藻类保藏的发展。

在我国科研工作者的努力下，我国微藻种质资源库的发展已取得较大成就，对我国微藻研究与产业发展作出了贡献。我国现存的较大微藻种质资源库是中国淡水藻种库（Freshwater Algae Culture Collection at the Institute of Hydrobiology，FACHB），是我国淡水藻种资源保藏、利用和管理的专门机构。淡水藻种库主要负责国内淡水藻种的收集、保藏和功能发掘，并向世界各地提供优质、多样化的藻种资源以及与之相配套的特色服务，促进藻种资源的共享与国际合作。淡水藻种库以保藏淡水藻种为主，也包括了一些海水藻种，特别是在我国的各个地区，水华、土壤沙化、能源微藻等都有大量的保存。现存藻种 3400 余株，隶属于 169 属，包括了蓝藻门、绿藻门、硅藻门、裸藻门、红藻门、甲藻门、隐藻门、金藻门和黄藻门 9 个门类。

中国科学院海藻种质库（Seaweed Culture Collection Center，Institute of Oceanology，Chinese Academy of Sciences，SCCC）是中国科学院生物遗传资源库下属的 10 个库之一，1996 年成立。SCCC 具有以下职责和功能：负责收集、鉴定和活体保存我国沿海的大型和微型海藻物种；为我国高校、科研院所、水产养殖企业等提供大型和微型海藻活体种质材料和技术咨询服务；发展和优化新海藻种质保存和基因条码鉴定技术，深度挖掘具有重要经济、生态意义的大型和微型海藻种质资源，发展新种质创制技术，为我国庞大的海藻产业提供种质材料和技术服务。

广东省经济微藻种质资源库（Guangdong Praince Economic Microalgae Germplasm Resource Bank）依托中国科学院南海海洋研究所，是在广东省科技计划项目——公益研究与能力建设专项资金支持下建立的科技支撑平台，机构设在中国科学院南海海洋研究所内，主要负责海水微藻资源、淡水微藻资源的收集、鉴定、保藏、挖掘等服务。目前分离了 1000 多株微藻，包括了绿藻门、蓝藻门、硅藻门、裸藻门、红藻门、甲藻门、隐藻门、金藻门和黄藻门 9 个门类，挖掘了 30 多株具有海洋药物、保健品、化妆品、生物质能源的优良藻种，建立了耦合二氧化碳减排的海洋微藻产业化技术和海藻生物活性物质定向积累的分子调控技术，创制了具有抗肿瘤、抗关节炎、抗糖尿病等功能的海藻生物制品。

美国得克萨斯大学藻种库（Culture Collection of Algae at the University of Texas at Austin，UTEX）是 E. G. 普林斯海姆 1920 年建立的藻种库的延续。UTEX 向公众提供 500 多个属的 3000 多种不同的藻类菌株。其中的淡水和土壤藻类非常具有代表性，尤其是绿藻、硅藻和蓝藻。UTEX 几乎包含了所有主要藻类的代表，包括海洋大型绿藻和红藻。该系列中的所有菌株都是从天然来源分离获得的，目前没有转基因菌株。馆藏中的藻株用于研究、教学、水质评估、生物技术开发、水生动物饵料等。

德国哥廷根大学藻种库（Culture Collection of algae at Georg-August-University Göttingen，SAG）是微藻培养的综合生物资源中心，也是世界上最大的藻类服务馆藏之一。SAG 提供了约 500 属大约 2400 种菌株，代表真核藻类和蓝藻的几乎所有类别和门，包括 500 多个属和 1400 个命名物种。SAG 接收来自世界各地各种类型的机构、行业和院校的科学家对藻类培养的要求，并将其用于教育目的；使用污染生长测试，显微镜记录来评估藻类材料的质量等。SAG 使用分子工具对藻类菌株进行表征，以进行明确的鉴定和认证，通过冷冻保存可获得遗传稳定的培养物。SAG 已经建立了高分辨率 AFLP 指纹图谱，作为一种灵敏的分子工具，可以明确地评估同一物种不同藻株之间的多样性，并检查冷冻保存后菌株的基因组/宏基因组完整性。

英国藻种和原生动物保藏库（The Culture Collection of Algae and Protozoa，CCAP）成立于 1926 年，是英国国家级的藻种保藏中心。该中心一直致力于各种藻类的分类、鉴定和保藏工作。英国 CCAP 藻种库提供超过 3000 种藻类、原生动物、蓝藻和小型海藻等活体菌株，CCAP 是欧洲最大和最多样化的海洋、淡水和陆地环境中活体菌株的服务收藏种质库。在世界范围内，这些藻种在农业、科学和植物研究中具有重要意义。CCAP 藻种支持了各种学术、健康、食品和农业机构的研究工作，并在世界各地不同组织的藻类实验室和研究机构中使用。

20 世纪 70 年代以来，日本国立环境研究所藻种库（Microbial Culture Collection at the National Institute for Environmental，NIES）主要由参与环境研究的 NIES 科学家和日本的其他培养物收藏所维持，当 NIES 开始建立时，湖泊和河流富营养化、空气和水污染等问题比较严重。因此，赤潮形成藻类（如 *Chattonella antigia*）和水华形成蓝藻（如铜绿微囊藻）在一开始就具有代表性。NIES 现保存 469 属 927 种 3087 株菌株，这些菌株可用于教育、研究和开发目的，对环境以及基础和应用研究很重要。

澳大利亚国家藻种库（Australian National Algae Culture Collection，ANACC）是澳大利亚微藻生物多样性科学研究的国际重要生物资源。ANACC 为全球工业和研究部门提供微藻培养物，并开展自己的研究活动，重点关注澳大利亚的生物多样性、环境问题和藻类的生物应用。ANACC 拥有超过 300 种 1000 多株藻种，包括来自海洋、河口和淡水物种的微藻菌株，代表了澳大利亚独特的微藻生物多样性。ANACC 拥有从热带到温带澳大利亚和南极洲的海洋、河口、淡水和高盐环境中收集的独特的澳大利亚微藻生物多样性培养物。该系列包括大多数微藻的代表，使其成为研究其生物多样性、作用、分布、丰富度、分类关系和潜在用途的重要资源。这对于具有经济价值或环境治理应用潜力的藻类尤其重要。

加拿大海藻种质资源库（Canadian Phycological Culture Centre，CPCC）于 1987 年正式成立，它是世界菌种保藏联合会（World Federation for Culture Collections，WFCC）的成员，CPCC 目前保存藻种大约 400 种，大多数是淡水藻类和土壤藻类，包括绿藻、蓝藻、硅藻、类裸藻和红藻等，也保藏了少量海洋微藻。CPCC 大约有 50% 的菌株原产于加拿大，大约 80% 是 CPCC 独有的。一些藻类来自加拿大的环境问题地区（例如，五大湖、酸胁迫湖泊、金属污染和有机污染地点）；有些来自压力环境（例如，低或高 pH，低温或高温）；有些具有特殊性质（例如，毒素或高脂类产生）；其他通常用作其他生物的食物来源或用于毒性测试。

第三节　微藻产品标准

长期以来，人类一直将微藻作为食物，特别是作为蛋白质来源。微藻的化学成分使它们成为人类感兴趣的其他化合物的宝贵来源，微藻可以产生碳水化合物，主要为淀粉或葡萄糖，以及脂类，主要以甘油三酯的形式存在。此外，它们还能产生一些次级代谢产物，例如，色素（如类胡萝卜素、藻胆色素）、植物甾醇和其他在制药工业中应用的化合物。这些次级代谢产物中的一些已经被商业利用，如 β-胡萝卜素（澳大利亚、以色列和美国的盐生杜氏藻）或虾青素

（美国和印度的雨生红球藻）。虽然它们的蛋白质含量最初是微藻大规模生产的驱动力，但它们在多不饱和脂肪酸（polyunsaturated fatty acid，PUFAs）中的含量目前被认为是其整体营养价值的关键。在水产养殖领域，普通小球藻、拟微球藻 N. oceanica、中肋骨条藻（Skeletonema costatum）和螺旋藻因生物量较高而被用作无脊椎动物和脊椎动物幼虫的饵料，具有很高的商业价值。微藻作为高等植物的替代品，具有在非可耕地或海岸上种植的能力，且它们不与粮食和饲料养殖竞争。由于这些原因，微藻生物正受到全世界的关注，以满足所谓的生物经济需求。已实现工业化生产的微藻及其功效物质见表 5-2。

表 5-2　已实现工业化生产的微藻及其功效物质

微藻种类	主要功效物质	功效
蛋白核小球藻（Chlorella pyrenoidosa）	蛋白质、多糖、脂类、叶绿素，浓缩生长因子（CGF）	免疫、抗辐射、调节血脂、预防消化性溃疡等
螺旋藻（Arthrospira）	藻蓝蛋白、螺旋藻多糖、活性多肽、γ-亚麻酸、β-胡萝卜素	增强免疫力、抗肿瘤、抗氧化、抗衰老、降血压等
盐生杜氏藻（Dunaliella salina）	β-胡萝卜素	预防癌症、改善机体抗氧化能力、调节酸碱平衡等
雨生红球藻（Haematococcus sp.）	虾青素	抗氧化、延缓衰老、保护眼睛等
裂壶藻（Schizochytrium limacinum）、吾肯氏壶藻（Ulkenia amoeboida）或寇氏隐甲藻（Crypthecodinium cohnii）	DHA	保护心脑血管健康、大脑发育、增强抵抗力等
拟微球藻（Nannochloropsis sp.）	EPA	
莱茵衣藻（Chlamydomonas reinhardtii）	蛋白质、粗多糖、膳食纤维、矿物质	辅助降血糖、增强免疫力等
纤细裸藻（Euglena gracilis）	裸藻多糖、维生素、矿物质、氨基酸、不饱和脂肪酸、叶绿素、黄体素、玉米黄质等	促免疫、抗氧化、抗病毒、清除自由基、预防改善痛风等

一、国内微藻产品标准

藻类种类繁多，并且有着广泛的商业用途。针对藻类的现行食品安全国家标准为 GB 19643—2016《食品安全国家标准　藻类及其制品》，于 2017 年 6 月 23 日实施。标准规定了藻类的术语和定义、技术要求等。依据 GB 19643—2016《食品安全国家标准　藻类及其制品》的定义，藻类为一类水生的没有真正根、茎、叶分化的最原始的低等植物。藻类制品是以藻类为主要原料，添加或不添加辅料，经相应工艺加工制成的产品。

目前，全球已有 200 种利用生物技术进行大规模培育的微藻，但已获得审批具有食品资质的微藻还仅为少数。卫生部于 1994 年批准了螺旋藻粉作为新资源食品（2013 年《新食品原料安全性审查管理办法》实施后,"新资源食品"统一更名为"新食品原料"),其后随着对微藻研究的不断深入,盐藻及其提取物、DHA 藻油、雨生红球藻、蛋白核小球藻、裸藻、球状念珠藻、拟微球藻、莱茵衣藻等越来越多的微藻被批准成为新食品原料。作为蛋白质的来源,除普通小球藻或螺旋藻以外的微藻,如盐生杜氏藻、雨生红球藻和三角褐指藻,已被食品工业使用。

螺旋藻,是颤藻科螺旋藻属的一类经济微藻。螺旋藻在食品中的添加形式主要为螺旋藻粉,市场上已开发的螺旋藻食品包括饼干、酸奶、固体饮料等。螺旋藻于 2020 年 12 月被纳入备案制的保健食品原料目录中,增强免疫力是单一采用螺旋藻为原料的保健食品的保健功能,市面上部分以螺旋藻为主要原料并搭配其他原料(如枸杞、维生素 E 等)制成的复方产品,还会标注通便、辅助降血糖、辅助改善记忆等多种不同的功效宣称。食用螺旋藻粉,其标准应符合 GB/T 16919—2022《食用螺旋藻粉质量通则》,理化指标为水分≤7g/100g、总蛋白质≥55g/100g、类胡萝卜素≥0.20g/kg、灰分≤7g/100g。

盐藻是一种喜盐的单细胞微藻,多见于海盐田和陆地盐湖中,如我国内蒙古吉兰泰盐湖、青海大柴旦盐湖等。盐藻除含有 β-胡萝卜素外还含有多种其他类胡萝卜素,如玉米黄素、叶黄素、新黄质、紫黄质、隐黄质和 α-胡萝卜素等。盐藻及其提取物于 2009 年被批准作为新食品原料,推荐食用量不超过 15mg/d(以 β-胡萝卜素计),其质量要求为盐藻中胡萝卜素含量不小于 2%。我国允许使用盐藻及其提取物在已批准的保健食品中,它们具有增强免疫力、对化学性肝损伤有辅助保护功能、缓解视疲劳、抗辐射、免疫调节、抗衰老等功效。因为盐藻及其提取物的性状是半流体或粉状,适宜制备成胶囊、片剂、粉剂等固体剂型。例如,某公司生产的盐藻压片糖果,其执行标准为 Q/WZK0028S—2019,其产品浅黄色至黄色,伴有盐藻原料的斑点,具有海藻的味道和淡淡的甜味,理化指标应满足干燥失重≤5.0g/100g、胡萝卜素(以 β-胡萝卜素计)≥10mg/100g、铅(以 Pb 计)≤0.5mg/kg、二氧化硫残留量≤0.1g/kg,此标准适用添加盐藻制成的盐藻压片糖果。

雨生红球藻是一种单细胞淡水微藻,目前被认为是天然虾青素商业化生产最有希望的来源,虾青素是一种次级类胡萝卜素,呈鲜艳的血红色。虾青素因其抗氧化能力而被称为"抗氧化剂的超级明星"。此外,它还显示了抗炎和抗肿瘤活性应用的重要性,在营养保健品和制药行业应用较多。虾青素的抗氧化能力(或终止自由基链反应的能力)是 β-胡萝卜素的 38 倍,是维生素 E 的 500 倍。市面上的大多数虾青素都以食品、药品、营养保健品和膳食补充剂的形式存在,雨生红球藻于 2010 年被批准成为新食品原料,建议食用量不超过 0.8g/d,但是不能在婴幼儿食品中使用。例如,某公司生产的雨生红球藻制品,其执行标准为 Q/NJWK 0022S—2022,理化指标应满足虾青素含量≥5%、水分及挥发物≤6.0%、灰分≤5g/100g 等。本标准适用于以雨生红球藻粉为原料(雨生红球藻粉应符合国家标准 GB/T 30893—2014《雨生红球藻粉》),经原料预处理、浸提、固液分离、减压蒸馏、批次混合(不混合)、添加或不添加橄榄油、大豆油(非转基因)、红花籽油、DHA 藻油等辅料,添加明胶、甘油等添加剂,成型或不成型,包装后得到的雨生红球藻制品。

蛋白核小球藻广泛分布于自然界中,以淡水水域种类最多。在国内,蛋白核小球藻、椭圆小球藻、普通小球藻等是目前比较普遍的品种,但是蛋白核小球藻的蛋白质含量比其他小球藻要高,蛋白核小球藻除了含有丰富的蛋白质、多糖、脂类、色素外,同时还含有一种小球藻浓缩生长因子(CGF),其有促进细胞生长、增强机体免疫功能、促进伤口愈合的作用。蛋白核小球藻于 2012 年被批准成为新资源食品,推荐食用量不超过 20g/d,性状为深绿色至黑绿色粉末、蛋白质≥58g/100g、水分≤5g/100g、灰分≤5g/100g。

莱茵衣藻属于单细胞真核生物，莱茵衣藻的分布十分广泛，可生长在水沟、洼地及含有机质的水体中。莱茵衣藻中含有高达36%的蛋白质、12.5%的粗多糖、11.9%的膳食纤维，以及多种维生素、矿物质。莱茵衣藻富含8种人体必需氨基酸，能很好地被人体所吸收，且利用效率高。莱茵衣藻富含多种矿物质，如铜和铁，具有增强免疫功能，改善贫血的作用。莱茵衣藻所含的核黄素、生物素、烟酸、泛酸等物质对维护肌肤及黏膜的正常功能有重要作用。2019年2月，莱茵衣藻被美国食品与药物管理局（FDA）认定为"公认安全"（GRAS）状态，2022年5月11日，莱茵衣藻获得中国国家卫生健康委员会正式批准，可作为新食品原料，其质量标准要求蛋白质≥30.0%、粗多糖≥10.0%。使用范围不包括婴幼儿食品，该原料的食品安全指标按照我国现行食品安全国家标准中藻类及其制品的规定执行。

裸藻，又称绿虫藻、眼虫，是一种在淡水中生活的单细胞生物，既具有动物的特征，也具有植物的特征，它几乎包含了人体所需要的一切营养，裸藻含有的营养成分包括胡萝卜素、矿物质、氨基酸、不饱和脂肪酸、叶绿素等，且含有丰富的抗氧化成分，如β-胡萝卜素、维生素C、维生素E、叶黄素。因此，裸藻能够全面地补充人体所需的营养。不仅如此，因为没有细胞壁，裸藻所含的微量营养物质更容易被消化和吸收。在裸藻的营养成分中，目前最受关注的成分为裸藻多糖。裸藻多糖作为一种水不溶性多糖，是裸藻的能量储存物质，为裸藻所特有，含量可达干重的50%~85%。裸藻多糖作为食品添加剂，得到了FDA的认证。在日本，从裸藻多糖保健品、裸藻健康食品到添加裸藻的拉面、冰淇淋，裸藻在健康食品、保健品、普通食品和天然调味料中的应用随处可见。在国家卫生计生委发布的2013年10号公告中，批准裸藻为新食品原料，为裸藻后续在食品中的应用奠定了基础。在学术界及产业界的持续关注与开发下，目前我国裸藻产业取得初步成就。市场上，裸藻片剂、胶囊、粉剂、营养棒、曲奇、果冻及花粉等多种产品形式不断涌现，其产业化正走向深度发展。

ω-3多不饱和脂肪酸是一种人体必需脂肪酸，人体自身无法合成，必须通过饮食来摄取。而且它对人体的多种生理功能至关重要，如是身体细胞的细胞膜的重要组成部分，尤其是视网膜（眼睛）、大脑和精子细胞。它还参与神经传输、基因转录，也是一些激素的前体。二十碳五烯酸（EPA，20∶5）和二十二碳六烯酸（DHA，22∶6）是属于这组生物活性化合物的最重要的脂肪酸。微藻是海洋食物链中最初的EPA和DHA生产者，在各种自养、混合营养和异养培养条件下可以自然快速生长，具有很高的长链ω-3脂肪酸生产潜力。DHA藻油，具有促进大脑神经发育、改善视力、缓解脑疾病、抗炎、增强免疫力、增强脂代谢、维持肠道和心血管健康等功能。DHA藻油于2010年被批准作为新资源食品，推荐食用量不超过300mg/d（以纯DHA计）。根据LS/T 3243—2015《DHA藻油》中DHA藻油的定义，DHA藻油是以裂殖壶藻、吾肯氏壶藻或寇氏隐甲藻等藻种为原料，经生物发酵、分离、提纯等工艺生产的一种可供食用的富含DHA的油脂，其部分内容为DHA含量（以$C_{20}H_{30}O_2$，甘油三酯计）≥35.0%、EPA含量（以$C_{20}H_{30}O_2$，甘油三酯计）≤3.0%、酸值（以KOH计）≤3.0mg/g、过氧化值≤7.5mmol/kg、不皂化物≤4.0%、反式脂肪酸≤1.0%、溶剂残留量≤1.0mg/kg，且规定DHA藻油中所添加的食品添加剂必须符合GB 2760的相关规定。

二、国外微藻产品标准

公认安全认定（generally recognized as safe，GRAS）是美国食品与药物管理局（FDA）对

任何被认为对人类食用安全的物质或化学物质（有时包括整个生物体）授予的状态。只有少数微藻具有 FDA 认可的 GRAS 状态，这些藻类包括钝顶螺旋藻（*Spirulina platensis*）、莱茵衣藻、普通小球藻和盐生杜氏藻。获得 GRAS 状态需要耗时且昂贵的安全测试，这限制了具有这种状态的藻类物种的数量。但是，GRAS 指定仅适用于美国司法管辖区，可能与其他国家/地区的法规不同。在欧盟，欧洲食品安全局（European Food Safety Authority，EFSA）负责监督欧盟内部与人类食品和动物饲料相关的法规。在 1997 年 5 月之前在欧盟境内大量消费的食品被认为可以安全食用，任何其他食品（不包括转基因生物）都被标记为"新型食品"，必须在上市前经过 EFSA 的安全评估。加拿大也有类似的标准，加拿大卫生部是负责监督食品安全的组织，并规定任何新的或与现有食品相比发生变化的食品都被归类为新型食品，包括转基因生物，其安全性必须由加拿大卫生部评估。在加拿大、欧盟、印度和日本，钝顶螺旋藻被认为可以安全食用。小球藻也被广泛认为对人类是食用安全的，但小球藻的批准种类因国家而异。原始小球藻在美国和日本获得批准，蛋白核小球藻在欧盟获得批准，普通小球藻在加拿大、欧盟和日本获得批准，索罗金小球藻和规则小球藻在加拿大获得批准。

三、新食品原料/食品行业目录

目前，国内螺旋藻、蛋白核小球藻、杜氏盐藻、裸藻、雨生红球藻、迦得拟微绿球藻、裂殖壶藻的 DHA 藻油、吾肯氏壶藻的 DHA 藻油、寇氏隐甲藻的 DHA 藻油已经获得新食品原料认证，而在美国或欧盟认可的普通小球藻、原壳小球藻、衣藻、长耳齿状藻、四爿藻尚未在国内获得审批。国际上已被批准食用的藻类见表 5-3。

表 5-3　　　　　　　　　　国际上已被批准食用的藻类

藻种
螺旋藻（*Arthrospira maxima*、*Arthrospira platensis*）*
蛋白核小球藻（*C. pyrenoidesa*）*
普通小球藻（*C. vulgaris*）
原始小球藻（*C. protothecoides*）
黄绿小球藻（*C. luteoviridis*）
雨生红球藻（*Haematococcus pluvialis*）*
迦得拟微绿球藻（*Nannnochloropsis gaditana*）*
莱茵衣藻（*Chlamydomonas reinhardtii*）*
无绿藻（*Prototheca moriformis*）
盐生杜氏藻（*Dunaliella Salina*）*
巴氏杜氏藻（*Dunaliella bardawil*）
纤细裸藻（*Euglena gracilis*）*
裂殖壶藻（DHA 藻油）（*Schizochytrium sp.*）*
吾肯氏壶藻（DHA 藻油）（*Ulkenia sp.*）*

续表

藻种
寇氏隐甲藻（DHA 藻油）（*Crypthecodinium cohnii*）
长耳齿状藻（*Odontella aurita*）
四爿藻（*Tetraselmis chui*）

注：＊为我国已经批准的食品原料。

四、饲料行业目录

目前，藻类包括大藻和微藻在《饲料原料目录》的种类还是非常之少，很多获得食品行业许可的微藻不在《饲料原料目录》之中，但实际上很多微藻已经在饲料行业得到应用。《饲料原料目录》中的藻类见表 5-4。

表 5-4　　　　　　　　　　《饲料原料目录》中的藻类

原料名称	特征描述
藻	可食用大型海藻（如海带、巨藻、龙须藻）或食品企业加工食用大型海藻剩余的边角料，可经冷藏、冷冻、干燥、粉碎处理。产品名称应标明海藻品种和产品物理性状，如海带粉
藻渣	可食用大型海藻经提取活性成分后的副产品，产品名称应标明使用原料的来源，如海带渣
裂壶藻粉	以裂壶藻种为原料，通过发酵、分离、干燥等工艺生产的富含 DHA 的藻粉
螺旋藻粉	螺旋藻干燥、粉碎后的产品
拟微绿球藻粉	以拟微绿球藻种为原料，通过培养、浓缩、干燥等工艺生产的富含 EPA 的藻粉
微藻粕	裂壶藻粉、拟微绿球藻粉或小球藻粉浸提脂肪后，经干燥得到的副产品
裸藻	裸藻及其干燥产品
小球藻粉	以小球藻种为原料，通过培养、浓缩、干燥等工艺生产的富含 EPA 和 DHA 的藻粉
雨生红球藻粉	以雨生红球藻种为原料，通过培养、浓缩、干燥等工艺生产的含虾青素的藻粉
藻油	本目录所列的藻类经压榨或浸提制取的油。产品名称应标明原料来源，如裂壶藻油
等鞭金藻粉	以天然等鞭金藻种为原料，以尿素为氮源，在光生物反应器中培养，浓缩获得藻膏，经干燥、粉碎形成的藻粉
褐指藻粉	以天然褐指藻种为原料，以尿素为氮源，经藻种在光生物反应器培养，浓缩获得藻膏，经干燥、粉碎形成的藻粉
四爿藻粉	以天然四爿藻为原料，以尿素为氮源，在光生物反应器中培养，浓缩获得藻膏，经干燥、粉碎形成的藻粉

五、化妆品行业目录

藻类在化妆品行业应用的种类有很多,在《已使用化妆品原料目录(2021年版)》收集的藻类(包括大藻和微藻)及其提取物有100种以上,其中微藻及其提取物有30种以上,包括小球藻、螺旋藻、裸藻、褐指藻、鱼腥藻、束丝藻、衣藻、拟微球藻及长耳齿状藻等主要的应用微藻,具体见表5-5。

表5-5 《已使用化妆品原料目录(2021年版)》中的藻类

中文名称	中文名称
奥氏海藻(Cladosiphon okamuranus)提取物	软毛松藻(Codium tomentosum)提取物
钝顶螺旋藻(Spirulina platensis)粉	三角褐指藻(Phaeodactylum tricornutum)提取物
钝顶螺旋藻(Spirulina platensis)提取物	杉叶蕨藻(Caulerpa taxifolia)提取物
叉珊藻(Jania rubens)提取物	珊瑚藻(Corallina officinalis)提取物
齿缘墨角藻(Fucus serratus)提取物	伸长海条藻(Himanthalia elongata)提取物
刺松藻(Codium fragile)提取物	水解缠结罗拉藻(Lola implexa)提取物
大叶海藻(Sargassum pallidum)提取物	水解红藻提取物
大叶藻(Zostera marina)提取物	水解珊瑚藻(Corallina officinalis)提取物
淡黑巨海藻(Lessonia nigrescens)提取物	水解藻提取物
钝马尾藻(Sargassum muticum)提取物	微劳马尾藻(Sargassum fulvellum)提取物
粉团扇藻(Padina pavonica)叶状体提取物	纤细裸藻(Euglena gracilis)多糖
浮水小球藻(C. emersonii)提取物	纤细裸藻(Euglena gracilis)提取物
海星枝管藻(Cladosiphon novae-caledoniae)提取物	细枝黑顶藻(Sphacelaria scoparia)提取物
褐藻(Phyllacantha fibrosa)提取物	普通小球藻(C. vulgaris)蛋白发酵产物
褐藻提取物*	普通小球藻(C. vulgaris)粉
红叶藻(Delesseria sanguinea)提取物	普通小球藻(C. vulgaris)提取物
红藻门藻(Rhodophyta)提取物	小球藻发酵产物
极大螺旋藻(Spirulina maxima)提取物	小叶海藻(Sargassum fusiforme)提取物
极微小球藻(C. minutissima)提取物	星芒杉藻(Gigartina stellata)提取物
巨藻(Macrocystis pyrifera)蛋白	悬疣马尾藻(Sargassum filipendula)提取物
巨藻(Macrocystis pyrifera)提取物	岩藻糖
具距石枝藻(Lithothamnion calcareum)粉	盐生杜氏藻(Dunaliella salina)提取物
具距石枝藻(Lithothamnion calcareum)提取物	洋假鱼腥藻(Pseudanabaena galeata)提取物
孔叶藻(Agarum cribrosum)提取物	雨生红球藻(Haematococcus pluvialis)提取物

续表

中文名称	中文名称
罗布斯塔红藻（*Pikea robusta*）提取物	雨生红球藻（*Haematococcus pluvialis*）油
螺旋藻提取物	长心卡帕藻（*Kappaphycus alvarezii*）提取物
裸藻/油酸发酵产物	掌状红皮藻（*Rhodymenia palmata*）提取物
绿藻（*Chlorophyta* spp.）提取物	中肋骨条藻（*Skeletonema costatum*）提取物
美丽拟伊藻（*Ahnfeltiopsis concinna*）提取物	帚状海翅藻（*Halopteris scoparia*）提取物
绵毛多管藻（*Polysiphonia lanosa*）提取物	紫球藻（*Porphyridium cruentum*）提取物
墨角藻（*Fucus vesiculosus*）粉	紫球藻/锌发酵产物
墨角藻（*Fucus vesiculosus*）提取物	组囊藻（*Anacystis nidulans*）提取物
南极洲丛梗藻（*Durvillea antartica*）提取物	斜生栅藻（*Scenedesmus obliquus*）提取物
欧囊链藻（*Cystoseira tamariscifolia*）提取物	西非栅藻（*Sahel scenedesmus*）提取物
泡叶藻（*Ascophyllum nodosum*）提取物	厚叶解曼藻（*Kjellmaniella crassifolia*）提取物
普通马尾藻（*Sargassum vulgare*）提取物	稀疏蜈蚣藻（*Grateloupia sparsa*）提取物
蠕虫叉红藻（*Furcellaria lumbricalis*）提取物	长茎葡萄蕨藻（*Caulerpa lentillifera*）提取物
乳酸杆菌/藻提取物发酵产物	水华束丝藻（*Aphanizomenon flosaquae*）提取物
极大节旋藻（*Arthrospira maxima*）提取物	莱茵衣藻（*Chlamydomonas reinhardtii*）提取物
环形解氏藻（*Kjellmaniella gyrata*）提取物	蕨状网翼藻（*Dictyopteris polypodioides*）提取物
蓝藻（*Cyanobacteria*）	伊朗席藻（*Phormidium persicinum*）提取物
蓝绿藻（*Oyanophyceae*）提取物	海萝藻（*Gloiopeltis furcata*）提取物
衣藻（*Chlamydomonas*）提取物	眼点拟微球藻（*N. oculata*）提取物
宽胞节旋藻（*Arthrospira platensis*）提取物	长角藻（*Halidrys siliquosa*）提取物
长耳齿状藻（*Odontella aurita*）提取物	长心卡帕藻（*Kappaphycus alvarezii*）粉
长耳齿状藻（*Odontella aurita*）油	溶藻弧菌（*Vibrio alginolyticus*）提取物

注：*表示为某一类别原料的总称，使用时应注明其具体原料的名称。

思考题

1. 通过查阅资料，试分析微藻进入国家食品或饲料原料目录需要做哪些工作。
2. 试分析建立藻种资源库的意义。

第六章 微藻遗传工程

CHAPTER 6

[学习目标]

1. 了解已有的微藻遗传数据资源。
2. 了解微藻遗传改造工具及其发展情况。

第一节 微藻遗传学数据资源

微藻是异质群体,包含从原核细胞到真核原生生物的多种光合放氧微生物,因生存环境的丰富性,微藻细胞含有丰富的活性代谢物,在保健食品、医药等领域展现了良好的使用前景。目前,微藻相关产品市场的全球总市值已达10亿美元以上。相对于植物而言,微藻具有生长速度快、生物质产率高、不占耕地等优点,但相比工业发酵上使用的酵母菌等微生物,野生型微藻生长相对缓慢,导致培养周期较长,大幅增加了设施、养殖过程与采收等成本。微藻目前主要作为附加值较高的保健食品、化妆品等领域的原料,但作为大宗食品与动物饲料蛋白、油脂替代物以及作为微藻生物柴油的来源方面,经济可行性依然较低。高生物质产量与代谢物产量,高效经济的脱水、采收和分离提取技术是微藻产业持续发展的必然要求,鲁棒性微藻细胞与高合成效率藻株可大幅降低生产成本。已有较多研究采用培养基质成分优化,提高微藻生产过程中的营养供给效率,或改善培养条件,如pH与盐度等环境因子,又或改变微藻的生理因子,如添加植物激素等来改变与促进微藻细胞的代谢模式与效率,但以上优化策略并不能从本质上提高细胞内在的高效积累目标代谢物的能力,如使用营养饥饿胁迫可促进胞内油脂的积累,但同时会导致微藻细胞分裂周期延长,难以同步实现油脂高水平积累与高生长速率,因此真正应用于商业中的案例比较少。

近几十年分子生物学与合成生物学的发展,使得许多物种的基因改良成为可能,并在工农业生产中发挥巨大作用。因此使用遗传改造技术,改造微藻细胞本身的代谢通路组成,从根本上优化重塑代谢模式,提高活性分子的合成效率,创造高效生长与代谢物积累的藻株已成为最有希望解决微藻生产成本高等限制因素的途径。然而另一方面，尽管分子生物学与合成生物学等相关技术在近些年得到迅猛发展，但相比于其他微生物，微藻的基因组资源与遗传改造工具依然比较缺乏，如缺乏基因组序列、代谢通路图谱、DNA 片段的高效导入微藻与稳定表达的手段以及相应的质粒或载体资源，限制了遗传改造藻株的开发与应用，尤其是目前商业生产中的主要藻株，如小球藻、螺旋藻、雨生红球藻等微藻的遗传改造依然缺乏高效率的遗传工具，尚无基因工程藻株应用于生产的报道。尽管一些微藻的基因组已经测序完毕，但仍然需要进行大量的研究工作来完成基因功能注释。此外，近些年发展的基于 Crispr-Cas9 的基因编辑技术在微藻中的高效与低成本应用也是未来需要给予特别关注的方向。

一、基因组与转录组数据资源

随着近些年 DNA 高通量测序技术的发展，越来越多微藻的基因组草图或完整序列完成测序。使用 RNA-seq 测序技术研究微藻细胞对不同环境因子的基因转录响应，在一些序列数据库，如 NCBI 中的 SRA 等数据库中已积累了大量转录本数据。微藻基因组研究中比较知名的有三个计划，一个是转录组测序计划，另两个为基因组测序计划。转录组测序计划（marine microbial eukaryote transcriptome sequencing project）目标是测定约 700 个海洋真核微生物的转录组。转录组测序计划产生的序列数据储存于 iMicrobe Project 数据库与 SRA 数据库中。微藻基因组测序计划主要有 ALG-ALL-CODE 与 10KP。ALG-ALL-CODE 微藻基因组测序计划目标测定 120 个藻类基因组，目前已完成了几十种藻类的测序草图；10KP 基因组测序计划目标是完成并测定一万种植物与真核微生物的基因组，其中包括大约 1000 种绿藻与 3000 种光合自养或异养营养原生物的基因组，目前已经完成了几十个物种的基因组测序，这些物种的基因组信息均收录于 Phytozome 与 The Greenhouse 数据库中。微藻的基因组测序计划会产生大量的序列数据，对于了解微藻的代谢途径、调控网络与基因元件资源等均具有重要价值。如前面章节所述，微藻在 DHA 等不饱和脂肪酸营养物质合成方面对于食物链的营养传递过程具有不可替代的作用，研究微藻遗传基因资源对于代谢工程或合成生物学的发展具有特殊意义。除了以上转录组或基因组测序计划外，pico-PLAZA、AlgaePath 与 ALCOdb 是三个比较实用的微藻基因组分析在线工具。pico-PLAZA 收集了 16 个光合藻类的基因组信息，提供了一些基因组分析在线软件。AlgaePath 提供了衣藻 *Chlamydomonas reinhardtii* 与新链藻 *Neodesmus* sp. UTEX 2219-4 的基因表达数据。ALCOdb 提供了衣藻 *Chlamydomonas reinhardtii* 与红藻 *Cyanidioschyzon merolae* 的基因共表达数据。由单个研究组完成的微藻基因组通常提交至 JGI Genome 与 Phytozome 数据库。除了可靠的计算方法之外，基因组数据集与其他组学的互补数据集是合理使用合成生物学所必需的方法。表 6-1 列出了部分基因组测序已完成或部分完成的微藻及其基因组大小。

表 6-1　　　　　部分基因组测序已完成或部分完成的微藻及其基因组大小

序号	微藻株	基因组大小（Mb）
1	原始小球藻（*Chlorella protothecoides* 0710）	22.92
2	草深球藻（*Bathycoccus prasinos* RCC 1105）	15.07
3	浮游比奇洛藻（*Bigelowiella natans* CCMP2755）	91.41
4	布朗葡萄藻（*Botryococcus braunii* Showa）	184.32

续表

序号	微藻株	基因组大小（Mb）
5	德巴衣藻（*Chlamydomonas debaryana* NIES-2212）	120.36
6	莱茵衣藻（*Chlamydomonas reinhardtii* CC-503 cw92 mt+）	120.4
7	蛋白核小球藻（*Chlorella pyrenoidosa* FACHB-9）	56.99
8	索罗金小球藻（*Chlorella sorokiniana* 1230）	58.53
9	变异小球藻（*Chlorella variabilis* NC64A）	46.16
10	普通小球藻（*Chlorella vulgaris* NJ-7）	39.08
11	椭圆球藻（*Chloroidium* sp. CF）	54.31
12	佐芬根色绿球藻（*Chromochloris zofingiensis* SAG 211-14）	58
13	胶球藻（*Coccomyxa* sp. LA000219）	48.54
14	椭圆胶球藻（*Coccomyxa subellipsoidea* C-169）	48.83
15	温泉红藻（*Cyanidioschyzon merolae* 10D）	16.55
16	盐生杜氏藻（*Dunaliella salina* CCAP 19/18）	343.7
17	赫氏颗石藻（*Emiliana huxleyi* CCMP1516）	167.68
18	太阳管藻（*Fistulifera solaris* JPCC DA0580）	49.74
19	圆柱拟脆杆藻（*Fragilariopsis cylindrus* CCMP1102）	80.54
20	嗜硫原始红藻（*Galdieria sulphuraria* 074W）	13.71
21	蓝隐藻（*Guillardia theta* CCMP2712）	87.15
22	雨生红球藻（*Haematococcus pluvialis* SAG 192.80）	365.78
23	螺旋孢藻（*Helicosporidium* sp. ATCC 50920）	12.37
24	链丝藻（*Klebsormidium nitens* NIES-2285）	104.21
25	融合微胞藻（*Micromonas commode* RCC299）	21.11
26	小微胞藻（*Micromonas pusilla* CCMP1545）	21.96
27	微胞藻（*Micromonas* sp. ASP10-01a）	19.58
28	单针藻（*Monoraphidium neglectum* SAG 48.87）	69.71
29	加的斯微拟球藻（*Nannochloropsis gaditana* CCMP1894）	30.86
30	湖生微拟球藻（*Nannochloropsis limnetica* CCMP505）	33.51
31	海洋微拟球藻（*Nannochloropsis oceanica* LAMB2011）	29.26
32	眼状脉纹微拟球藻（*Nannochloropsis oculate* CCMP525）	26.27
33	绿色鞭毛藻（*Ostreococcus lucimarinus* CCE9901）	13.2
34	金牛微球藻（*Ostreococcus tauri* RCC4221）	13.03
35	凯氏拟小球藻（*ParaChlorella kessleri* NIES-2152）	59.18
36	三角褐指藻（*Phaeodactylum tricornutum* CCAP 1055/1）	27.45
37	微绿藻（*Picochlorum* sp. SENEW3 / DOE 101）	13.39/15.25

续表

序号	微藻株	基因组大小（Mb）
38	栅藻（*Scenedesmus sp.* ARA3，ARA）	93.24
39	斜生栅藻（*Scenedesmus obliquus* UTEX393）	107.72
40	小虫黄藻（*Symbiodinium minutum* Mf 1.05b.01）	609.48
41	虫黄藻（*Symbiodinium microadriaticum* CCMP2467）	808.2
42	纹条四爿藻（*Tetraselmis striata* LANL1001）	227.95
43	大洋海莲藻（*Thalassiosira oceanica* CCMP1005）	92.18
44	伪矮海链藻（*Thalassiosira pseudonana* CCMP1335）	32.44
45	胶质共球藻（*Trebouxia gelatinosa* LA000220）	61.73
46	卡氏团藻（*Volvox carteri f. magariensis* Eve）	137.68
47	山岸藻（*Yamagishiella unicocca* NIES-3982）	134.24

资料来源：Kumar G. Front. Bioeng. Biotechnol. 2020，8：914。

二、微藻的突变体库

突变体库对于利用正向或反向遗传学手段研究基因的功能具有重要意义。由于多数真核微藻的遗传操作系统尚不成熟，缺乏高效的遗传转化方法。通过随机非同源末端连接介导的 DNA 片段插入构建突变体库是较为可行的一种建库方法。莱茵衣藻是研究微藻代谢机制的模式微藻，莱茵衣藻的 DNA 插入突变体库已经构建，Chlamydomonas Library Project 在 2010 年启动，目标是构建 6.2 万个突变株，覆盖莱茵衣藻 83% 的核编码基因，且突变株的基因插入位点可查询，相关突变体及插入信息可通过 Chlamydomonas Resource Center 获得。由中国科学院水生所研究人员构建的莱茵衣藻突变体库含有多达 15 万株插入突变藻株，但该突变体库的突变株种类与相关插入信息尚未公开。另外有一个包括大约 4.9 万株的莱茵衣藻突变体库也可在 Chlamydomonas Resource Center 获得。以上突变体库的建立为研究基因的生理生化功能提供了条件。除了 DNA 插入突变体库，使用物理或化学诱变因子处理微藻株基因组发生随机突变后筛选带有目标性状的突变藻株，随后克隆与突变表型紧密连锁的基因在微藻的研究中也有报道。通过正向遗传学克隆鉴定经济表型如生物质产率、细胞密度、油脂含量以及光合作用、非光化学淬灭、油脂代谢、鞭毛响应等基础代谢途径相关的基因，以期通过基因工程或合成生物学手段构建优良的微藻种质，对于微藻培养技术发展具有重要意义。

构建突变体库的目的是获得某个表型或某个基因突变的突变体，突变体的获得需要设计合适的筛选方法，一个优良的突变体筛选方法首先需具备高通量特征，以便从成千上万株基因突变藻株中快速获得需要的表型。其次要具有较高的准确度，以减少表型鉴定的工作量。微藻高通量突变体筛选方法的缺乏是开展正向遗传学研究微藻基因功能的主要限制因素。此外，微藻细胞内代谢物的快速、实时检测与高通量分析方法也相对缺乏，很大程度上限制了微藻天然产物的筛选效率。近些年荧光检测设备的发展，为一些代谢物合成积累方面突变体的筛选创造了条件。如有研究者开发了一种基于激光共聚焦显微镜偶联荧光激活细胞分选的高通量油脂滴原位检测技术，可用于筛选具有油脂大量积累表型微藻突变体，筛选平台具有较高的准确度与分选效率，通过对比不同油脂的饱和度与链长等特征可快速实现对高油脂突变体的富集。另有研究者开发了一种名叫 CHiLiS（Chlamydomonas high-lipid sorting）的莱茵衣藻高油脂突变体筛选方法，CHiLiS 主要基于油脂滴与尼罗红结合后在激发光的照射下会发出特定波长荧光的特点，在控制尼罗红染料水平不至于伤害细胞活性的前提下对高油脂特征的莱茵衣藻突变体进行筛选。高油脂微藻突变体的鉴定对于理解微藻油脂代谢机制与获得具有生产价值的高油脂藻株都具有显而易见的意义。此类基于油脂染色荧光强度检测的微藻突变体筛选方法已有商业化设备，如 Molecular Devices 的半自动 QPixTM 400 系统。基于傅里叶转换的红外光谱在油脂或碳水化合物代谢相关突变体的筛选中也展现了较好的灵敏性，目前已有 PSR1、SNRK2.1 与 SNRK2.2 等微藻营养饥饿响应与油脂或碳水化合物代谢相关基因利用红外光谱筛选技术被鉴定。另有研究基于微藻的趋光性能与光合作用活性之间的正相关现象，使用微流控技术来筛选高光合活性的微藻突变体，获得了一些光合作用活性相关基因发生变异的突变体，这些突变基因涉及多个代谢通路，如转录调控、细胞代谢、信号转导等过程。

  色素突变体表型比较直观，高通量筛选相对容易些，如有研究开发了一种基于 96 孔板的高通量方法来筛选含有高含量类胡萝卜素的三角褐指藻突变体，通过分析叶绿素与油脂染色后的荧光变化来快速鉴定高类胡萝卜素含量的突变体，对数期生长的三角褐指藻中类胡萝卜素含量水平与叶绿素 a 荧光以及油脂含量具有相关性。因为不同色素吸收或荧光发生光谱波长的叠加，通常基于光学的原位色素检测方法难以反映微藻色素的详细组成，依然有赖于色素的分离提取后进行色谱等较为耗时的分析技术，微波辅助的微藻色素提取快速分析方法对于高通量色素突变体的筛选可能是个比较好的选择。有研究开发了一种基于酶联免疫吸附测定（ELISA）的微量滴定高通量分析平台用来测定微藻细胞内脱落酸、吲哚乙酸、玉米黄质等的水平。通过创制相应的抗体与抗原反应，这种分析平台也可用来筛选其他活性化合物。通过生物互作或生物特殊代谢特征设计合适的指示微生物进行突变体的筛选在微藻中也有很好的案例，如筛选在高光下 H_2 产生量升高的突变体中使用琼脂覆层带有响应 H_2 的绿色荧光蛋白基因的荚膜红细菌作为指示菌来快速定位高产 H_2 的微藻克隆。

第二节 微藻的遗传改造

  近十几年来，生物技术迅猛发展，如高通量的基因组测序技术不断更新换代、基因组信息的指数级增长、高通量分析工具的不断改进，实现了单细胞代谢活性实时定量分析；新型高效的遗传工具和日趋完善的生物信息学分析方法等不断出现，助推了工业微生物育种技术的飞跃式发展。目前，许多工业微生物的育种，不再依赖于过去的模式，如特征表型菌株的筛选、诱变育种和低效的遗传操作技术，而是通过高效的基因组工程改造技术。这些基因组工程技术，改变了以"一次操作、一个抗性基因、一个修饰位点"为特征的烦琐遗传操作模式，以及以"一次改造、一条途径、一个关键基因"为特征的低效途径优化策略，实现了在基因组尺度的多重位点和多重途径的组合优化，即基因组编辑（genome editing）。可能是因为微藻为光合生物，除了适应环境的光照、温度以及渗透压等的变化外，相比异养微生物如细菌与真菌，通常不需要适应环境中可利用碳氮源的变化而表现出较强的基因组可塑性，尤其是真核微藻，基因 GC 含量通常高达 60%以上。外部 DNA 片段整合进入微藻基因组的难度也较高，因此至今仍然仅有少数几种微藻如莱茵衣藻等发展出了成熟的遗传转化体系与基因编辑技术，给微藻基因工程藻株的开发利用造成了障碍。虽然基因工程改造被认为是商业生产中提高微藻生物质或高附加值代谢物产率的最有潜力的方法，但会引起转基因生物（GMO）安全性方面的讨论，尤其以食品或环境应用为目的的微藻生产过程。大规模培养转基因藻株可能会产生向环境中泄漏，在环境中繁殖且与自然藻株发生竞争等问题，转基因藻株如具有竞争优势会导致自然藻株的衰退。另外也存在与自然藻株通过杂交发生遗传物质交换的风险，产生有害藻类的爆发、生态环境不利影响、选择压力增加、基因平行转移等问题。因此对于转基因微藻的开发与应用，也应给予生物安全等方面的重视。本节内容将介绍微藻的遗传转化方面已有的研究进展。

一、微藻的遗传转化与选择标记

早在 1982 年瑞士科学家 Rochaix 与 van Dillewijn 就在《自然》（*Nature*）上发文报道了莱茵衣藻的遗传转化，使用聚乙二醇或多聚鸟氨酸提高莱茵衣藻的遗传转化效率，将带有参与酵母精氨酸合成的精氨琥珀酸裂解酶编码基因与酵母基因组复制起始点的质粒，成功转移至莱茵衣藻精氨酸营养缺陷型藻株中。到了 1989 年，多个研究组使用基因枪法实现了外源基因在莱茵衣藻核基因组中的稳定表达，随后使用玻璃珠或电穿孔的莱茵衣藻转化方法也得到了建立，玻璃珠遗传转化的方法具有较高的转化效率，同时对设备的要求低，成本低廉，目前依然是莱茵衣藻遗传转化的主流方法，2012 年文献报道了使用石英砂代替玻璃珠的莱茵衣藻遗传转化方法，转化效率与转化成本进一步优化。微藻转化中基于微流控芯片的微滴电穿孔相比使用比色皿效率更高。使用碳化硅晶须、根癌农杆菌、纳米颗粒等方法成功转化莱茵衣藻核基因组的研究均有报道。对于其他微藻，如盐生杜氏藻、三角褐指藻、拟微球藻属（*Nannochloropsis* sp.）以及雨生红球藻等微藻遗传转化的成功案例均有论文报道。但需要注意的是，有些微藻遗传转化相关的报道往往是首次报道后没有后续相关论文报道，也无不同实验室成功复现或使用该种遗传转化方法的论文报道，因此这些微藻遗传转化相关报道的可靠性受到质疑。表 6-2 列出了已报道成功实现遗传转化的微藻种类信息。遗传转化中需要对 DNA 成功整合至基因组上的藻株即转化子进行筛选，微藻转化中使用的筛选策略通常是使用营养缺陷型的营养互补基因与抗生素或除草剂降解基因，这种选择压力通常被称为选择标记。通常微藻的遗传系统可以参考高等植物的遗传方法，如根癌农杆菌介导的遗传转化方法，对于莱茵衣藻、纤细裸藻等遗传转化方法的建立起到了重要参考作用，但是，微藻与高等植物在细胞器结构等方面有巨大差异，参考作用往往比较有限，尤其是抗性筛选标记方面，选择一些在高等植物中筛选效果比较好的抗生素类选择标记微藻，但由于微藻中往往具有天然的抗性基因，因此不能被微藻用作选择标记使用。另一方面，在微藻的纯种分离中常使用微藻细胞对抗生素不敏感的特征，在筛选平板上加入适当浓度的抗生素来抑制细菌或真菌的生长，而获得无杂菌污染的微藻细胞。微藻遗传转化中最佳的选择方法为使用营养缺陷型藻株，通过基因互补后实现正常生长，但目前仅有莱茵衣藻、三角褐指藻、酸性红球藻等少数几种微藻具有该类营养缺陷型藻株。使用营养缺陷型作为转基因藻株筛选的选择标记可避免抗生素抗性基因的引入而带来食品与环境安全方面的问题。

表 6-2　已报道成功实现遗传转化的微藻

微藻种类	DNA 转化方法	遗传作用形式	选择标记
布朗葡萄藻（*Botryococcus braunii*）	电穿孔	基因组整合表达	抗生素抗性基因 *aph* Ⅷ
莱茵衣藻（*Chlamydomonas reinhardtii*）	基因枪，玻璃珠，电穿孔，农杆菌介导	整合表达，RNA 干扰，基于 ZFNs 与 CRISPR 的基因编辑	抗生素抗性基因 *aph* Ⅷ, *aph* Ⅶ, *npt* Ⅱ, *addA*, *tetX*, *hph*, *ble*；营养缺陷型 *arg* 与 *trp*；除草剂抗性基因
蛋白核小球藻（*Chlorella pyrenoidosa*）	电穿孔	基因组整合表达	抗生素抗性基因 *npt* Ⅱ
索罗金小球藻（*Chlorella sorokiniana*）	基因枪	基因组整合表达	营养缺陷型 *nr*
普通小球藻（*Chlorella vulgaris*）	电穿孔，玻璃珠，根癌农杆菌介导	基因组整合表达	抗生素抗性基因 *npt* Ⅱ, *aph* Ⅶ
佐芬根色绿球藻（*Chromochloris zofingiensis*）	基因枪	基因组整合表达	除草剂抗性基因
胶球藻（*Coccomyxa* sp.）	基因枪，电穿孔	基因组整合表达，CRISPR 基因编辑	营养缺陷型 *umps*
椭圆胶球藻（*Coccomyxa subellipsoidea*）	电穿孔	基因组整合表达	抗生素抗性基因 *hpt* Ⅱ
温泉红球（*Cyanidioschyzon merolae*）	PEG 介导	基因组整合表达，RNAi	抗生素抗性基因 *cat*，营养缺陷型 *ura*
盐生杜氏藻（*Dunaliella salina*）	电穿孔，基因枪，玻璃珠，根癌农杆菌介导	基因组整合表达	抗生素抗性基因 *aph* Ⅶ, *npt* Ⅱ, 除草剂抗性基因，营养缺陷型 *nr*
太阳管藻（*Fistulifera solaris*）	基因枪	基因组整合表达	抗生素抗性基因 *npt* Ⅱ
胸甲盘藻（*Gonium pectorale*）	基因枪	基因组整合表达	抗生素抗性基因 *aph* Ⅷ
雨生红球藻（*Haematococcus pluvialis*）	基因枪	基因组整合表达	抗生素抗性基因 *aadA*, 抗生素抗性基因
单针藻（*Monoraphidium neglectum*）	电穿孔	基因组整合表达	抗生素抗性基因 *aph* Ⅶ
加的斯微拟球藻（*Nannochloropsis gaditana*）	电穿孔	基因组整合表达，CRISPR 基因编辑	抗生素抗性基因 *aph* Ⅶ, *npt* Ⅱ, BSD
湖生微拟球藻（*Nannochloropsis limnetica*）	电穿孔	基因组整合表达	抗生素抗性基因 *aph* Ⅶ, *npt* Ⅱ
海洋微拟球藻（*Nannochloropsis oceanica*）	电穿孔	基因组整合表达，RNAi, CRISPR 基因编辑	抗生素抗性基因 *sh ble*, *npt* Ⅱ

续表

微藻种类	DNA 转化方法	遗传作用形式	选择标记
眼点拟微球藻（*Nannochloropsis oculata*）	电穿孔	基因组整合表达	抗生素抗性基因 *sh ble*
金牛微球藻（*Ostreococcus tauri*）	电穿孔，PEG 介导	基因组整合表达	抗生素抗性基因 *npt* II，*neo*
凯氏拟小球藻（*ParaChlorella kessleri*）	基因枪，根癌农杆菌介导	基因组整合表达	抗生素抗性基因 npt II，aadA
三角褐指藻（*Phaeodactylum tricornutum*）	基因枪，电穿孔，细菌结合转移	基因组整合表达，MNs，TAELNs，CRISPR 基因编辑	抗生素抗性基因 *nat*，*sat-1*，*addA*，*sh ble*，*cat*，营养缺陷型 *ura*，抗生素抗性基因
斜生栅藻（*Scenedesmus obliquus*）	电穿孔	基因组整合表达	抗生素抗性基因 *cat*
虫黄藻（*Symbiodinium microadriaticum*）	碳化硅晶须	基因组整合表达	抗生素抗性基因 *npt* II，*hpt*
伪矮海链藻（*Thalassiosira pseudonana*）	基因枪，细菌结合转移	基因组整合表达，CRISPR 基因编辑	抗生素抗性基因 *nat*，*sat-1*
卡氏团藻（*Volvox carteri f. magariensis*）	基因枪	基因组整合表达，CRISPR 基因编辑	抗生素抗性基因 *hpt*，*BSD*，营养缺陷型 *nr*

资料来源：Kumar G. Front. Bioeng. Biotechnol. 2020, 8：914。

目前微藻遗传转化主要存在转化效率低的问题。三角褐指藻与假微型海链藻中开发的细菌结合转移方法可将细胞核附加载体质粒从大肠杆菌中直接转移至硅藻细胞中，此种遗传转化方法具有较高的转化效率，同时具有转化大片段 DNA 的能力，复制过程稳定不易丢失，对核基因组具有较低的位置或表观遗传效应。此外，在移除选择压力后附加质粒随着细胞的分裂会发生自然丢失，这对于携带 CRISPR 等基因编辑系统的附加质粒非常有意义，因为此种方法可产生无选择标记的非转基因的基因修饰藻株，在 CRISPR 等基因编辑系统完成对基因组的编辑后，移除相应的选择压力，丢失携带抗性基因的附加质粒进而获得非转基因藻株。如有研究使用结合转移方法将携带 CRISPR/cas9 基因组编辑系统的附加质粒转移至三角褐指藻中，实现了对 *PtMYBR1* 基因的编辑，另有研究实现了拟微球藻 *NR* 基因的编辑。虽然结合转移的转化效率相比其他转化方法的 DNA 转移效率以及转化子出现的速度可提高几十倍，但是抗性藻株的表型出现有明显延迟。表型延迟出现的原因可能是细胞的快速分裂导致 Cas9 蛋白的水平低而导致的编辑效率较低。这种细菌介导的结合转移转化方法对一些绿藻如栅藻 *Acutodesmus obliquus* 与新绿藻 *Neochloris oleoabundans* 也具有较高的转化效率。

二、基因组编辑

所谓的基因组编辑，是在基因组尺度对细胞进行有效设计与高效改造，如基因组上多个位点同步插入或删除实现多个代谢分支途径的组合优化和外源代谢路径的大片段基因组整合，实现全新代谢能力的改造等。这种基因组尺度的高效编辑技术主要包括对基因组上多重位点进行同步改写，高效地插入、替换或删除，大片段的剪切-粘贴以及自主编辑（即基因组程序性进化）等。对于这些技术的应用，哈佛医学院的 Church 教授进行了形象的比喻，称为对基因组这一密码文本进行的"文本"编辑（writing），这体现了人工随意性以及高效性地改造工业微生物基因组时代的到来。通过自定义人工核酸酶，精确识别并切割基因组特定位点，形成双链断裂，通过细胞内的 DNA 修复系统，实现基因组的编辑。

在真核微生物中，双链断裂的 DNA 修复方式主要包括非同源末端连接（non-homologous end-joining，NHEJ）和同源重组（homologous recombination，HR）。近些年，随着基因编辑技术如锌指核酸酶（ZFNs）、转录激活因子样效应物核酸酶（TALENs）、归巢核酸内切酶（MNs）以及 CRISPR-Cas 系统在微生物基因组编辑中的成熟应用，微藻的基因编辑工具也得到了快速发展。以上基因组编辑工具均可在生物基因组目标序列上产生双链断裂，进一步由非同源性末端接合（non-homologous end joining，NHEJ，可产生突变进而实现基因的敲除）或同源重组（可插入外源供体基因或替代原有基因）而实现基因组的编辑。尽管 ZFNs 以及 TALENs 基因编辑技术建立得较早，因 CRISPR-Cas 系统具有更加简单方便，易于操作和拓展的优势，目前 CRISPK-Cas 已成为基因编辑技术的代名词。图 6-1 为三种双链断裂介导法人基因编辑方法的示意图。最早报道的微藻基因组编辑的研究是采用的 ZNF 技术，对莱茵衣藻 *COP3* 与 *COP4* 基因进行了编辑，随后有研究者使用 MNs 与 TALENs 技术对三角褐指藻中的尿苷二磷酸葡萄糖焦磷酸化酶进行了基因编辑，使用 TALENs 技术对三角褐指藻脲酶以及单磷酸尿苷合成酶基因进行编辑也取得了成功。TALENs 技术在三角褐指藻中的基因编辑效率较低，在 16% 左右。

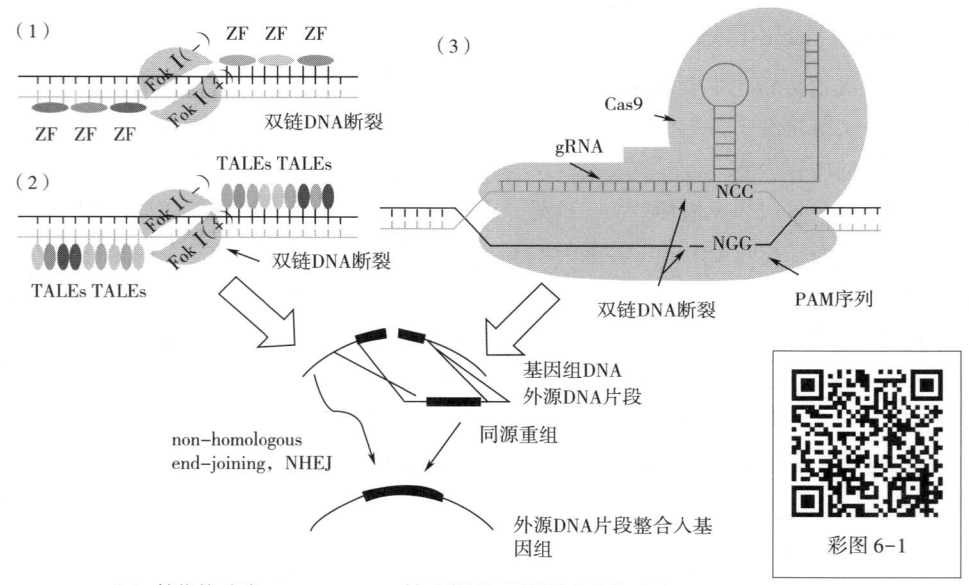

(1) 锌指核酸酶（ZFNs） (2) 转录激活因子样效应物核酸酶（TALENs）
(3) CRISPR-Cas 系统

图 6-1　三种双链断裂介导法人基因编辑方法

微藻 CRISPR 系统最早的研究报道为 2014 年研究人员在莱茵衣藻中成功表达了密码子优化了的 Cas9 蛋白与 sgRNA，同时对 4 个基因进行了编辑。Cas9 蛋白在莱茵衣藻中的组成型表达对细胞产生了毒性效应，带有 Cas9 蛋白的转化子生活力较弱。随后有报道使用电穿孔的方法直接将胞外组装的 Cas9/sgRNA 复合体（RNP）导入细胞，达到基因编辑的目标，避免了 Cas9 蛋白的细胞毒性。此外使用 RNP 的方式没有外源 DNA 在基因组上的整合过程，基因编辑藻株可以不受转基因生物相关法规的约束，给微藻基因编辑藻株在食品等行业的应用创造了条件。另一方面，因 Cas9 酶在微藻细胞内为瞬间表达，发挥核酸酶活性的时间以及 gRNA 的存在时间均有限，不会持续地对基因组产生编辑作用，因此使用 RNP 同时也降低了基因组编辑的脱靶效应。目前，莱茵衣藻的 CRISPR 基因组编辑技术的效率已达较高水平，如莱茵衣藻中瞬间表达酿脓葡萄球菌的 Cas9 以及相应的 gRNA 来敲除 atp9 基因，敲除效率在 30% 以上。另有研究使用共转移的方法将 Cas9 的同源蛋白 Cpf1-RNP 复合体与单链 DNA 修复模板，精确编辑效率达到了 10%。除莱茵衣藻外，三角褐指藻、假微型海链藻（*Thalassiosira pseudonana*）以及拟微球藻 *N. oceanica* 与 *N. gaditana* 的 CRISPR 基因编辑体系也已经建立。

三、微藻基因工程藻株的应用

（一）高光合效率与生物质生产基因工程藻株

提升光合作用与二氧化碳固定效率是提高微藻生物质产量的根本途径。1,5-二磷酸核酮糖羧化加氧酶（Rubisco 酶）的选择性与催化效率是决定二氧化碳固定效率的直接因素。如前面章节所述，Rubisco 酶同时具有固定二氧化碳的羧化反应与固定氧气的加氧反应的两种催化活性，产物为 3-磷酸甘油酸与 2-磷酸乙醇酸，其中 2-磷酸乙醇酸对细胞有毒性，此过程即光呼吸作用，两分子的 2-磷酸乙醇酸在线粒体与溶酶体中转化成一分子的磷酸甘油酸和一分子的二氧化碳，这种副反应降低了光合作用效率。微藻基因工程技术的发展使得直接改造 Rubisco 酶以提高其对二氧化碳的选择性与固定效率成为可能。有研究者使用高等植物拟南芥、菠菜与向日葵的 Rubisco 酶小亚基替换莱茵衣藻的小亚基以提高羧化活性效率与底物特异性，杂合的 Rubisco 酶底物特异性提高了约 11%，催化效率虽有所提高但不显著。有研究通过在拟微球藻中表达 Rubisco 酶来提高生物产量。除了基因工程改造 Rubisco 酶活性外，卡尔文循环中的一些酶，尤其是一些核酮糖再生过程中的低丰度酶也是基因工程改造提高光合作用效率的良好靶点，如果糖 1,6-二磷酸酶（FBPase）、果糖 1,6-二磷酸醛缩酶（FBA）与景天庚酮糖-1,7-二磷酸酯酶（SBPase）。有报道在普通小球藻中过量表达蓝藻 FBA、巴氏杜氏藻（*Dunaliella bardawil*）中过量表达莱茵衣藻的 SBPase 都可显著提高光合作用效率。

光合微生物通过二氧化碳浓缩机制（CO_2-concentrating mechanisms，CCMs）来提高 Rubisco 酶附近的二氧化碳浓度，提高二氧化碳固定效率的同时降低加氧活性，降低光呼吸作用，通过基因工程或合成生物学手段改造 CCMs 机制来提高微藻固碳效率。如前面章节所述，微藻大规模培养中因微藻细胞密度较高，表层细胞光照过量与底层细胞光照不足是限制微藻光自养培养效率的主要因素之一。降低捕光色素或捕光色素复合体的数量具有提高光传输与光吸收效率的潜力，如莱茵衣藻中通过 RNAi 沉默脱植基叶绿素 a 加氧酶的表达，降低叶绿素 b 的含量与捕光色素复合体数量，提高了光合作用效率。莱茵衣藻光系统 PSⅡ 蛋白 D1 经基因工程改造后在饱和光环境下的光合效率显著提升。在三角褐指藻中过量表达绿色荧光蛋白可吸收过量的蓝光，激发后发射的绿色荧光可被光系统捕光色素吸收，实现了光能利用率的提高与非光化学淬灭的降低，缓解了高微藻细胞浓度下深沉细胞光抑制现象。

（二）高油脂含量生产基因工程藻株

已有较多通过基因敲除或过量表达油脂合成途径相关基因来提高微藻油脂含量方面的报道。乙酰辅酶 A 羧化酶（ACCase）是油脂合成途径的主要关键酶，在隐秘小环藻中过量表达乙酰辅酶 A 羧化酶，虽然该酶的活性提高了约 3 倍，但油脂含量没有显著改变。在盐生杜氏藻叶绿体中同时过量表达 ACCase 与催化苹果酸向丙酮酸转化的 ME 酶可有效提高微藻细胞内的油脂含量。二酰基甘油酰基转移酶催化甘油三酯合成的最后一步，在微藻中过量表达该酶是常采用的促进甘油三酯合成的策略。甘油三酯合成途径中其他酶如丙酮酸脱氢酶、乙酰辅酶 A 合成酶、磷酸烯醇丙酮酸羧化酶、NAD（H）激酶与甘油激酶的过量表达也会导致微藻细胞中油脂的大量积累。小球藻同时表达来源于酿酒酵母与解脂耶氏酵母的乙酰基转移酶后油脂含量提高了约两倍。抑制海链藻多催化活性的脂酶或磷脂酶或酰基转移酶可促进油脂积累。基因工程改造调控油脂代谢的转录因子或调节子也是促进微藻油脂积累的一个方法，如降低拟微球藻转录调节子 ZnCys 的表达后油脂含量提高了约两倍。阻止油脂降解也可提高微藻油脂含量，如莱茵衣藻中磷脂酶 A_2 基因突变失活后油脂含量显著升高，沉默编码甘油三酯酶的 *cht7* 基因后甘油三酯的含量升高了 10 倍以上。使用 CRISPR 基因编辑技术敲除 ω-3 脂肪酸去饱和酶 *fad3* 后小球藻油脂含量升高了 46%。CRISPR 基因编辑技术的发展使非模式油脂生产微藻的基因工程改造成为可能。

（三）高附加值化合物基因工程藻株

微藻除含有蛋白质、油脂等营养大分子外，还积累许多高附加值化合物，如抗氧化色素、活性多糖等。基因工程干预微藻色素合成途径中的一些酶如八氢番茄红素合成酶与脱氢酶的表达可提高色素合成效率，如盐生杜氏藻中过量表达来源于雨生红球藻的 β-胡萝卜素酮醇酶可转化 β-胡萝卜素成虾青素；通过 RNAi 降低莱茵衣藻角鲨烯环氧化酶的表达水平可促进角鲨烯的积累，类似地，敲除玉米黄质环氧化酶基因后莱茵衣藻玉米黄质含量显著提高。同时，基因工程改造多个酶基因可改变代谢流通路，如三角褐指藻中同时过量表达三个外源基因，氧化鲨烯环化酶与细胞色素 P450 及其还原酶后生成了两种三萜羽扇豆醇与肉毒毒素。基因工程改造莱茵衣藻产倍半萜类化合物与双萜类化合物也已有报道。

利用微藻在表达外源蛋白质方面具有优势，如多数微藻不含有毒素与一些致病因子，蛋白质正确折叠效率较高以及具有被开发成低成本口服疫苗的前景。据报道已有 100 多种蛋白质在微藻叶绿体中表达，其中多数是疫苗、抗体、抗毒素与治疗用蛋白质。微藻全细胞饲养动物口服疫苗具有较高的成本可行性，且具有可在室温下长期保存与进入肠道后不容易被降解的优势，目前阻碍微藻重组蛋白应用的主要原因是蛋白质效率依然较低，重组蛋白产量太低，如一些核基因组整合表达的重组蛋白表达虽然具有活性，但仅占总可溶蛋白质的 0.25%，相比使用叶绿体重组蛋白可达 0.1%~5%，但叶绿体表达重组蛋白在表达后进入分泌系统与翻译后修饰等方面具有限制，细胞核表达外源蛋白质时通常给重组蛋白加上一些信号序列，使蛋白质进入分泌系统或特定细胞器。不同的启动子及其 5′非编码区（5′-UTR）驱动蛋白质表达的效率也是外源蛋白质表达的一个重要方面，如 16S 核糖体 RNA 的启动子与内源光合基因的 5′-UTR 组合后驱动蛋白质表达的效率显著提高，需要注意的是内源基因的 5′-UTR 参与蛋白质翻译反馈调节，存在一种称作"合成上位控制"（control by epistasis of synthesis，CES）的现象，在一种或几种蛋白质亚基缺失时，蛋白质翻译过程会抑制其他蛋白质亚基的过量合成，因此存在外源蛋白质表达被反馈抑制的可能。外源蛋白质的持续表达也会在一定程度上影响微藻细胞的正常代谢过程，增加细胞的底物与能量负担，因此使用诱导型启动子来精准控制外源基因的表达时空特征，将菌体生长与蛋白质或其他代谢物的合成分离，达到高产目标产物的目的。目前微藻中已报道的启动子比较多，表 6-3 列出了一些微藻基因工程中使用的启动子。

表 6-3　　　　　　　　　　　一些微藻基因工程中使用的启动子

微藻种	启动子来源	表达位置	主要特征
卷曲纤维藻（*Ankistrodesmus convolutus*）	AcRbcS	N	光诱导型启动子
莱茵衣藻（*Chlamydomonas reinhardtii*）	ARG7	N	强启动子
	β-TUB2	N	组成型表达
	CABII-1	N	光诱导型启动子
	Cyc6 与 Cpx1	N	铜离子与氧分子诱导型启动子
	CrGPDH3	N	盐离子诱导型启动子
	Fea1	N	铁离子响应启动子
	HSP70A-RBCS2	N	强启动子
	HSP70A	N	强启动子
	psaD	N	光响应与组成型启动子
	sap11	N	强启动子
	RBCS2	N	强启动子
	psaA	C	光响应强启动子
	psbA	C	光响应强启动子
	psbD	C	光响应强启动子
	atpA	C	强启动子
	16SPro-psbA 5′UTR	C	强启动子
	rbcL	C	光响应强启动子
纤细角毛藻（*Chaetoceros gracilis*）	Lhcr5	N	组成型启动子
普通小球藻（*Chlorella vulgaris*）	CaMV35S	N	组成型启动子
	CvpsaD	N	光响应启动子
椭圆小球藻（*Chlorella ellipsoida*）	Ubi1-Ω	N	强组成型启动子
隐秘小环藻（*Cyclotella cryptica*）	ACCase	N	组成型启动子
梭状细柱藻（*Cylindrotheca fusiformis*）	Fruα3	N	强组成型启动子
盐生杜氏藻（*Dunaliella salina*）	LIP	N	光诱导型启动子
	GAPDH	N	组成型启动子
管藻（*Fistulifera* sp.）	fcpB	N	组成型启动子
	H4	N	组成型启动子

续表

微藻种	启动子来源	表达位置	主要特征
雨生红球藻（*Haematococcus pluvialis*）	CaMV 35S	N	组成型启动子
	Ptub	N	强启动子
	rbcL	C	光响应启动子
三角褐指藻（*Phaeodactylum tricornutum*）	CaMV 35S	N	组成型启动子
	U6	N	组成型启动子
	Lhcf	N	光诱导型启动子
	NIT	N	铵诱导型启动子
	pPhAP1	N	强启动子
	Pt211	N	强组成型启动子
	fcp	N	组成型启动子
	V-ATPase	N	强组成型启动子
	ef2	N	组成型启动子
	HASP1	N	强组成型启动子
	rbcL	C	光响应强组成型启动子
	β-tubulin	N	组成型启动子
	CMV viral	N	组成型启动子
	ef	N	组成型启动子
海洋微拟球藻（*Nannochloropsis oceanica*）	Ribi	N	双向强组成型启动子
	EM7	N	组成型启动子
	NIT	N	铵诱导型启动子
	VCP	N	组成型启动子
	rbcL	C	光响应强组成型启动子
	TCT	N	组成型启动子
加的斯微拟球藻（*Nannochloropsis gaditana*）	RPL24	N	组成型启动子
	4ALL	N	组成型启动子
	EIF3	N	组成型启动子
眼点微拟球藻（*Nannochloropsis oculata*）	HSP70A-RBCS2	N	强杂合启动子
盐生微拟球藻（*Nannochloropsis salina*）	TUB	N	组成型启动子
	UEP	N	组成型启动子
伪矮海链藻（*Thalassiosira pseudonana*）	Lcfs9	N	组成型启动子
	NIT	N	硝酸盐诱导型启动子
	LHCBM1	N	组成型启动子
卡氏团藻（*Volvox carteri*）	nitA	N	硝酸盐诱导型启动子
	ISG	N	发育阶段特异型启动子
	Arylsulfate	N	硫饥饿诱导型启动子

注：N 代表细胞核，C 代表叶绿体。

资料来源：Kumar G. Front. Bioeng. Biotechnol. 2020, 8: 914。

> **思考题**
>
> 1. 试分析真核微藻遗传转化发展较慢的原因。
> 2. 试分析基因编辑技术的发展给微藻基因工程的发展带来的机遇。
> 3. 试分析微藻突变体库的基础理论研究价值与产业应用价值。

第七章 微藻规模化培养实例

CHAPTER 7

[学习目标]

1. 通过实例熟悉微藻培养注意事项。
2. 联系前面章节内容分析实例培养技术原理。

第一节 螺旋藻的开放式培养

螺旋藻属于蓝藻门、颤藻科，由多细胞组成螺旋结构。螺旋藻在光学显微镜下为多细胞组成的不分支、无异形胞的螺旋形丝状体；藻丝两端略细，末端细胞钝圆或顶端细胞外壁增厚或具帽状结构。钝顶螺旋藻的特征描述：藻体亮绿色，藻丝蓝绿色，细胞横壁处略缢缩，规则地螺旋卷曲。螺旋宽 $26\sim36\mu m$，螺距 $43\sim63\mu m$，藻丝末端没有或有非常不明显的渐窄，末端细胞宽圆，藻丝细胞宽 $6\sim8\mu m$，长 $2\sim6\mu m$。螺旋藻属嗜碱极端生物，最适生长 pH 大约 9.5，最初发现于天然碱湖中。螺旋藻在非洲乍得湖和墨西哥 Sosa Texcoco 湖两个碱湖地区有着悠久的食用历史。我国螺旋藻产业开始于 20 世纪 80 年代末，近些年，我国螺旋藻总产量已近万吨，占世界产量 2/3 以上。我国规模化培养的主要是钝顶螺旋藻和极大螺旋藻。目前，我国螺旋藻的最大产区位于内蒙古，其次为江西、海南、广西、云南等地。

螺旋藻干粉中主要营养物质为蛋白质，同时富含藻蓝蛋白、多糖、γ-亚麻酸、类胡萝卜素、叶绿素等活性物质。螺旋藻已经广泛应用在食品、保健食品、药品、化妆品、饲料等领域，主要产品形式有粉、片剂、胶囊、提取物藻蓝蛋白和螺旋藻多糖。根据食品分类目录，微藻类食品属水产制品，在办理食品生产许可证时多参照水产制品下类别编号 2201 干制水产品或 2207 其他水产品。

一、藻种选育及保存

在螺旋藻的培养过程中，由于会受到各种不利环境条件的影响，其形态易受外界环境的胁迫而出现多样性变化，螺旋藻形态变异会严重影响螺旋藻的产量及功能性物质积累。螺旋藻的形态变化主要有藻丝变细、藻丝体变短、藻丝体拉直、藻丝体呈纺锤形、藻细胞内空等。生产实践中更易受到营养盐水平的变化影响。一般规律是：当螺旋藻生长于营养盐充足的环境中，其藻丝体粗壮、螺距适中；而当营养盐长时间缺乏时，其藻丝体变细、拉长情况突出；当主要营养盐氮、磷元素充足时，则藻丝体的螺距变小，呈现紧密的纺锤形。

藻种的选育及保存方式因产区不同而有所区别。螺旋藻藻种的选育和保存一般分两条路径：一是从户外大池中选取长势优良的藻液，经稀释后于显微镜下用毛细管吸取理想藻丝体，置于试管中放入培养箱中培养，逐级扩大，最终进入大池生产；二是从户外大池中选取长势优良的藻液，将其放于开放式户外玻璃缸中培养，再逐级放大至大池生产。由于螺旋藻本身易受培养环境改变而发生不可逆形态变化，加上高碱性培养基质不易受到外源微生物污染，因此多数企业大多选择第二种选育路线。

内蒙古地区螺旋藻培养均在温室大棚中进行，生产期一般为 4~10 月，由于夏季温度高，大棚内气温可高达 50℃ 以上，因此需选育悬浮型藻种，防止漂浮型藻种在夏季高温时表面温度过高导致细胞死亡；在每年生产结束前选取藻丝状态好的藻液，置于有地暖的温棚小池内不定时搅拌保存，或装入桶内置于有暖气的房间内通气保存。

海南、广西、云南地区螺旋藻培养均为露天大池，一年四季均可正常生产，气温相对稳定，通常选取漂浮型藻种，由于螺旋藻为多细胞螺旋形态，漂浮型藻种容易在大池表面相互勾连而聚集成片，需要加强大池搅拌系统的设计，防止其长时间漂浮在水面上而发生光抑制。

二、藻种驯化

实验室或室内培养的螺旋藻种在走向生产阶段前须经驯化来增强抗逆能力。光照是螺旋藻从实验室走向户外的最大限制因素，因此通过逐步加强光照的方法使之逐步适应露天环境的强光照，最终使之能在强光照下快速生长，具体过程如下。

（1）实验室光生物反应器或玻璃缸或塑料桶中培养，光照强度 3000~5000lx，温度 25~28℃，通入无菌空气，建议采用密封培养以减少外部污染。

（2）取光生物反应器、玻璃缸或塑料桶中的培养藻液，放入透明玻璃瓶或塑料大桶中培养，放在通风弱光（自然光）处，直接通入空气，最高光照强度 5000~10000lx，不控制温度，驯化培养 3~5d，使之适应温度和光照的变化。

（3）待藻液浓度 A_{560} 达到 0.4~0.5 后，将其转移至光照 10000~20000lx 环境中，温度不控制，驯化培养 5~7d。

（4）待藻液浓度 A_{560} 达到 0.7~0.8 后，将其转移至光照 30000~50000lx 环境中，温度不控制，驯化培养 5~7d，其间不断流加新鲜培养基，保持 A_{560} 0.7~0.8。

（5）完全不控制光照和温度，培养至一定体积后，按此浓度接入小型接种池中进行培养，之后再逐级放大，实现生产。

三、厂址选择

螺旋藻具有喜高温、高碱性的特性，一般螺旋藻生长的最适合水温为 30~35℃，最适 pH 为 9.5~10.5，加之螺旋藻作为食品级原料生产，因此，螺旋藻培养厂址的选择需注意以下因素：①靠近原料产区降低成本。如内蒙古鄂尔多斯市的螺旋藻培养公司大多靠近碱湖，方便取用母液碱作为原料；②高温、日照时间长地区。如海南、广西地区的螺旋藻培养企业基本坐落于热带地区，常年可获得高温条件，而内蒙古地区则选择温室大棚保温，但其夏季生产期能获得更长时间的光照；③远离工业区及城镇。由于螺旋藻生产为露天培养环境，因此我国南方螺旋藻培养企业大多位于无重工业污染的乡村地区，而内蒙古的企业也都远离煤化工企业；④光照充足地区，如内蒙古地区夏季光照时间长，晴天多、降水少，利于光合作用；⑤水源充足地区。水质优良避免有害物质超标，螺旋藻企业生产用水大多取自地下水，少数工厂取自地表水，原则上生产用水应符合 GB 5749—2022《生活饮用水卫生标准》，由于螺旋藻本身具有吸附重金属和农药残留的特性，在实践操作中须调查当地水质情况及周边环境，避免水源受到污染。此外，由于螺旋藻的培养用水可循环使用，我国食品安全准入门槛的提高等因素，因此诸如空气湿度、降水量等已不再是螺旋藻培养工厂选址考虑的主要因素。

四、培养基

螺旋藻的培养基大多以 Zarrouk 氏培养基为基础进行改良，不同地区已发展出不同的改良 Zarrouk 氏培养基配方，主要有表 7-1 与表 7-2 两种。

表 7-1　　　　　　　　天然碱湖地区改良 Zarrouk 氏培养基

化学成分	用量/（g/L）	化学成分	用量/（g/L）
母液碱	9.00~10.00	磷酸水	0.20
$NaNO_3$	0.90	KCl	0.50
$MgSO_4 \cdot 7H_2O$	0.08	$FeSO_4 \cdot 7H_2O$	0.02
K_2SO_4	1.00		
EDTA 二钠	0.02		

注：母液碱主要成分为，碳酸氢钠 50%~70%，碳酸钠 3%~6%，氯化钠 2%~4%，硫酸钠 1%~5%，水分 20%~30%，杂质 20%~30%。

表 7-2　　　　　　　使用工业来源碱地区的改良 Zarrouk 氏培养基

化学成分	用量/（g/L）	化学成分	用量/（g/L）
$NaHCO_3$	8.00	KH_2PO_4	0.30
$NaNO_3$	1.20	NaCl	1.00
$MgSO_4 \cdot 7H_2O$	0.20	$FeSO_4 \cdot 7H_2O$	0.01
K_2SO_4	0.50		
$EDTA \cdot 2Na$	0.02		

在生产实践中，所有的配方原料都应在采购前检测其有效成分和重金属含量，向供应商索取检测报告，建立供应商档案。

五、培养工艺

螺旋藻培养工艺如下：

培养池准备→营养液配制→接种藻种→培养管理（搅拌、pH、光照、温度），具体如图 7-1 所示。

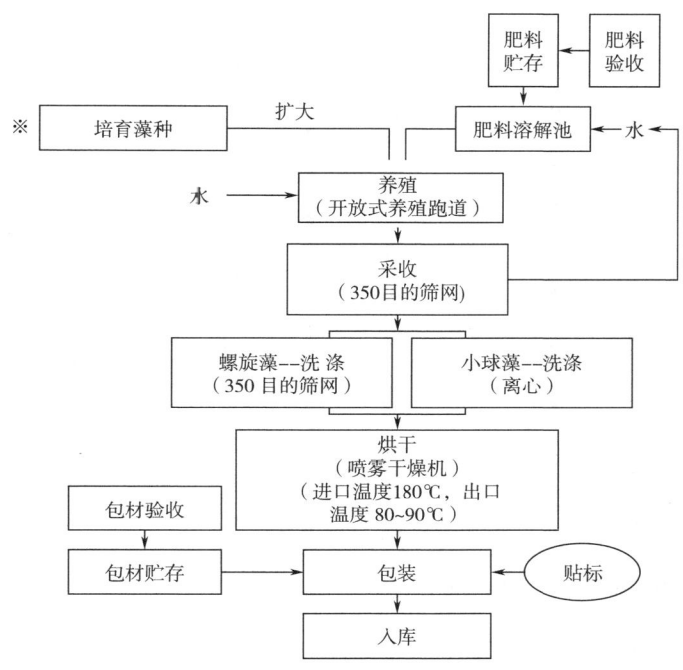

图 7-1　螺旋藻培养工艺流程图
注：带※号为关键控制点。

六、培养池准备

螺旋藻粉生产均采用跑道式大池培养，跑道池按形式分为回形、椭圆形两种，按地区分为完全露天式和薄膜覆盖式两种。薄膜覆盖式常见于北方天气寒冷地区，寒冷地区为了延长生产时间，一般在 3 月下旬开始进行扩池培养，至 4 月中下旬可进入采收期。跑道池两端有千分之一的高差，搅拌桨位于较低一侧，培养池应测算平均水位并定位标高，方便记录培养池水量及降水量等信息，其示意图如图 7-2 与图 7-3 所示。

一个标准的螺旋藻培养工厂应该配备藻种扩培系列池和生产大池，生产大池多为 600~1000m² 藻种扩培池，一般按照 1：(5~10) 比例逐级扩大。通常用于承接玻璃缸或大桶中藻种的第一个跑道池的面积约 5m²，第二个为 30m²，第三个为 200m²，第四个即可进入生产规模 600~1000m² 跑道池。新建水泥培养池应先蓄水以验证其不漏；再用石灰水浸泡一周以上时间，以封堵细小裂缝。水泥跑道池地基应夯实，避免长时间暴晒，以防止混凝土开裂。塑料薄膜铺底的跑道池，底部应平整夯实，底膜应选用深色材料以防止高温时芦苇等杂草钻出刺破底膜。

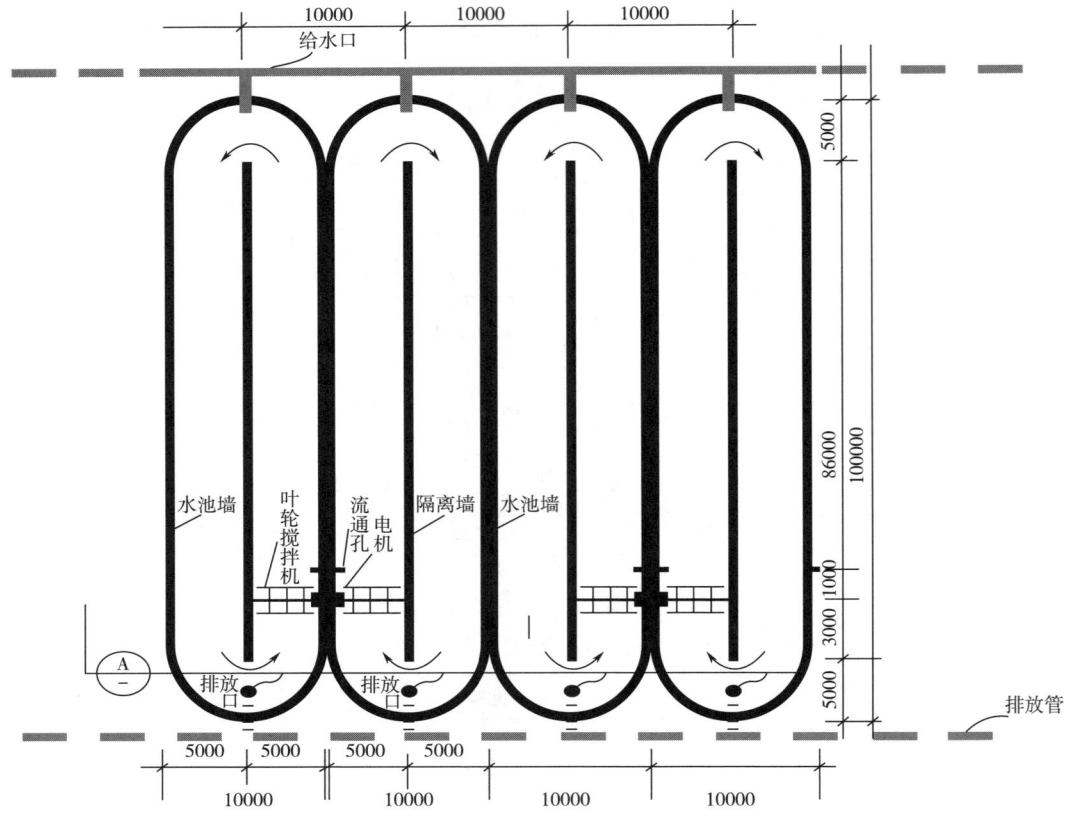

图 7-2 培养池平面图

注：单位为毫米。

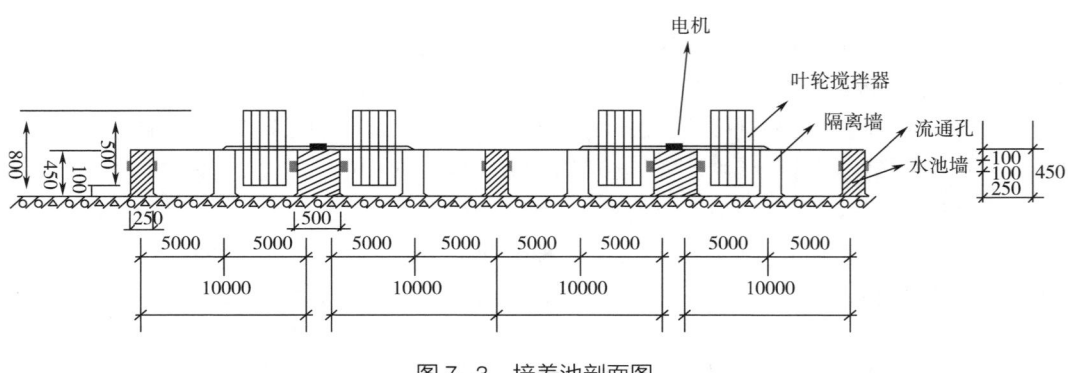

图 7-3 培养池剖面图

注：单位为毫米。

七、营养液配制

生产上所用营养原料应选择使用食品添加剂类别，大多选择一次性补料方式添加培养基，少数企业会选择流加培养液方式。生产企业应准备与生产规模相适应的溶解池，培养基配制原则上应使碱性成分（小苏打）和非碱性成分分开配制，所用原料避免相互反应。配制好的营养液静置待用，用完之后应及时清除溶解池中沉淀物及杂质。

八、藻种接种

接种前，培养池应经过彻底清洁和消毒，培养池的消毒可以使用浓度为 100mg/L 以上的有效氯水溶液浸泡 2~3d，然后用清水冲洗干净，再注入培养所用清水。接种前培养池中应添加了螺旋藻所需要的所有营养元素，并经过充分的搅拌溶解。藻种在接入大池前应接受过充分的耐受强光照和温度变化等条件驯化。接种浓度应控制 A_{560} 值 0.2 以上，浓度较低时应选择没有太阳直射的天气或有一定遮阳措施的池子，应选择上午接种，接种前应预先按比例配制好各种营养盐并充分搅拌。接种后的水位深度不宜低于 20cm，水温不低于 15℃，不高于 30℃，接种后培养液 pH 不低于 9.5。

九、培养过程管理

一般对培养池进行编号，按采收计划分组别管理。

过程监测主要包括显微镜观察、碳源检测、氮源检测、磷源检测、pH 检测、记录水位、记录降水量、观察藻液变化。

扩池后至采收为一个周期，夏季采收周期一般为 3~5d，深秋季节为 7~15d。在采收前进行培养液 C、N、P 含量的检测，计算补肥量，其他营养盐根据 C、N、P 含量的检测结果，按比例补充。培养过程中一个周期选取小组中正常培养的一个池子测定其 C、N、P 浓度，采收后根据检测浓度确定补肥的种类和数量。培养过程中水位控制在 25~35cm，每天定时巡查培养池，观察水位有无异常降低，异常降低时应及时寻找泄漏点并修补。每天监测培养池水位变化进行补水，因下雨导致培养水位增加时，测定营养盐浓度进行补肥，同时调节 pH 至 9.5 以上，当 pH 长时间低于 9.5 时，可适当补充碳酸钠以提高其 pH。对于用塑料膜铺底的培养池，日常管理过程中不建议拔除杂草，以免造成大面积空穴而导致漏水，而是进行适当修剪，使其高度低于底膜水位。清晨开启搅拌机前应对每个池子藻丝聚集侧进行观察，确认藻体状态是否正常，有无虫害发生，如培养液表面出现红色斑块或油膜时应取样显微镜观察，确认虫害聚集较多时应及时采取措施。培养过程虫害的控制以预防为主，主要有两个途径：一是对培养用水进行过滤或杀灭的方式净化水质，消除虫害，确保培养用水干净；二是培养池周围卫生，确保培养池边 1m 范围内水泥硬化，无杂草、死藻、动物粪便、动物尸体等，及时清理池面异物。在塑料薄膜培养池中发现池子表面有大量漂浮的螺旋藻聚集在死角处时，管理人员应及时采取措施消除搅拌死角，驱散聚集藻体。每日抽取每组中至少两个池或藻相有异常的培养池中藻液，取样显微镜下观察，观察藻丝是否正常、采收后循环使用的藻液是否含有较多断藻与虫体。观察螺旋藻通常不需使用盖玻片压片，滴加摇匀的藻液于载玻片上，即可于 100 倍物镜下观察，如发现每滴藻液中含有 3 个以上轮虫时，应采取杀灭措施处理。

培养池每天都要进行搅拌，根据光照、气温、补肥及其他因素决定搅拌时间和时间间隔，确保高温时水温在 28~32℃。夏季参考搅拌时间：早上 7 点到晚上 6 点；深秋低温或阴天时搅拌参考时间：早上 9 点到 10 点，11 点到下午 2 点，下午 3 点到 5 点；暴雨或雷雨时停止搅拌，雨停后恢复搅拌。

采收一般采用分区域进行，来保证不同培养池的产品质量尽量一致。培养池藻液浓度 $A_{560} \geq 1.0$ 时便可采收。每片区域采收量为池中藻液的 1/3~1/2。达到采收标准的培养池经渠道或管道放流至藻液收集池，藻液收集池一般配有搅拌装置来保持微藻细胞悬浮状态。藻液经滤布过滤采收，采用母液碱或风沙严重地区还应在过滤前对藻液进行除沙处理。三重过滤采收方式中第一道使用 20~40 目滤布，过滤清除藻液中比藻丝体大的杂物；第二道使用 350 目滤布将藻丝体和培养液分离；第三道 2000 目的带式吸滤机将藻液和藻丝体进一步分离以提高烘干效率。采收速率应严格控制以保证藻泥烘干质量，避免出现藻泥异味情况。将分离出的培养液集中至回水池，打开回水泵通过回水管道抽回培养池。

螺旋藻培养主要使用碳酸氢钠或二氧化碳。传统螺旋藻生产过程中不使用二氧化碳。大多在培养过程中补充营养盐，但容易导致培养液中 pH 居高不下，培养液中盐度不断增加，进而抑制螺旋藻生长，降低产量和品质。一些企业在回水时通入二氧化碳，控制压力和进气速率，使回水管道出水口藻液的 pH 在 6~7。严格控制回水和二氧化碳的使用量，确保每个池子回水结束后 pH 处于适宜状态，水位处于正常状态，$A_{560} \geq 0.2$。阴雨天气采收时由于光合作用下降，大池培养液 pH 相对就低，二氧化碳的加入会导致培养液 pH 过低造成螺旋藻细胞死亡，因而雨天不宜补充二氧化碳。

厂区应与周边环境有围墙分隔，不得饲养动物。生活区与生产区分隔明确，严禁在生产区域和培养区内吸烟，生产厂区域需要配备垃圾桶并指定投放标志。应确保培养池周边硬化，且地面无积水、杂草、各种杂物。集中池和回水池应在每次采收结束后及时清洗消毒。使用的工器具应清洁消毒后才可投入使用。

十、常见问题及解决方案

螺旋藻培养过程中常见问题有轮虫污染、暴雨天气及其他质量问题等。

（一）轮虫污染

目前，螺旋藻主要为户外开放式培养，食藻低级动物如轮虫的爆发是螺旋藻培养中的一大问题。常见的处理方法有物理法和化学法两种。物理法是利用轮虫个体较大的特点，在晚上停止搅拌后，轮虫上浮至培养液表面，与上浮的螺旋藻聚集到培养池一端，在聚集处形成红色片状虫斑，使用 80 目以上的筛网将轮虫滤出，这种方法可在一定程度上减轻虫害，但需要较多的人力和时间。化学法是利用硫酸铜、漂白粉、高锰酸钾等化学试剂杀灭轮虫后清洗培养池进行重新培养。这两种方法都存在缺陷，物理法过滤不彻底，部分成虫、幼虫和虫卵随着滤液返回培养池，一般在 4~5 d 内重新暴发。随着过滤次数的增加，暴发时间逐渐缩短，甚至过滤后的第二天就会大量繁殖导致培养失败，藻液在静止状态时水面呈现红色。

采用化学法虽然能长时间控制虫害，但会有一定的经济损失，且重新培养消耗时间和资金，致使生产成本增加；另外容易引入化学残留物，降低产品质量。有研究者使用浓度为 0.0055mg/L 的阿维菌素或 2g/L 的尿素对轮虫的防治起到了良好的作用，阿维菌素对螨类和昆虫具有胃毒和触杀作用，但对虫卵无效。另有研究者发现硫酸铜浓度达到 1~2mg/L 即可抑制轮虫生长，如果轮虫和原生动物数量较大，用药剂量可增加到 2~2.5mg/L，但存在铜元素在微藻细胞内部富集的问题。在生产实践中用 0.2g/L 左右的碳酸氢铵，能够迅速杀灭轮虫，减少其对生产的危害。该方法需严格控制时间与浓度，避免对螺旋藻造成伤害。

（二）暴雨天气

螺旋藻细胞在培养液渗透压变化剧烈时容易破裂。正常情况下，螺旋藻培养液中各种盐类总成分在 10g/L 左右，但当遇到强降雨时，培养液盐度与 pH 迅速下降，需及时调节盐度来避免渗透压失衡而导致细胞破裂死亡。细胞内容物外泄后搅拌桨开启时会产生大量白色泡沫。此外，因暴雨天气而死亡的细胞造成培养液中有机质大量增加，导致轮虫及细菌孳生繁殖的可能性大幅增加，对产品品质和生产成本造成较大影响。

工厂选址应避免选择低洼地带。培养池池壁高于周围地面不少于 50cm，周边硬化，定期割除杂草，周边绿化树木与培养池保持至少 10m 距离并定期修剪。记录天气预报，提前采收降低培养水位，防止暴雨导致池满溢出。暴雨结束后应及时捞除培养池中的树叶等杂物并撇除泡沫。暴雨来临时应停止搅拌，避免搅拌机电机烧毁和雷击损毁。通常搅拌桨叶片小于 15cm，搅拌桨叶片应选择对称设计，设计片数不少于 6 片，以达到减少搅拌机轴部磨损与延长使用寿命的目的。暴雨过后应及时恢复搅拌，混合均匀藻液与补充的营养盐。搅拌机在设计时，应尽量减少轴承部位润滑油污染，同时选用食品级以上规格的润滑油。暴雨结束后观察池中水位，避免搅拌桨混合后培养液外溢，适当排水以降低水位。根据监测的降雨量，及时补充小苏打和氯化钠，并快速恢复搅拌使之溶解，避免长时间渗透压失衡导致微藻细胞死亡。其他营养盐类根据降水量计算后补充。补肥量的计算方法分两种情况：一种情况是没有排放培养液就恢复搅拌，可以根据降雨量计算雨水体积，按补肥模式计算补肥量；另一种情况则是降雨过多，必须适当排放培养液才能恢复搅拌，这时计算补肥量就要考虑排放的培养液中营养损失问题。

$$m = \left[1 - \frac{a}{b}\right] \times c \times d \tag{7-1}$$

式中　m——补肥量；

　　　a——雨前培养液水深；

　　　b——雨后排水前水深；

　　　a/b——降雨稀释后培养液浓度占原浓度的比例系数；

　　　$\left[1-\dfrac{a}{b}\right]$——需要补肥的比例系数；

　　　c——排水后培养液体积；

　　　d——单位体积补肥比例。

（三）其他质量问题

铅是各类食品中均要求控制的关键安全指标，螺旋藻培养中避免铅超标的措施有：①采用水泥建造培养池时，应事先检测水泥中重金属铅的含量，尽可能使用铅含量较低的水泥，水泥池建造完成后应用饱和石灰水浸泡 10d 以上，以使水泥中铅释放出一部分；②培养生产用水应每年至少进行一次铅含量检测，以使其符合生活饮用水 GB 5749—2022 要求；③培养所用肥料，每批次均应收集厂家检验报告并且自检验证；④细胞漂洗是减少产品中重金属含量的有效方法，在生长中重金属吸附量较低，大量的重金属主要富集在细胞壁外，洗涤可大幅降低产品残留铅含量，洗涤时加一些冰乙酸，降低洗涤液 pH 后洗涤除铅效果更好。

灰分产生的原因主要是生产用水不够洁净、外界泥沙进入培养池、细胞表面盐分未洗脱干净等。控制措施如下：①生产用水如果泥沙过多时，应经沉淀与适当过滤后再使用；②使用母液碱地区或风沙较大地区，采收时应使用除沙器除沙后再烘干；③精确补肥，使用 CO_2 补碳，减少碳酸氢钠等肥料用量；④培养池周边建设围墙，风沙大地区在沙尘暴来临时及时覆盖薄膜；⑤细胞漂洗，去除细胞外的盐分。洗涤架的长短、洗涤量的多少、洗涤程度和次数均影响洗涤效果。洗涤干净的同时要注意不能过度洗涤，否则将造成细胞吸水膨胀破裂，流失营养成分；⑥采收环节应使藻泥尽可能降低含水率至90%左右，应经过充分的沥水或采用带式吸滤机，减少藻泥中所含营养盐成分。

第二节　小球藻的开放式培养

小球藻属于单细胞真核微藻，是绿藻门、绿球藻目、小球藻科中一个重要的属，包括约10个种。蛋白核小球藻是目前列入我国新食品原料目录的小球藻种，为细胞直径 $3\sim8\mu m$ 的球形单细胞微藻，自然界中主要生长在有机质丰富的淡水湖泊、池塘和水田中。

小球藻具有良好的耐高温高光的特性，能够在42℃与高光照下良好生长。小球藻培养技术分为户外大池规模化培养和封闭式发酵罐培养。小球藻户外规模化生产主要有两种模式，一种是利用户外圆池培养；另一种是跑道池进行培养；也有一些企业使用玻璃管道进行培养。通常加入乙酸作为碳源，使细胞进行兼性营养来获取更高的生物质。

一、藻种选育及保存

小球藻生长环境是近中性的淡水培养，在户外大池中易受外界污染，因此整个生产期需要一直保持小球藻种源的供给能力，生产中一旦遇到食藻微生物暴发等情况，可迅速接种重新生产。小球藻种通常从室内纯培养开始，可野外取样分离或从藻种保藏库订购。当为野外采集时，需经藻种鉴定后才可用于食品工业生产。藻种保存遵循"传代培养为主，平板保存为辅"的原则。应选择生长速度快、细胞较大、细胞结构完整的藻株作为备选藻种。

二、藻种驯化

小球藻藻种的驯化采取的策略与螺旋藻大致相同，但由于小球藻不具有极端微藻的特性，在进入大池前藻种应尽量单一，以避免杂藻干扰正常生产。通常使用管式光生物反应器、鼓泡气升式光生物反应器或袋式光生物反应器来进行藻种驯化。具体操作过程大致如下。

实验室光生物反应器或玻璃缸或塑料桶中培养，培养条件为光照强度 $5000\sim8000lx$，温度 (28 ± 2)℃，通入无菌空气，密闭培养。培养液浓度 A_{680} 通常达到2.0以上后接种至室外光生物反应器中，接种后 A_{680} 应不低于0.5，自然光照。经 $5\sim7d$ 培养，待 A_{680} 至3.0以上时可认为完成光强和温度适应驯化。将驯化好的藻种接入开放式小型户外池中进行培养，接种浓度 A_{680} 应达到1.0，经 $3\sim5d$ 培养，待 A_{680} 达到2.0以上之后再逐级放大，实现生产。由于小球藻易受食藻动物等的污染，开放式培养过程中应注意保持较高的藻浓度，保持种群优势。

三、厂址选择

厂址选择与上一节介绍的螺旋藻培养类似，除不需考虑母液碱外，其他与螺旋藻厂址选择所考虑的因素基本相同。需要注意的是,小球藻培养用水由于不能持续循环利用,用水量更大,厂址选择应特别注重水源。我国小球藻户外大池规模化培养地区主要分布在海南、台湾、江苏、广东等温度较高、光照充足的区域。

四、培养工艺与基质

小球藻的培养工艺流程与螺旋藻类似。小球藻培养多使用 BG11 培养基,因小球藻具有较强的耐氨性,通常使用尿素或碳酸氢铵作为氮源。生产中使用的小球藻培养基配方见表 7-3,乙酸作为碳源和生产过程中调节 pH 的原料,其使用量视生产过程中实际需要量而定,没有作为配方单独列出。

表 7-3 小球藻培养基配方

化学成分	用量/(g/L)	化学成分	用量/(g/L)
脲	0.5	K_2HPO_4	0.30
$MgSO_4 \cdot 7H_2O$	0.20	$FeSO_4 \cdot 7H_2O$	0.01
氯化钙	0.10		

小球藻最适生长 pH 在 7.5~8.5,培养中培养液的 pH 不断升高,不加调节时可达到 9.0 以上,大池规模化培养过程中通常进行酸度调节,以保持最佳生长状态。多选择乙酸作为小球藻酸度调节剂,少数企业选择二氧化碳作为酸度调节剂,同时起到补充碳源的作用。

五、培养池准备

可以利用跑道池培养小球藻,因小球藻无鞭毛或气囊结构而容易沉降,需配备更强的搅拌系统,同时减少培养池搅拌死角,培养液流速 0.3~0.5m/s,采取较短长度的培养池(小于 60m)、增加搅拌桨片数、增加引流板、扰流堆等措施使培养液产生更大湍流。

圆形池在日本、印度尼西亚和我国台湾地区的小球藻培养中得到了广泛应用,圆形池搅拌桨底部带有刮刀,培养液深度可在 5~1.2m,文献报道的最大培养池直径为 50m,折合面积近 2000m²。搅拌臂过长不利于搅拌效率。

在小球藻的培养过程中通常需要添加乙酸,无光照的夜晚需停止添加以避免细菌等微生物过度生长。这种培养模式下微生物含量通常较高,培养液一般难以循环利用。与跑道池相比,圆形池具有培养深度大、培养效率高、搅拌效果好(如底部刮刀可以有效防止因重力下沉导致积累在池底而造成细胞死亡)、污染相对较小、能耗低等优点。

六、营养液配制

小球藻的培养模式为流加培养,一种是只流加乙酸,另一种是除乙酸外同时加有其他营养盐。配制乙酸不可使用水泥池以防腐蚀,乙酸流加以不损伤微藻细胞为前提,同时达到调节培养液 pH 的目的。

七、藻种接种

接种前,培养池应经过彻底清洁和消毒,培养池的消毒可以使用浓度为 100mg/L 以上有效氯水溶液浸泡 2~3d，然后用清水冲净。接种前培养池先注入清水，添加营养盐，经过充分的搅拌溶解，接种前通常不需要调节 pH，接种浓度 A_{680}>1.0，通常选择晴天早晨接种。接种后水位深度不低于 20cm，水温 15~35℃，接种后培养基 pH 升至 8.5 以上时流加乙酸调节 pH。

八、培养过程管理

一般需对培养池编号并按采收计划分组管理。培养深度不宜超过 30cm，培养液微藻细胞浓度不宜过高，通常细胞干重 1g/L 以下，以免细胞老化影响藻粉品质。监测指标包括显微镜观察、碳源检测、氮源检测、磷源检测、pH 检测、记录水位、记录降水量、观察藻液变化。

扩池后至采收为一个周期，夏季采收周期一般为 5~7d，深秋季节为 10~15d。在采收前进行 N、P 含量测定，采收后根据 N、P 浓度确定补肥的种类和数量。培养过程中每个周期选取每个小组中正常培养的一个池子测定其 N、P 浓度，其他营养盐根据 N、P 含量按比例补充。培养过程中水位控制在 25~35cm，每天监测培养池水位变化适当补水。因下雨导致培养水位增加时，根据变化情况和检测结果补充肥料，通常上午 8 点至下午 5 点有日照期间持续流加乙酸，使培养液 pH 始终处于最适范围。

每天定时巡查培养池，观察水位有无异常降低，异常降低时应及时寻找泄漏点并修补。清晨在开启搅拌机前应观察池子死藻聚集侧，确认微藻细胞状态及有无虫害发生，如出现红色斑块或油膜状态时应取样显微观察，确认发生虫害后应及时采取措施。虫害控制主要以预防为主，方法与第一节螺旋藻培养类似。

每日取每组中至少两个池或藻相有异常的培养池中藻液进行显微观察，检查细胞是否正常、微藻细胞是否发生聚集及有无虫害。观察小球藻时可先 100 倍下观察藻液整体情况，再使用盖玻片压片 400 倍下观察，如每滴藻液中含有 3 个以上轮虫时应采取杀灭措施，当藻液中有较多纤毛虫、鞭毛藻或嗜小球藻弧菌时应及时采收。

培养池每天均需搅拌，根据光照、气温、补肥及其他因素决定搅拌时间和时间间隔。夏季参考搅拌时间：从早上 8 点到晚上 6 点；深秋低温或阴天时搅拌参考时间：早上 9 点到 10 点，11 点到下午 2 点，下午 3 点到 5 点；暴雨或雷雨时停止搅拌，待雨停后恢复搅拌。

确定采收小组，采用分块区域采收模式，从而保证每块区域培养池生长状况基本一致。监测培养池藻液浓度，当 A_{680}≥2.5 时再对其进行采收，采收时有病虫害的培养池应全部采收，无病虫害发生的培养池可以采收 1/3~1/2。培养液经采收渠道或管道放流至藻液集中池，再经泵送至离心房。首先用 300 目滤布除去杂质，后使用碟片离心机进行逐级浓缩分离，分离过程中应补充足够清水以洗脱杂菌和培养基盐分。严格控制采收速率，保证藻泥烘干正常进行以避免出现藻泥异味。分离后的培养液通常不宜循环使用，而是输送到污水处理站。

厂区应与周边环境有围墙分隔，厂区内避免饲养动物。生活区与生产区分隔应明确，生产区域和培养区内禁止吸烟，生产厂区域需要配备垃圾桶并制定清理制度。培养池边周边硬化，避免地面有积水、杂草以及各种杂物。集中池和回水池应在每次采收结束后及时清洗消毒。培养过程中使用的工器具应清洁消毒后才可投入使用。

九、常见问题及解决方案

小球藻培养过程中常见问题是培养液外源微生物的控制，介绍如下。

马勒姆杯棕鞭藻（*Poterioochromonas malhamensis*）是一种广泛分布的兼性营养型浮游生物，

是小球藻培养中最常见的外源原生动物之一，可导致小球藻细胞浓度迅速下降，最适生长温度25℃，喜弱酸环境，在光照下捕食能力较强，能摄食小球藻，导致培养液颜色由绿色变为棕黄色，同时伴有臭味。有研究表明，当其浓度达到 5×10^5/mL 以上时，小球藻细胞浓度与马勒姆杯棕鞭藻的浓度比为（15~30）:1 时，便可导致小球藻细胞浓度显著下降。通入空气和二氧化碳混合气体，控制培养液 pH（6.5±0.2）时，能有效防止马勒姆杯棕鞭藻和其他原生动物污染。通过提高小球藻的生长速率、降低 C/N 比以及碳水化合物含量都可减轻马勒姆杯棕鞭藻对小球藻的捕食。

纤毛虫适宜生长的温度为 0~35℃，但最适温度范围比较窄，为 10~25℃，可在有机质丰富的水体中大量繁殖。纤毛虫类原生动物是危害小球藻正常培养的主要食藻微生物，其主要有寡毛双眉虫、尾丝虫、四膜虫、肾型虫等，纤毛虫耐氨能力强，生产上杀灭轮虫的办法对纤毛虫效果不理想。有研究表明，使用 10mg/L 的铜离子处理跑道池培养的小球藻，可以彻底根除肾形虫；10mg/L 的有效氯浓度可以清除 95% 的肾型虫；20mg/L 的硫酸奎宁可以杀灭 85% 的肾型虫。在实验室水平利用 40mg/L 的十二烷基硫酸钠结合 2L/min 的通气量，反复处理三次，可以去除 96% 的纤毛虫。使培养液长时间保持在 pH 6.0 或通入二氧化碳使 pH 保持在 6.5 也可杀灭纤毛虫。

轮虫、钟虫、变形虫均属于对氨敏感虫类，可使用螺旋藻杀灭轮虫的方法去除。*Vampirovibrio C. vorus* 是一种掠食性弧菌，细胞直径 0.3~0.6μm，又称嗜小球藻弧菌，降雨时可随穿越空气的雨滴进入小球藻培养系统。*Vampirovibrio C. vorus* 在 32~35℃ 时容易暴发，与小球藻最适生长温度接近，其通过鞭毛附着到小球藻细胞壁上，然后经过Ⅳ型分泌系统向小球藻细胞内导入水解酶和 DNA，导致小球藻死亡，在 24~48h 小球藻培养液颜色由绿色变为棕褐色至黑色，水体发黑发臭。有研究者通过盐酸调节培养液 pH 迅速由 7.5 降至 3.5，后使用乙酸维持 pH 3.5 约 15min，再用氢氧化钠调 pH 升至 7.5。使小球藻细胞感染率超过 70% 的培养液在 12h 内消除感染症状，培养液恢复正常，总菌数下降两个数量级。然而该方法对于户外培养中高达几百吨甚至上千吨的培养液来说，使用上有一定局限。*Vamprirovibrio C. vorus* 的潜伏期为 7~9d，暴发期 1~2d，因此一旦发现 *Vamprirovibrio C. vorus* 暴发需立即采收或采取其他措施缓解或消除感染。有研究使用 2mg/L 的杀菌剂苯扎氯铵处理感染了 *Vamprirovibrio C. vorus* 的小球藻液，培养时间可长达 22d 或更长。

当保持培养液温度低于 32℃ 且避免淋雨时，可有效避免 *Vamprirovibrio C. vorus* 暴发。每次培养结束后使用氯化物消毒剂彻底消毒，也可有效减少 *Vamprirovibrio C. vorus* 暴发。培养过程中有效监测 *Vamprirovibrio C. vorus*，也有助于及时采取措施防止暴发。通过控制包括飞鸟和地面动物进入场区，也有助于防止致病菌污染培养液。

户外开放池小球藻培养过程伴随有大量的杂菌、有害菌等，经三次以上循环利用的培养液中，总菌数量可达 10^7/mL 以上，对产品质量造成较大影响。

第三节 盐藻的开放式培养与胡萝卜素生产

盐藻即杜氏藻，商业培养的为盐生杜氏藻，属于绿藻纲、团藻目、杜氏藻属，盐藻形态上类似于衣藻，为单细胞绿藻，通常为卵形，长 8~25μm，宽 5~15μm，具有 5~15μm 的两根等长鞭毛，可运动，无细胞壁，细胞由多糖蛋白复合物细胞膜包裹，表面有黏性覆盖层。当渗透压发生变化时细胞形态与大小随之改变。在不同渗透压下细胞可呈卵形、球形、圆柱形、椭圆形、梨形、纺锤形等。当环境不利时，常变为球形。在盐田蒸发池中可见到这些红色群体的存在。盐藻主要用作天然 β-胡萝卜素的生产藻株。β-胡萝卜素和黄体素是主要的类胡萝卜素，此外还有 α-胡萝卜素、顺式-γ-胡萝卜素、花药黄素、紫黄素、玉米黄素、新黄质、5,6-环氧黄体。盐藻积累 β-胡萝卜素的条件包括强辐射、较高的温度、高盐、低营养和低溶氧，不利条件的叠加可促进色素积累，最佳诱导条件下，β-胡萝卜素可占细胞干重的 10% 以上，但在大规模生产条件下通常难以达到，非诱导条件下，盐藻的 β-胡萝卜素含量仅约 0.3%。盐藻积累的 β-胡萝卜素位于类囊体内油状小体中，主要有两种立体异构体——全反式和 9-顺式，它们的比例与光强有关，光强越强，9-顺式-β-胡萝卜素比例越高。9-顺式-β-胡萝卜素在疏水溶剂中溶解容易，结晶困难，通常以一种油状物出现，而全反式-β-胡萝卜素容易结晶。

盐藻比较适合户外开放式培养。盐藻对高温、高盐和强光均有较高的耐受能力，培养系统不易受到竞争性微生物威胁，较易实现单种培养。培养液的配制只需在一定浓度海水中加入氮、磷、碳、铁等少量无机营养盐，而不需加入其他有机物质，培养成本低。光能利用率高，可利用卤水中二氧化碳或碳酸氢根离子做碳源。不仅可利用浓缩海水还可以利用地下卤水和盐湖卤水。

一、藻种选育及保存

不同盐藻株的 β-胡萝卜素合成积累能力不同。需持续筛选户外生产中生长良好、β-胡萝卜素含量高的藻株。通常可直接比较不同藻株同等细胞浓度下的培养液颜色（如绿色、黄色、橙色、红色）来初筛高色素含量藻株，然后进一步对每升培养物的类胡萝卜素含量、类胡萝卜素与叶绿素的比值、细胞生长速度及单位体积的细胞密度等进行分析。在优化培养条件下，培养液为红色，每个细胞积累的 β-胡萝卜素达 30 pg，类胡萝卜素含量在 20mg/L 以上，类胡萝卜素量与叶绿素量的比值在 7 以上，细胞生长速度 K 值（每天分裂次数）在 0.5 以上，群体密度达 10^6 细胞/mL，作为优良藻株的选择参考指标。藻种保存同小球藻。

二、厂址选择

高光强、高温度、高盐、低营养和低溶氧可促进盐藻色素的积累。盐藻对温度的耐受性较强，我国南方地区气候常年温暖，生产周期长。但南方降水量大，特别夏秋之间，阴雨连绵，光照不足，暴风雨季节，常使生产中断，雨水大量入池，渗透压变化，容易导致细胞破裂。因此优选场所应是南方降雨量少、温度高、光辐射强、常年日照充足区域。生产地选择还应优选海边或盐田、井盐田或盐湖附近，以便补给海水或卤水。同时还要考虑将盐藻培养池建在地势平坦、排水便利的地方。

三、培养工艺与基质

通常根据当地卤水资源的具体情况，适当调整营养盐含量来获得培养液。海水浓缩后的卤水所含的各种金属元素基本能满足盐藻生长的需要，通常只需添加 N、P、C、Fe 元素。而天然盐湖一般则需补充 Mg 元素。盐藻虽可利用硝态氮、氨态氮、尿素等氮源，但氨态氮对盐藻细胞有一定毒害，特别是培养液 pH8 以上时细胞毒性更强。硝酸盐促生长效果最好，但价格较高且存在管控限制，通常使用价格较低的尿素代替硝酸盐培养盐藻，特别是在使用强海水、卤水为培养基时效果较好。高氮有利于盐藻的生长繁殖，低氮则促进胡萝卜素积累。较低的磷浓度既可维持盐藻最佳的生长速率，也可获得较高的胡萝卜素产量。在培养池中磷酸盐与 Ca^{2+} 共同存在，易形成磷酸钙沉淀，特别是 pH>8 时，使微藻细胞絮凝，低浓度的磷又使生长速率下降，这种情况在大面积培养中时常出现。因此，建议在大面积培养时对磷浓度进行检测，使其保持相对较低的浓度。大规模培养中需持续供给可溶性无机碳以维持盐藻的最佳生长速率。无机碳最常用的供给方式是通入 CO_2 气体。使用 $NaHCO_3$ 也是供给无机碳源的一种方式。Fe 是盐藻生长所必需元素，在盐藻培养中通常需要补加一定量的 Fe。多使用 Fe-EDTA 和柠檬酸铁，适宜于盐藻生长的铁浓度为 0.2~2mg/L。人工配制的培养基通常还要加入 Cu、Zn、Mn、Co、Mo、B 等微量元素。

盐藻生长的光补偿点约为 23μmol/（$m^2 \cdot s$），光饱和点约为 500μmol/（$m^2 \cdot s$），光照越强越利于胡萝卜素积累。盐藻可适应较宽的温度范围，冰点至 45℃高温下盐藻细胞均能保持生长活力，但在极端温度下生长基本停滞，盐藻培养适宜温度为 25~35℃。盐藻对极端温度的耐受能力随色素含量的升高而增强。盐藻可适应较宽的 pH 范围，在 pH 1~11 内均能保持生长活力，生长最适宜的 pH 为 7~9。当培养液中 Ca^{2+} 含量超过 1mmol/L 时，应避免 pH 超过 8 导致钙盐沉淀造成盐藻絮凝。培养液未控制 pH 条件下白天有可能超过 10，通常使用控制系统维持培养液 pH 在最佳范围内。pH 控制系统由计算机监控，控制 pH 自动调节仪，当 pH 升至预定值时通入 CO_2 气体，当 pH 降至预定值时停止 CO_2 供应。该系统同时可为盐藻细胞生长提供碳源。

盐度与盐藻生长和胡萝卜素积累有密切关系。野外培养盐藻受蒸发和降雨的影响，卤水盐度经常发生变化。低盐度有利于盐藻的生长，高盐度则有利于胡萝卜素的积累。盐生杜氏藻最适盐度 6%~9%。当盐度升高时胡萝卜素在盐藻内可快速积累，盐度从 15%提高到 25%，4~5d 内，盐藻中胡萝卜素含量即增加；盐度降低后盐藻细胞内胡萝卜素降解相对较慢，这一特征有利于盐藻 β-胡萝卜素生产，尤其是雨季生产。

盐藻 β-胡萝卜素合成所需的条件与生物量生产所需条件存在矛盾，如在培养基中加 5mmol/L 硝酸盐，有利于获得高生物量产量 [20g DW/（$m^2 \cdot d$）]，但在此条件下，细胞的 β-胡萝卜素含量仅为 0.3%~0.5%，而在 0.5mmol/L 硝酸盐培养液中，β-胡萝卜素含量可达 5%以上，但在此条件下，生长受到限制；对 NaCl 的要求相反，高 NaCl 下有利于 β-胡萝卜素积累，不利于生长。

在盐藻的大规模生产中有一步法和二步法（两阶段培养）两种不同培养方式。所谓一步法，即采用亚适盐度，整个培养过程没有绿色阶段，细胞密度一般达到 1g/L，胡萝卜素的含量 50mg/L。此法相对简单，为生产上常采用的方法。

二步法即首先在有利于生长的条件下（如 60~150g/L NaCl、营养盐丰富）获得最大生物量产量，称为绿色阶段，然后转入含 250g/L NaCl、低营养盐的培养液中有利于 β-胡萝卜素合成的橙色阶段。但在实际生产中，大量转移细胞培养物在技术和成本上均有一定困难。所以，要通过实验计算出培养池和生产池的培养周期和培养池面积比例，并进行优化组合，以便充分发挥两阶段培养方式的优势，提高生产效率。培养过程中生物量、营养盐浓度、胡萝卜素含量的检测要及时。在把藻液从生物量培养池转移至微藻细胞胡萝卜素积累生产池时需要流量大、对微藻细胞无伤害的水泵,所以两阶段培养方式对技术、设备要求较高。如图7-4所示为盐藻培养工艺流程。

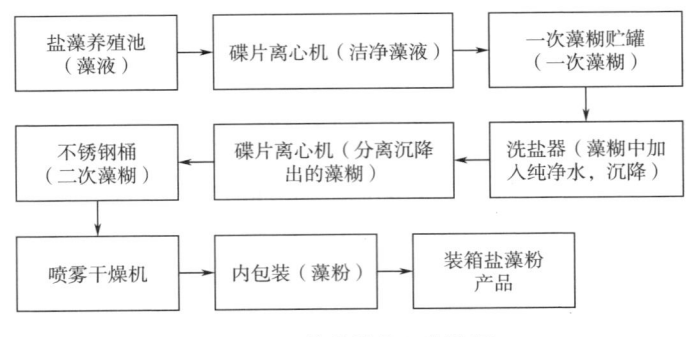

图7-4 盐藻培养工艺流程

四、培养池准备

盐藻商业生产系统大致分为两种类型,粗放式生产系统和跑道池生产系统。粗放式生产系统是在海边或盐湖边建立大培养池,不设置搅拌系统,主要依靠风力和对流混合培养液,这种系统的生产率低,但生产成本也低。跑道池生产系统是当前比较普遍采用的生产系统,与小球藻和螺旋藻培养设施类似,它由1个或多个生产单元组成,每个单元的面积在$1000 \sim 4000 m^2$。每个池装有若干个搅拌装置,维持培养液流速至少10cm/s,便可充分混合培养液、排除氧气与防止微藻细胞沉降分层。

如图7-5所示,盐藻培养多采用跑道池,池面为砖、混凝土或是压实的土,塑料膜衬里。池子面积与培养方法有关,一般带有搅拌的精养池面积为$1000 \sim 4000 m^2$,而没有搅拌的粗放式培养池面积可达$50000 m^2$,甚至更大。搅拌系统可防止细胞的沉降和热量的层积,保持营养盐的均匀分布与氧气的释放。由于盐藻无细胞壁且带有鞭毛结构,对剪切力较为敏感,因此生产中多采用轮式搅拌系统。

彩图7-5

图7-5 跑道式培养池

五、采收

盐藻培养液盐度高而具有较高的浮力,加上无细胞壁与培养液生物质低的特点,相比螺旋藻或小球藻,盐藻采收对设备的需求与能耗均更高。絮凝浮选在许多国家已成功地用于盐藻的采收,但需注意絮凝剂对盐藻下游应用的影响。离心是目前采收盐藻主要采用的方法,采收率达90%以上。该方法的优点是分离效率高,产品纯净;缺点是需要昂贵的设备投资和运行费用,对分离条件及分离设备要求比较高。近几年国内已发展出膜过滤采收盐藻的方法,该方法对细胞损伤小,采收后的盐藻细胞完整,胡萝卜素损失小,采收回收率高,将成为盐藻采收的主要趋势。采收后含较高水分的藻浆一般采用离心式喷雾干燥、固定流化床干燥或真空机干燥等方式进行脱水干燥,干燥后的藻粉呈微小颗粒状,为防止胡萝卜素氧化,可采用惰性气体,如N_2、CO_2等进行保护。干燥后的藻粉送入提取工段。

六、常见问题及解决方案

在培养池中通常存在少量的嗜盐菌、阿米巴虫、纤毛虫等。特别在炎热时期,当培养液温度超过38℃时,应加强池中管理,严格控制盐度和温度。大部分商业性盐藻培养采用在封闭的控制系统中循环使用卤水,采收后培养液返回培养池,一些藻的碎片和甘油也回到池子中,因此使用大孔树脂等对培养液进行净化处理非常必要。对盐藻培养产生危害的微生物主要有嗜盐菌、纤毛虫、卤虫、阿米巴幼虫、真菌以及杜氏藻类属的其他种类如 *D. viridis*,其中危害最大的是卤虫、阿米巴幼虫等。为防止这些生物污染对盐藻培养产生不利影响,培养液需事先过滤或经化学药物处理,发现污染危害后可快速提高盐度至3mol/L以上,一般可防止变形虫的出现。

主要采取的预防措施有:
①保持种源清洁干净,在现场设立二级保种;
②培养池所用培养基进行消毒处理,使用前镜检确保无污染;
③严格监测与控制培养液盐度;
④固定每个培养池所用器具,防止交叉污染;
⑤每天镜检监测培养液情况。

七、胡萝卜素提取

目前,国内外所使用的从盐藻中提取胡萝卜素的工艺主要有三种:超临界二氧化碳萃取、植物油萃取及有机溶剂萃取。有机溶剂萃取采用石油醚等有机溶剂萃盐藻粉,萃取液经蒸发、浓缩、过滤等操作,得到胡萝卜素粗晶体。粗晶体经进一步纯化可得到含胡萝卜素90%以上的产品。该工艺的特点是可获得高含量的产品,但工艺流程较为复杂,生产成本较高,产品易残留有机溶剂污染。植物油萃取多采用玉米油、花生油等与盐藻粉混合加热至一定温度,经均质使胡萝卜素溶于植物油中,经离心分离藻渣可得到胡萝卜素油剂产品。植物油提取因工艺简单、无有机物污染、产品形式天然,而成为盐藻胡萝卜素提取优选工艺。该工艺可根据用户需要,提供含胡萝卜素含量1%~30%的系列油悬浮液产品。这些产品可用于脂基食品干酪、黄油、冰淇淋等的着色,也可改性为水溶性产品用于水基食品的着色。超临界二氧化碳萃取工艺复杂,设备价格昂贵,但可获得高纯度且无有机溶剂污染的胡萝卜素产品。

思考题

1. 通过比较本章三种微藻的培养实例,分析微藻的极端环境耐受能力对大规模培养的影响。
2. 结合前面章节,试分析三种微藻用作食品原料时的最适采收方法。
3. 从环保的角度,试分析哪种微藻的培养对环境影响较大?

附录

常见微藻培养基

1. AF-6 培养基

AF-6 培养基是一种培养蓝藻的培养基,广泛应用于需要微酸性培养基的藻类。它已被用于培养团藻属藻类(*Carteria*、*Gonium*、*Chlorogonium*、*Pandorina*、*Paulschulzia*、*Platydorina*、*Pleodorina*、*Pteromonas*、*Pseudocarteria* 以及某些团藻属的藻种)、双鞭藻属(*Eutreptia*)等。半强度 AF-6 培养基可用于淡水鞭毛藻等微藻的培养。原液的制备:首先加入 950mL dH_2O,先将 2-吗啉乙磺酸(MES)溶解,接着再加入其他试剂(附表 1),最终将溶液体积定容至 1L,pH 调整为 6.6,采用高压蒸汽灭菌。

附表 1　　　　　　　　　　AF-6 培养基成分

成分	母液/(g/L dH_2O)	用量	终浓度/(mol/L)
MES	—	400mg	2.05×10^{-3}
柠檬酸铁	2	1mL	8.17×10^{-6}
柠檬酸	2	1mL	1.04×10^{-5}
$NaNO_3$	140	1mL	1.65×10^{-3}
NH_4NO_3	22	1mL	2.75×10^{-4}
$MgSO_4 \cdot 7H_2O$	30	1mL	1.22×10^{-4}
KH_2PO_4	10	1mL	7.35×10^{-5}
K_2HPO_4	5	1mL	2.87×10^{-5}
$CaCl_2 \cdot 2H_2O$	10	1mL	6.80×10^{-5}
微量金属溶液		1mL	—
维生素溶液		1mL	—

(1)微量金属溶液　制备微量金属溶液原液,将 EDTA 加入 950mL 的 dH_2O 进行溶解,接着将金属试剂溶解,再加入 1mL $CoCl_2 \cdot 6H_2O$、$Na_2MoO_4 \cdot 2H_2O$ 的两种溶液,最终使用 dH_2O 将溶液体积定容至 1L(附表 2)。

附表2　AF-6的微量金属成分

成分	母液/(g/L dH$_2$O)	用量	终浓度/(mol/L)
Na$_2$EDTA·2H$_2$O	—	5.00g	1.34×10^{-5}
FeCl$_3$·6H$_2$O	—	0.98g	3.63×10^{-6}
MnCl$_2$·4H$_2$O	—	0.18g	9.10×10^{-7}
ZnSO$_4$·7H$_2$O	—	0.11g	3.83×10^{-7}
CoCl$_2$·6H$_2$O	20.0	1mL	8.41×10^{-8}
Na$_2$MoO$_4$·2H$_2$O	12.5	1mL	5.17×10^{-8}

（2）维生素溶液　将硫胺素（维生素B$_1$）加入并溶解于950mL dH$_2$O中，接着另外三种维生素溶液各加入1mL，使用dH$_2$O将溶液体积定容至1L（附表3），进行过滤除菌，杀菌完成之后需要进行冷藏。

附表3　AF-6的维生素成分

成分	母液/(g/L dH$_2$O)	用量	终浓度/(mol/L)
硫胺素（维生素B$_1$）	—	10mg	2.96×10^{-8}
生物素（维生素B$_7$）	2.0	1mL	8.19×10^{-9}
吡哆醇·盐酸（维生素B$_6$）	1.0	1mL	5.91×10^{-9}
钴胺素（维生素B$_{12}$）	1.0	1mL	7.38×10^{-10}

2. BG-11培养基

BG-11培养基（BG-11 medium for blue green algae）又称蓝绿培养基或蓝绿水藻培养基，用于培养淡水水藻和原生动物，是培养蓝藻如细长聚球藻（*Synechococcus elongatus*）的良好培养基之一。培养基中硝酸盐提供藻种生长所需要的氮源，磷酸盐为缓冲液，其他成分主要用于维持均衡渗透压和提供微量元素（附表4）。取950mL dH$_2$O，加入NaNO$_3$溶解，再加入其他试剂，最终将溶液体积定容至1L。

附表4　BG-11培养基成分

成分	母液/(g/L dH$_2$O)	用量	终浓度/(mol/L)
柠檬酸铁溶液		1mL	
柠檬酸	6	1mL	3.12×10^{-5}
柠檬酸铁铵	6	1mL	3×10^{-5}
NaNO$_3$	—	1.5g	1.76×10^{-2}
K$_2$HPO$_4$·3H$_2$O	40	1mL	1.75×10^{-4}

续表

成分	母液/（g/L dH$_2$O）	用量	终浓度/（mol/L）
MgSO$_4$·7H$_2$O	75	1mL	3.04×10^{-4}
CaCl$_2$·2H$_2$O	36	1mL	2.45×10^{-4}
Na$_2$CO$_3$	20	1mL	1.89×10^{-4}
Na$_2$EDTA·H$_2$O	1.0	1mL	2.79×10^{-6}
微量金属溶液		1mL	—

微量金属溶液：取950mL dH$_2$O，加入EDTA等组分，将最终溶液体积定容至1L（附表5）。

附表5　BG-11的微量金属成分

成分	母液/（g/L dH$_2$O）	用量	终浓度/（mol/L）
H$_3$BO$_3$	—	2.860g	4.63×10^{-5}
MnCl$_2$·4H$_2$O	—	1.810g	9.15×10^{-6}
ZnSO$_4$·7H$_2$O	—	0.220g	7.65×10^{-7}
CuSO$_4$·5H$_2$O	79.0	1mL	3.16×10^{-7}
Na$_2$MoO$_4$·2H$_2$O	—	0.391g	1.61×10^{-6}
Co（NO$_3$）$_2$·6H$_2$O	49.4	1mL	1.70×10^{-7}

3. BBM培养基

BBM培养基中的一些微量金属浓度比较高，但是不含有维生素。BBM培养基是许多藻类使用的培养基，特别是绿球藻（*Cladophora aegagropila*）、微囊藻（*Microcystis*）、丝状绿藻等。该配方不适用于需要维生素的藻类。BBM培养基可进行高压蒸汽灭菌，使最终pH为6.6（附表6）。

附表6　BBM培养基成分

成分	母液/（g/L dH$_2$O）	用量	终浓度/（mol/L）
NaNO$_3$	25.00	10mL	2.94×10^{-3}
CaCl$_2$·2H$_2$O	2.50	10mL	1.70×10^{-4}
MgSO$_4$·7H$_2$O	7.50	10mL	3.04×10^{-4}
K$_2$HPO$_4$	7.50	10mL	4.31×10^{-4}
KH$_2$PO$_4$	17.50	10mL	1.29×10^{-3}
NaCl	2.50	10mL	4.28×10^{-4}
碱性EDTA溶液		1mL	
EDTA	50.00	—	1.71×10^{-4}

续表

成分	母液/(g/L dH$_2$O)	用量	终浓度/(mol/L)
KOH	31.00	—	5.53×10^{-4}
酸化铁溶液		1mL	
FeSO$_4$·7H$_2$O	4.98	—	1.79×10^{-5}
H$_2$SO$_4$	—	1mL	
硼溶液		1mL	
H$_3$BO$_3$	11.42	—	1.85×10^{-4}
微量金属溶液		1mL	
ZnSO$_4$·7H$_2$O	8.82	—	3.07×10^{-5}
MnCl$_2$·4H$_2$O	1.44	—	7.28×10^{-6}
MoO$_3$	0.71	—	4.93×10^{-6}
CuSO$_4$·5H$_2$O	1.57	—	6.29×10^{-6}
Co(NO$_3$)$_2$·6H$_2$O	0.49	—	1.68×10^{-6}

KBBM 培养基（BBM+0.25%蔗糖+1.0%蛋白胨）是为一种与布尔沙利草茅外共生的类小球藻菌株而开发的培养基。

BBM+GA 培养基（BBM+1%葡萄糖+0.01mol/L 氨基酸水解物，例如，酪蛋白的酸水解物）或 0.01mol/L 氨基酸（例如，脯氨酸、谷氨酰胺或精氨酸）被用于地衣藻类的生长。

3NBBM+维生素培养基（含三倍硝酸盐的 BBM+三种维生素）被用于串珠藻的培养。维生素的添加：0.1525mg/L 硫胺素（终浓度 4.52×10^{-10} mol/L）；0.125mg/L 生物素（终浓度为 5.12×10^{-10} mol/L）；0.125mg/L 钴胺素（终浓度 9.22×10^{-11} mol/L）。

4. 硅藻培养基

硅藻培养基是为培养淡水硅藻双菱藻属（*Surirella*）而研发的一种培养基，但是其他硅藻物种也可以在此培养基中生长。硅藻培养基包含高浓度磷酸盐和土壤提取物。在 900mL 的 dH$_2$O 中加入其他物质，搅拌使其完全溶解，使用 dH$_2$O 将溶液定容至 1L，冷却后向溶液中加入维生素，调整 pH 至 6.75（附表 7）。

附表 7   硅藻培养基成分

成分	母液/(g/L dH$_2$O)	用量	终浓度/(mol/L)
Ca(NO$_3$)$_2$·4H$_2$O	70.85	1mL	3.00×10^{-4}
KH$_2$PO$_4$	54.44	1mL	4.00×10^{-4}
MgSO$_4$·7H$_2$O	24.65	1mL	1.00×10^{-4}
Na$_2$SiO$_3$	20mL，pH 8.5	5mL	$<3.00 \times 10^{-4}$
FeSO$_4$·7H$_2$O	0.278	1mL	1.00×10^{-6}

续表

成分	母液/（g/L dH$_2$O）	用量	终浓度/（mol/L）
MnCl$_2$·4H$_2$O	0.02	1mL	1.00×10^{-7}
土壤提取物	—	50mL	—
维生素溶液	—	1mL	—

注：Na$_2$SiO$_3$ 为质量分数 27% 的悬浊液，添加前搅动成均匀悬浊液后使用；土壤提取物是将干燥筛选的花园土置于试管底部（厚 1~2cm），加水至 3/4 后连续蒸煮 2d（每天蒸煮 1h），冷却 24h 后冷藏保存得到的液体。

维生素溶液：加入 950mL dH$_2$O，分别将 1g 的硫胺素、生物素、烟酸溶解，然后加入 1mL 钴胺素原液，并使用 dH$_2$O 将最终容积定容至 1L（附表 8），接着过滤除菌，冷藏。

附表 8　　硅藻培养基的维生素成分

成分	母液/（g/L dH$_2$O）	用量	终浓度/（mol/L）
硫胺素（维生素 B$_1$）	—	1g	2.97×10^{-6}
生物素（维生素 B$_7$）	—	1g	4.09×10^{-6}
烟酸（维生素 B$_3$）	—	1g	8.12×10^{-6}
钴胺素（维生素 B$_{12}$）	1	1mL	7.38×10^{-10}

5. F/2 培养基

F/2 培养基，又称 F2 培养基，是一种常规并广泛使用的通用型加富海水培养基，旨在用于培养沿海海洋藻类，特别是硅藻类，如三角褐指藻 *Bohlin*、中肋骨条藻以及金藻（*Chrysophyta*）等。F/2 培养基为长期、高密度藻类的培养提供营养，应用非常广泛。在 950mL 经过过滤的天然海水中，加入附表 9 中的成分。再用已过滤的天然海水将溶液的最终体积定容到 1L，采用高压蒸汽灭菌法灭菌。

附表 9　　F/2 培养基成分

成分	母液/（g/L dH$_2$O）	用量	终浓度/（mol/L）
NaNO$_3$	75.00	1mL	8.82×10^{-4}
NaH$_2$PO$_4$·H$_2$O	5.00	1mL	3.62×10^{-5}
Na$_2$SiO$_3$·9H$_2$O	30.00	1mL	1.06×10^{-4}
微量金属溶液	—	1mL	—
维生素溶液	—	0.5mL	—

（1）微量金属溶液　取 950mL 的 dH$_2$O，称取 FeCl$_3$·6H$_2$O、Na$_2$EDTA·2H$_2$O 进行溶解，加入其他试剂（附表 10），再使用 dH$_2$O 将溶液的最终体积定容至 1L。

附表10　　　　　　　　　　　F/2 的微量金属成分

成分	母液/(g/L dH$_2$O)	用量	终浓度/(mol/L)
FeCl$_3$·6H$_2$O	—	3.15g	1.17×10^{-5}
Na$_2$EDTA·2H$_2$O	—	4.36g	1.17×10^{-5}
MnCl$_2$·4H$_2$O	180.00	1mL	9.10×10^{-7}
ZnSO$_4$·7H$_2$O	22.00	1mL	7.65×10^{-8}
CoCl$_2$·6H$_2$O	10.00	1mL	4.20×10^{-8}
CuSO$_4$·5H$_2$O	9.80	1mL	3.93×10^{-8}
Na$_2$MoO$_4$·2H$_2$O	6.30	1mL	2.60×10^{-8}

（2）维生素溶液　加入950mL dH$_2$O，溶解硫胺素（维生素 B$_1$），加入1mL 生物素（维生素 B$_7$）和钴胺素（维生素 B$_{12}$）溶液，用dH$_2$O 将最终容积定容至1L（附表11），接着过滤除菌，冷藏。

附表11　　　　　　　　　　　F/2 的维生素成分

成分	母液/(g/L dH$_2$O)	用量	终浓度/(mol/L)
硫胺素（维生素 B$_1$）	—	200mg	2.96×10^{-7}
生物素（维生素 B$_7$）	1.0	1mL	2.05×10^{-9}
钴胺素（维生素 B$_{12}$）	1.0	1mL	3.69×10^{-10}

6. Chu#10 培养基

Chu#10 培养基是一种人工合成培养基，用来模仿自然界中的湖水，但是缺少螯合剂、维生素和除了铁之外的微量元素。Chu#10 培养基在绿藻、硅藻、蓝藻等多种微藻中应用广泛。磷酸盐浓度可以选择0.005g/L 和0.01g/L，可用硅酸盐水合物替代无水硅酸盐，用硝酸钙水合物替代无水硝酸钙。硝酸钙作为无机氮源，其他无机盐提供生长所必需的元素。

首先取950mL 的dH$_2$O，分别加入1mL 的附表12中各成分，并将溶液的体积定容为1L，然后进行高压灭菌。

附表12　　　　　　　　　　　Chu#10 培养基成分

成分	母液/(g/L dH$_2$O)	用量	终浓度/(mol/L)
Ca(NO$_3$)$_2$	40.0	1mL	2.44×10^{-4}
K$_2$HPO$_4$	5.0	1mL	2.87×10^{-5}
MgSO$_4$·7H$_2$O	25.0	1mL	1.01×10^{-4}
Na$_2$CO$_3$	20.0	1mL	1.89×10^{-4}

续表

成分	母液/(g/L dH$_2$O)	用量	终浓度/(mol/L)
Na$_2$CO$_3$	25.0	1mL	2.05×10^{-4}
FeCl$_3$	0.8	1mL	4.93×10^{-6}

(1) 半强度 Chu#10 培养基　从附表 12 的 Chu#10 培养基可以看出，Chu#10 培养基缺乏微量金属和维生素，对于某些敏感的寡营养生物来说，营养浓度有些高。半强度 Chu#10 培养基的配制，首先取 950mL 的 dH$_2$O，分别溶解附表 13 中各成分，将最终体积定容至 1L，然后进行高压灭菌。

附表 13　半强度 Chu#10 培养基成分

成分	母液/(g/L dH$_2$O)	用量	终浓度/(mol/L)
Ca(NO$_3$)$_2$	20.0	1mL	1.22×10^{-4}
K$_2$HPO$_4$	2.5	1mL	1.44×10^{-5}
MgSO$_4$·7H$_2$O	12.5	1mL	5.07×10^{-5}
Na$_2$CO$_3$	10.0	1mL	9.43×10^{-5}
Na$_2$CO$_3$	12.5	1mL	1.02×10^{-4}
FeCl$_3$	0.4	1mL	2.47×10^{-6}
微量金属溶液	—	1mL	—
维生素溶液	—	1mL	—

(2) 半强度 Chu#10 微量金属溶液　首先取 950mL dH$_2$O，分别加入 1mL 的附表 14 中各成分，并将溶液的体积定容为 1L。

附表 14　半强度 Chu#10 的微量金属成分

成分	母液/(g/L dH$_2$O)	用量	终浓度/(mol/L)
H$_3$BO$_3$	2.48	1mL	4.01×10^{-8}
MnSO$_4$·H$_2$O	1.47	1mL	8.70×10^{-9}
ZnSO$_4$·7H$_2$O	0.23	1mL	8.00×10^{-10}
CuSO$_4$·5H$_2$O	0.10	1mL	4.01×10^{-10}
(NH$_4$)$_6$Mo$_7$O$_{24}$·4H$_2$O	0.07	1mL	5.66×10^{-11}
Co(NO$_3$)$_2$·6H$_2$O	0.14	1mL	4.81×10^{-10}

(3) 半强度 Chu #10 维生素溶液　取 950mL dH$_2$O，先溶解 50mg 的硫胺素（维生素 B$_1$），分别加入 1mL 的生物素（维生素 B$_7$）、钴胺素（维生素 B$_{12}$）溶液，最后再用 dH$_2$O 将溶液的最

终体积定容至1L（附表15），接着过滤除菌，冷藏。

附表15　　半强度 Chu#10 的维生素成分

成分	母液/（g/L dH$_2$O）	用量	终浓度/（mol/L）
硫胺素（维生素 B$_1$）	—	50mg	$1.48×10^{-7}$
生物素（维生素 B$_7$）	2.5	1mL	$1.02×10^{-8}$
钴胺素（维生素 B$_{12}$）	2.5	1mL	$1.84×10^{-9}$

7. K 培养基

K 培养基是一种适合于海水和咸水藻类生长的寡营养海洋浮游植物生长的培养基。它所用的 EDTA 含量是普通海水培养基的 10 倍，这样就可以减少金属对海藻毒害的可能性。若生物体的生长不需要硅元素，则可省略硅酸盐溶液的加入，因为它会促进溶液的沉淀。为了获得最佳效果，应使用天然低营养海水。取 950mL 已过滤的天然海水，加入附表 16 中成分，并定容至最终体积达到 1L，采用高压蒸汽灭菌。

附表16　　K 培养基成分

成分	母液/（g/L dH$_2$O）	用量	终浓度/（mol/L）
NaNO$_3$	75.00	1mL	$8.82×10^{-4}$
NH$_4$Cl	2.67	1mL	$5.00×10^{-5}$
β-甘油磷酸二钠水合物	2.16	1mL	$1.00×10^{-5}$
Na$_2$SiO$_3$·9H$_2$O	15.35	1mL	$5.04×10^{-4}$
H$_2$SeO$_3$	0.00129	1mL	$1.00×10^{-8}$
Tris-碱（pH 7.2）	121.10	1mL	$1.00×10^{-3}$
微量金属溶液	—	1mL	—
维生素溶液	—	0.5mL	—

（1）微量金属溶液　首先取 950mL dH$_2$O，溶解适量的 EDTA，分别加入附表 17 中各成分，并将溶液的体积定容为 1L。

附表17　　K 培养基的微量金属成分

成分	母液/（g/L dH$_2$O）	用量	终浓度/（mol/L）
FeCl$_3$·6H$_2$O	—	3.150g	$1.17×10^{-5}$
Fe-Na-EDTA·3H$_2$O	—	4.930g	$1.17×10^{-5}$
Na$_2$EDTA·2H$_2$O	—	37.220g	$1.00×10^{-4}$
MnCl$_2$·4H$_2$O	—	0.178g	$9.00×10^{-7}$

续表

成分	母液/(g/L dH$_2$O)	用量	终浓度/(mol/L)
ZnSO$_4$·7H$_2$O	23.00	1mL	8.00×10^{-8}
CoSO$_4$·7H$_2$O	14.05	1mL	5.00×10^{-8}
CuSO$_4$·5H$_2$O	7.26	1mL	1.00×10^{-8}
Na$_2$MoO$_4$·2H$_2$O	2.50	1mL	3.00×10^{-8}

（2）维生素溶液　取950mL dH$_2$O，先溶解200mg的硫胺素（维生素B$_1$），再分别加入1mL的生物素（维生素B$_7$）、钴胺素（维生素B$_{12}$）溶液，最后用dH$_2$O将溶液的最终体积定容至1L（附表18），接着过滤、消毒、冷藏。

附表18　K培养基的维生素成分

成分	母液/(g/L dH$_2$O)	用量	终浓度/(mol/L)
硫胺素（维生素B$_1$）	—	200mg	2.96×10^{-7}
生物素（维生素B$_7$）	0.1	1mL	2.05×10^{-9}
钴胺素（维生素B$_{12}$）	1.0	1mL	3.69×10^{-10}

8. L1培养基

这种富集的海水培养基是基于F/2培养基设计的，但是额外添加一些微量金属，它是用于培养生长于海洋藻类的培养基。首先取950mL已过滤的天然海水，添加附表19中成分，然后使用过滤的天然海水使溶液定容至1L，溶液的pH应为8.0~8.2。

附表19　L1培养基成分

成分	母液/(g/L dH$_2$O)	用量	终浓度/(mol/L)
NaNO$_3$	75.00	1mL	8.82×10^{-4}
NaH$_2$PO$_4$·H$_2$O	5.00	1mL	3.62×10^{-5}
Na$_2$SiO$_3$·9H$_2$O	30.00	1mL	1.06×10^{-4}
微量金属溶液	—	1mL	—
维生素溶液	—	0.5mL	—

（1）微量金属溶液　取950mL dH$_2$O，加入附表20中各成分，并使用dH$_2$O将最终体积定容至1L。

附表20　L1培养基的微量金属成分

成分	母液/(g/L dH$_2$O)	用量	终浓度/(mol/L)
FeCl$_3$·6H$_2$O	—	3.15g	1.17×10^{-5}

续表

成分	母液/(g/L dH$_2$O)	用量	终浓度/(mol/L)
Na$_2$EDTA·2H$_2$O	—	4.36g	1.17×10^{-5}
MnCl$_2$·4H$_2$O	178.10	1mL	9.09×10^{-7}
ZnSO$_4$·7H$_2$O	23.00	1mL	8.00×10^{-8}
CoCl$_2$·6H$_2$O	11.90	1mL	5.00×10^{-8}
CuSO$_4$·5H$_2$O	2.50	1mL	1.00×10^{-8}
Na$_2$MoO$_4$·2H$_2$O	19.90	1mL	8.22×10^{-8}
H$_2$SeO$_3$	1.29	1mL	1.00×10^{-8}
NiSO$_4$·6H$_2$O	2.63	1mL	1.00×10^{-8}
Na$_3$VO$_4$	1.84	1mL	1.00×10^{-8}
K$_2$CrO$_4$	1.94	1mL	1.00×10^{-8}

(2) 维生素溶液　加入 950mL dH$_2$O，溶解 100mg 的硫胺素（维生素 B$_1$），分别加入 1mL 的生物素（维生素 B$_7$）、钴胺素（维生素 B$_{12}$）溶液，最后再用 dH$_2$O 将溶液的最终体积定容至 1L（附表 21），接着过滤除菌，冷藏。

附表 21　L1 培养基的维生素成分

成分	母液/(g/L dH$_2$O)	用量	终浓度/(mol/L)
硫胺素（维生素 B$_1$）	—	100mg	2.96×10^{-7}
生物素（维生素 B$_7$）	0.5	1mL	2.05×10^{-9}
钴胺素（维生素 B$_{12}$）	0.5	1mL	3.69×10^{-10}

参 考 文 献

[1] Singh J, Saxena RC. Handbook of Marine Microalgae[M]. New York: Academic Press, 2015.

[2] Dolganyuk V, Belova D, Babich O, et al. Microalgae: A promising source of valuable bioproducts[J]. Biomolecules. 2020, 10(8):1153.

[3] Metting FB. Biodiversity and application of microalgae[J]. Journal of Industrial Microbiology & Biotechnology, 1996, 17, 477-489.

[4] Jeffrey MG, Juergen EWP. Ultrahigh bioproductivity from algae. Appl. Microbiol[J]. Biotechnol, 2007, 76:969-975.

[5] Lehmuskero A, Chauton MS, Boström T. Light and photosynthetic microalgae: A review of cellular-and molecular-scale optical processes[J]. Progress in Oceanography, 2018, 168:43-56.

[6] Vecchi V, Barera S, Bassi R, et al. Potential and challenges of improving photosynthesis in algae[J]. Plants (Basel). 2020, 9(1):67.

[7] Yang X, Liu L, Yin Z, et al. Quantifying photosynthetic performance of phytoplankton based on photosynthesis-irradiance response models[J]. Environ Sci Eur. 2020, 32:24.

[8] Masojídek J, Koblizek M, Torzillo G. Handbook of microalgal culture: Applied Phycology and Biotechnology[M]. Second Edition. Oxford: Blackwell, 2013.

[9] Kumar A, Surojit Bera S. Revisiting nitrogen utilization in algae: A review on the process of regulation and assimilation[J]. Bioresource Technology Reports, 2020, 12:100584.

[10] Su Y. Revisiting carbon, nitrogen, and phosphorus metabolisms in microalgae for wastewater treatment[J]. Science of the Total Environment, 2021, 762:144590.

[11] Yaakob MA, Mohamed RMSR, Al-Gheethi A, et al. Influence of nitrogen and phosphorus on microalgal growth, biomass, lipid, and fatty acid Production: An Overview[J]. Cells, 2021, 10(2):393.

[12] Giordano M, Norici A, Ratti S, et al. Role of sulfur for algae: acquisition, metabolism, ecology and evolution[J]. Advances in Photosynthesis and Respiration, Springer, 2008, 27:397-415.

[13] Giordano M, Prioretti L. Sulphur and algae: metabolism, ecology and evolution. The Physiology of Microalgae[J]. Developments in Applied Phycology, Springer, 6:185-209.

[14] Shibagaki N, Grossman A. The state of sulfur metabolism in algae: from ecology to genomics. Sulfur metabolism in phototrophic organisms. advances in photosynthesis and respiration[J]. Springer, 2008, 27:231-267.

[15] Blaby-Haas CE, Merchant SS. The ins and outs of algal metal transport[J]. Biochim Biophys Acta. 2012, 823(9):1531-552.

[16] Blaby-Haas CE, Merchant SS. The Chlamydomonas Sourcebook[M]. Third Edition. New York: Academic Press, 2023, 167-203.

[17] Perez-Garcia O, Escalante FM, de-Bashan LE, et al. Heterotrophic cultures of microalgae: metabolism and potential products[J]. Water Res, 2011, 45(1):11-36.

[18] Nagarajan D, Lee DJ, Chang Js. Heterotrophic Microalgal Cultivation. Bioreactors for Microbial Biomass and Energy Conversion[J]. Green Energy and Technology. Springer, 2018, 117-160.

[19] Carone M, Corato A, Dauvrin T, et al. Heterotrophic Growth of Microalgae. Grand Challenges in Biology and Biotechnology. Springer, 2018, 71-109.

[20] Sompech K, Chisti Y, Srinophakun T. Design of raceway ponds for producing microalgae [J]. Biofuels, 2012, 3:387-397.

[21] Borowitzka MA. Culturing microalgae in outdoor ponds. Algal culturing techniques. Elsevier, 2005, 205-218.

[22] Chisti Y. (2016) Large-scale production of algal biomass: raceway ponds. Algae Biotechnology. Green Energy and Technology. Springer, 21-40.

[23] Craggs R, Sutherland D, Campbell H. Hectare-scale demonstration of high rate algal ponds for enhanced wastewater treatment and biofuel production [J]. Journal of Applied Phycology, 2012, 24: 329-337.

[24] de Godos I, Mendoza JL, Acién FG, Evaluation of carbon dioxide mass transfer in raceway reactors for microalgae culture using flue gases [J]. Bioresource Technology, 2014, 153:307-314.

[25] Hadiyanto H, Elmore S, VanGerven T, Hydrodynamic evaluations in high rate algae pond (HRAP) design [J]. Chemical Engineering Journal, 2013, 217:231-239.

[26] James SC, Boriah V. Modeling algae growth in an open-channel raceway [J]. Journal of Computational Biology, 2010, 17:895-906.

[27] Li Y, Zhang Q, Wang Z, et al. Evaluation of power consumption of paddle wheel in an open raceway pond [J]. Bioprocess and Biosystems Engineering, 2014, 37:1325-1336.

[28] Liffman K, Paterson DA, Liovic P, et al. Comparing the energy efficiency of different high rate algal raceway pond designs using computational fluid dynamics [J]. Chemical Engineering Research and Design, 2013, 91:221-226.

[29] Mendoza JL, Granados MR, deGodos I, et al. Fluid-dynamic characterization of real-scale raceway reactors for microalgae production [J]. Biomass and Bioenergy, 2013, 54:267-275.

[30] Moheimani NR, Borowitzka MA. Limits to productivity of the alga *Pleurochrysiscarterae* (Haptophyta) grown in outdoor raceway ponds [J]. Biotechnology and Bioengineering, 2007, 96:27-36.

[31] Prussi M, Buffi M, Casini D, et al. Experimental and numerical investigations of mixing in raceway ponds for algae cultivation. Biomass and Bioenergy, 2014, 67:390-400.

[32] Acién FG, Fernández JM, Magán JJ, Molina E. Production cost of a real microalgae production plant and strategies to reduce it. Biotechnol Adv, 2012, 30:1344-1353.

[33] Andersen RA. Algal culturing techniques [M]. Academic Press, 2005.

[34] Gupta PL, Lee SM, Choi HJ. A mini review: photobioreactors for large scale algal cultivation. World JMicrobiol Biotechnol, 2015, 31:1409-1417.

[35] Barbosa MJ, Janssen M, Ham N, et al. Microalgae cultivation in air-lift reactors: modeling biomass yield and growth rate as a function of mixing frequency. Biotechnol Bioeng, 2003, 82:170-179.

[36] Brennan L, Owende P. Biofuels from microalgae——a review of technologies for production, processing, and extractions of biofuels and co-products [J]. Renew Sustain Energy Rev, 2010, 14:557-577.

[37] Cardozo KHM, Guaratini T, Barros MP, et al. Metabolites from algae with economical impact. Comp Biochem Physiol C:Toxicol Pharmacol, 2007, 146:60-78.

[38] Carlozzi P. Dilution of solar radiation through "culture" lamination in photobioreactor rows facing south-north: a way to improve the efficiency of light utilization by cyanobacteria (*Arthrospira platensis*)[J]. Biotechnol Bioeng,2003,81:305-315.

[39] Pruvost J, Cornet JF, Pilon L. Large-scale production of algal biomass: photobioreactors. Algae Biotechnology. Green Energy and Technology. Springer,2016,41-66.

[40] Nagarajan D, Lee DJ, Chang J (2018) Heterotrophic Microalgal Cultivation. Bioreactors for Microbial Biomass and Energy Conversion. Green Energy and Technology. Springer,117-160.

[41] Perez-Garcia O, Escalante FM, de-Bashan LE, et al. Heterotrophic cultures of microalgae: metabolism and potential products[J]. Water Res,2011,45(1):11-36.

[42] Graverholt OS, Eriksen NT. Heterotrophic high-cell-density fed-batch and continuous-flow cultures of *Galdieria sulphuraria* and production of phycocyanin[J]. Appl Microbiol Biotechnol,2007,77(1):69-75.

[43] Gross W, Schnarrenberger C. Heterotrophic growth of two strains of the acido-thermophilic red alga *Galdieria sulphuraria*. Plant Cell Physiol,1995,36(4):633-638.

[44] Gong M, Bassi A. Carotenoids from microalgae: a review of recent developments. Biotechnol Adv,2016,34(8):1396-1412.

[45] Hu J, Nagarajan D, Zhang Q, et al. Heterotrophic cultivation of microalgae for pigment production: A review. Biotechnol Adv,2018,36(1):54-67.

[46] Khan M, Karmakar R, Das B, et al. Heterotrophic Growth of Micro Algae. Recent Advances in Microalgal Biotechnology. OMICS Group eBooks,2016,1-17.

[47] Esteves AF, Almeida CJ, Gonçalves AL, et al. Handbook of Microalgae-Based Processes and Products[M]. New York: Academic Press,2020,225-281.

[48] Singh G, Patidar SK. Microalgae harvesting techniques: A review. Journal of Environmental Management,2018,217:499-508.

[49] Fu J, Huang Y, Liao Q, et al. Photo-bioreactor design for microalgae: A review from the aspect of CO_2 transfer and conversion[J]. Bioresource Technology,2019,292:121947.

[50] Yen HW, Hu IC, Chen CY, et al. Biomass, Biofuels, Biochemicals, Biofuels from Algae[J]. Second Edition. Elsevier,2019:225-256.

[51] Barros AI, Gonçalves AL, Simões M, et al. Harvesting techniques applied to microalgae: A review. Renewable and Sustainable Energy Reviews,2015,41:1489-1500.

[52] Muylaert K, Bastiaens L, Vandamme D, et al. Harvesting of microalgae: Overview of process options and their strengths and drawbacks, Microalgae-Based Biofuels and Bioproducts, Woodhead,2017,113-132.

[53] Abbasi M, Pishvaee MS, Mohseni S. Third-generation biofuel supply chain: A comprehensive review and future research directions. J Clean Prod,2021,323:129100.

[54] Koyande AK, Chew KW, Rambabu K, et al Microalgae: A potential alternative to health supplementation for humans[J]. Food Sci. and Hum. Wellness,2019,8(1):16-24.

[55] Chen C, Tang T, Shi QW, et al. The potential and challenge of microalgae as promising future food sources[J]. Trends Food Sci Tech,2022,126:99-112.

[56] Khoo KS, Chew KW, Yew GY, et al. Recent advances in downstream processing of microalgae lipid recovery for biofuel production[J]. Bioresour Technol,2020,304:122996.

[57] Kusmayadi A, Leong YK, Yen HW, et al. Microalgae as sustainable food and feed sources for animals and humans-biotechnological and environmental aspects. Chemosphere,2021,271:129800.

[58] Nagappan S, Das P, Abdul QM, et al. Potential of microalgae as a sustainable feed ingredient for aquaculture. J Biotechnol,2021,341:1-20.

[59] Saadaoui I, Rasheed R, Aguilar A, et al. Microalgal-based feed: promising alternative feedstocks for livestock and poultry production[J]. J Anim Sci Biotechno,2021,12:76.

[60] Torres-Tiji Y, Fields FJ, Mayfield SP. Microalgae as a future food source[J]. Biotechnol Adv,2020,41:107536.

[61] Ubando AT, Africa ADM, Maniquiz-Redillas MC, et al. Microalgal biosorption of heavy metals: A comprehensive bibliometric review[J]. J Hazard Mater,2021,402:123431.

[62] Zhou T, Zhang Z, Liu H, et al. A review on microalgae-mediated biotechnology for removing pharmaceutical contaminants in aqueous environments: occurrence, fate, and removal mechanism[J]. J Hazard Mater,2023,443:130213.

[63] Mishra N, Gupta E, Singh P, et al. Preparation of Phytopharmaceuticals for the Management of Disorders[M]. New York: Academic Press,2021.

[64] Ibrahim TNBT, Feisal NAS, Kamaludin NH, et al. Biological active metabolites from microalgae for healthcare and pharmaceutical industries: a comprehensive review[J]. Bioresour Technol,2023,372:128661.

[65] Mobin SM, Chowdhury H, Alam F. Commercially important bioproducts from microalgae and their current applications-A review[J]. Energy Procedia,2019,160:752-760.

[66] Kiran BR, Venkata Mohan S. Microalgal cellbiofactory—therapeutic, nutraceutical and functional food applications. Plants,2021,10(5):836.

[67] Khavari F, Saidijam M, Taheri M, et al. Microalgae: therapeutic potentials and applications. Mol Biol Rep,2021,48:4757-4765.

[68] Brown MR, Blackburn SI. (2013) 4-Live microalgae as feeds in aquaculture hatcheries. Editor(s): Allan G, Burnell G, Advances in Aquaculture Hatchery Technology, Woodhead,117-158e.

[69] Hemaiswarya S, Raja R, Kumar RR, et al. Microalgae: a sustainable feed source for aquaculture[J]. World J Microbiol Biotechnol,2011,27:1737-1746.

[70] Valente LMP, Cabrita ARJ, Maia MRG, et al. as feed ingredients for livestock production and aquaculture, Microalgae, Academic,239-312.

[71] Benemann J. (2013) Microalgae for biofuels and animal feeds[J]. Energies, 2013, 6: 5869-5886.

[72] Peter AP, Khoo KS, Chew KW, et al. Microalgae for biofuels, wastewater treatment and environmental monitoring. Environ Chem Lett,2021,19:2891-2904.

[73] Kristiansen J. (1996) Dispersal of freshwater algae——a review. Biogeography of Freshwater Algae. Developments in Hydrobiology, Springer,118:151-157.

[74] Liu FG, Zhang CY, Wang Y, et al. A review of the current and emerging detection methods of marine harmful microalgae. Sci Total Environ, 2022, 815:152913.

[75] Pushkareva E, Johansen JR, Elster J. A review of the ecology, ecophysiology and biodiversity of microalgae in Arctic soil crusts[J]. Polar Biol, 2016, 39:2227-2240.

[76] Silva SC, Ferreira ICFR, Dias MM. Microalgae-derived pigments: a 10-year bibliometric review and industry and market trend analysis[J]. Molecules, 2020, 25:3406.

[77] Taylor R, Fletcher RL. Cryopreservation of eukaryotic algae——a review of methodologies[J]. J ApplPhycol, 1998, 10:481-501.

[78] WilliamsPJlB, Laurens LML. Microalgae as biodiesel & biomass feedstocks: review & analysis of the biochemistry, energetics & economics[J]. Energy Environ. Sci, 2010, 3:554-590.

[79] Aoki Y, Okamura Y, Ohta H, Kinoshita K, et al. ALCOdb: gene coexpression database for microalgae[J]. Plant Cell Physiol, 2016, 57:e3.

[80] Wecker MSA, Ghirardi ML. High-throughput biosensor discriminates between different algal H_2-photoproducing strains[J]. Biotechnol Bioeng. 2014, 111:1332-1340.

[81] Ng I, Keskin BB, Tan S. A critical review of genome editing and synthetic biology applications in metabolic engineering of microalgae and cyanobacteria[J]. Biotechnol J, 2020, 15:1900228.

[82] Pierobon, S. C., Cheng, X., Graham, P. J., et al. Emerging microalgae technology: a review. Sustain. Energy Fuels, 2018, 2:13-38.

[83] Kumar G, Shekh A, Jakhu S, et al. Bioengineering of Microalgae: Recent Advances, Perspectives, and Regulatory Challenges for Industrial Application[J]. Front. Bioeng, Biotechnol, 2020, 8:914.